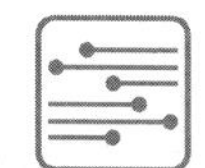

21世纪高等学校计算机
专业实用系列教材

操作系统原理

第2版

于世东 张丽娜 穆宝良 董丽薇 编著

清華大学出版社
北京

内容简介

本书根据作者多年的实际教学经验，在内容选择、理论深度等方面进行了深入的分析和研讨，使学生易于理解，注重对学生的启发。在本书编写过程中，力求做到准确性、系统性、通俗性、实用性，结构清晰，注重基础理论的阐述，强调理论与实践的结合。每一章的内容从一个问题开始，让学生带着问题开始知识的学习，促进学生的思考和参与。

全书共分为9章，主要内容包括：操作系统引论、进程与线程、进程并发控制、死锁、内存管理、页式和段式内存管理、I/O管理、文件管理、多处理器系统介绍。

本书可作为高等院校计算机相关专业的教材，也可供报考相关专业研究生的学生进行参考，对从事计算机工作的科技人员也具有一定的参考价值。

图书在版编目（CIP）数据

操作系统原理/于世东等编著. —2版. —北京：清华大学出版社，2024.5（2024.8重印）
21世纪高等学校计算机专业实用系列教材
ISBN 978-7-302-66212-9

Ⅰ. ①操… Ⅱ. ①于… Ⅲ. ①操作系统—高等学校—教材 Ⅳ. ①TP316

中国国家版本馆CIP数据核字(2024)第086732号

责任编辑：贾 斌
封面设计：刘 键
责任校对：徐俊伟
责任印制：刘海龙

出版发行：清华大学出版社
网　　址：https://www.tup.com.cn，https://www.wqxuetang.com
地　　址：北京清华大学学研大厦A座　**邮　　编**：100084
社 总 机：010-83470000　**邮　　购**：010-62786544
投稿与读者服务：010-62776969，c-service@tup.tsinghua.edu.cn
质量反馈：010-62772015，zhiliang@tup.tsinghua.edu.cn
课件下载：https://www.tup.com.cn，010-83470236
印 装 者：三河市天利华印刷装订有限公司
经　　销：全国新华书店
开　　本：185mm×260mm　**印　　张**：12.5　**字　　数**：305千字
版　　次：2017年6月第1版　2024年5月第2版　**印　　次**：2024年8月第2次印刷
印　　数：2001～3500
定　　价：45.00元

产品编号：098359-01

前　言

操作系统是计算机系统的重要组成部分，是用户使用计算机的基础。作为计算机专业的核心课程，不但高等学校计算机相关专业的学生必须学习，而且从事计算机行业的人员也需要深入了解。但是很多学生在学习的过程中都觉得操作系统这门课程比较抽象、枯燥、难以理解，只能采取死记硬背的方式来通过考试。故此，为了帮助学生更好地学习和透彻理解计算机系统的运行过程和操作系统的基本原理，一种适用的操作系统教材显得十分重要。

作者在多年的教学实践和科学研究的基础上，结合操作系统教学大纲、研究生入学考试要求和全国计算机技术与软件专业技术资格考试大纲，在参考了国内外出版的众多操作系统教材的基础上编写了本书。

1. 编写背景

《国家中长期教育改革和发展规划纲要(2010—2020)》指出：注重学思结合；倡导启发式、探究式、讨论式、参与式教学，帮助学生学会学习；激发学生的好奇心，培养学生的兴趣爱好，营造独立思考、自由探索、勇于创新的良好环境；适应经济社会发展和科技进步的要求，推进课程改革，加强教材建设，建立健全教材质量监管制度。

本教材就是按照构建创新型、应用型人才培养模式的要求，突出对学生实践应用能力的培养，适应社会需求。从问题开始，按照“提出问题”→“分析问题”→“明确目标”→“学习知识”→“解决问题”→“总结提高”的思路进行内容组织。激发学生学习的主动性，提高学生的思考能力和创新应用能力。

2. 本书内容

在第1版的基础上，本书对部分章节的内容进行了调整和修改，算法的代码改为类C语言进行描述。同时第2版改为微课版，对主要的知识点进行视频讲解，更好地适应学生的学习需要。全书共分9章，主要内容如下：

第1章　操作系统引论：包括计算机系统与操作系统；操作系统的历史、类型、功能和特征；操作系统体系结构。

第2章　进程与线程：包括进程的概念、进程控制、线程、处理器调度。

第3章　进程并发控制：包括并发概述、PV操作、进程同步、管程、进程间消息传递。

第4章　死锁：包括死锁原理、死锁检测、死锁避免、死锁预防、活锁与饥饿。

第5章　内存管理：包括内存管理概述、内存管理的基础、单道编程中的内存管理、多道编程中的内存管理、空闲空间管理。

第6章　页式和段式内存管理：包括页式内存管理、页面更新算法、段式内存管理、虚拟内存。

第7章　I/O管理：包括I/O管理概述、I/O系统、I/O缓冲、独占设备的分配、设备处理、虚拟设备、磁盘管理、磁盘高速缓存、固态硬盘和智能磁盘系统讨论。

第8章 文件管理：包括文件管理概述、文件组织和存取、目录管理、文件共享与安全、辅存空间管理。

第9章 多处理器系统介绍：包括多处理器基本概念、多处理器内存结构、多处理器操作系统类型、多处理器之间的通信、多处理器同步、多处理器调度、多处理器、超线程和多核的比较。

3. 本书特色

(1) 充分研讨，适合教学：根据作者多年的实际教学经验，在内容选择、理论深度等方面进行了深入的分析和研讨，使本书易于学生理解，尽量满足高等院校学生的学习需要。

(2) 由浅入深，通俗易懂：知识点的讲解尽量用简洁、形象的语言来表达，避免过于冗长和烦琐的表述。

(3) 问题导入，以问开始：每一章的内容从一个问题开始，让学生带着问题开始学习，促进学生的思考和参与，在学习的探索中去解开对问题的疑惑。

(4) 结构清晰，注重基础：整体知识结构清晰明了，突出对基础理论的阐述，注重对学生的启发，使学生洞彻问题的核心。强调理论与实践的结合，让学生在实际问题的探讨中充满对操作系统理论的神往。

(5) 配套完善，满足教学：提供对应的PPT课件，配套出版的《操作系统原理习题与实验指导》(第2版)一书中包括：例题解析、课后自测题、自测题答案及分析、实验指导。满足课堂教学、课后练习、课后自测、上机实验的一体化需要。

本书第3、5、9章由于世东编写，第1章由张丽娜、王琢编写，第6章由张丽娜编写，第2、4章由董丽薇编写，第7、8章由穆宝良编写。高源副教授审阅了全稿并提出了许多有益的意见；辽宁大学丁琳琳教授、宋宝燕教授和陈廷伟教授在本书编写过程中给予了指点和帮助，在此谨向他们表示衷心的感谢。感谢清华大学出版社在本书的出版过程中给予的支持。

由于编者学识浅陋，见闻不广，书中必有不足之处，敬请读者提出批评、指正和建议。

编　者

2024年3月

目　录

第1章 操作系统引论

操作系统(Operating System,OS)是计算机系统中最重要的系统软件,它管理整个计算机系统的软件资源和硬件资源,是用户与计算机硬件的桥梁,是其他软件和程序的运行基础。根据操作系统的不同应用领域,各种操作系统有着不同的设计目标和设计要求,但同时,它们仍然存在着共同的特征。

本章从介绍操作系统在计算机系统中的位置开始,回顾了操作系统发展的历史,介绍了操作系统的类型、功能和特征,并对支持操作系统的硬件环境及操作系统设计等相关问题进行综合性讨论,为今后进一步学习操作系统理论做好准备。

1.1 计算机系统与操作系统

1.1.1 计算机系统的组成

计算机系统主要由硬件资源和软件资源两部分组成。现代大多数计算机系统是以著名数学家冯·诺依曼(Von Neumann)等在20世纪40年代末提出的"存储程序控制"原理为基础的。根据冯·诺依曼的分析,计算机必须有一个存储器用来存储程序和数据;有一个运算器用于执行指定的操作;有一个控制部件用来实现操作的顺序;还要有输入/输出设备,以便输入数据和输出计算结果。因此,硬件资源主要包括中央处理器(CPU)、存储器、输入设备和输出设备。只由硬件设备组成的机器称为裸机。

如果用户直接在裸机上处理程序将会寸步难行。因为裸机不包括任何软件,不提供任何可以帮助用户解决问题的手段,没有方便应用程序运行的环境。所以,在裸机上必须配置软件,以满足用户的各种要求。

软件是由程序、数据和在研制过程中形成的各种文档资料组成,是方便用户和充分发挥计算机效能的各种程序的总称。软件可分为以下三类。

(1) 系统软件。操作系统、编译程序、程序设计语言,以及与计算机密切相关的程序。

(2) 应用软件。各种应用程序、软件包。

(3) 工具软件。各种诊断程序、检查程序、引导程序。

整个计算机系统的组成可用图1-1来描述。由图1-1可知,计算机系统由硬件和软件两部分组成。硬件处于计算机系统的底层;软件在硬件的外围,由操作系统、其他系统软件、应用程序构成。硬件是计算机系统的物质基础,没有硬件就不能执行指令和实施最基本、最简单的操作,软件也就失去了效用;如果只有硬件,没有配置相应的软件,计算机也不能发挥它的潜在能力,这些硬件资源也就没有了活力。因此,软件和硬件有机地结合在一起,构成了计算机系统。

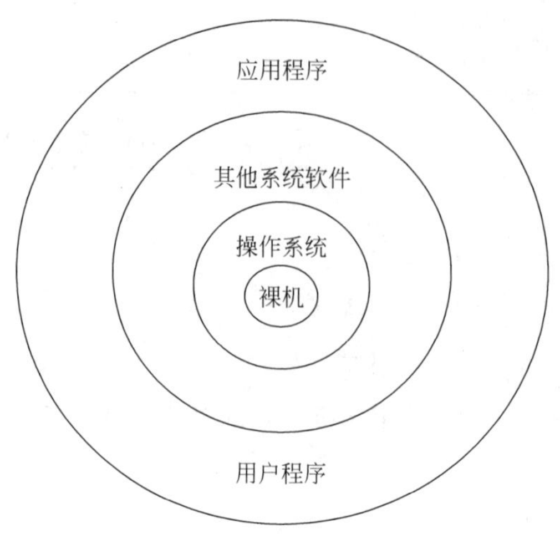

图 1-1　计算机系统的组成

1.1.2　OS 在计算机系统中的位置

在计算机系统中，操作系统的位置处在硬件和其他所有软件之间。它在裸机上运行，是所有软件中与硬件相连的第一层软件。从操作系统在计算机系统中的位置可以分析操作系统与各层之间的关系，这对于理解操作系统应具备的功能以及实现这些功能的方法是十分重要的。操作系统与各层的关系主要表现在以下两个方面。

1. 操作系统对各层的管理和控制

操作系统可以控制 CPU 的工作、访问存储器、进行设备驱动和设备中断处理。计算机用户可以通过操作系统使用不同的界面，方便、快捷、安全、可靠地操作计算机硬件来完成自己的计算任务。

2. 计算机系统各层对操作系统的制约

1）计算机系统结构对操作系统实现技术的制约

硬件提供了操作系统的运行基础，计算机的系统结构对操作系统的实现技术有着重大的影响。例如，单 CPU 计算机的特点是集中顺序过程控制，其计算模型是顺序过程计算模型。而现代操作系统大多数是多用户、多任务操作系统，是一个并行计算模型，这就是一对矛盾。

单 CPU 计算机如何运行多任务呢？为此，操作系统提出并实现了以下各章节要讨论的内容，使得在单 CPU 的计算机上能实现多任务操作系统。这就是计算机的系统结构对操作系统的实现技术的影响和制约。

2）用户和应用程序的需求对操作系统实现技术的制约

用户和上层软件运行在操作系统提供的环境上，对操作系统会提出各种要求，操作系统必须满足不同的应用需求，提供良好的用户界面，为此需要设计不同类型的操作系统。

1.2　什么是操作系统

操作系统是管理和控制计算机硬件与软件资源的计算机程序，是直接运行在“裸机”上的最基本的系统软件，任何其他软件都必须在操作系统的支持下才能运行。

1.2.1 作为用户与计算机的接口

操作系统是用户和计算机的接口，同时也是计算机硬件和其他软件的接口。操作系统是计算机硬件之上的第一层软件，屏蔽了硬件的物理特性和操作细节，用户通过操作系统来使用计算机系统。用户在操作系统的帮助下能够方便、快捷、可靠地操纵计算机硬件和运行自己的程序。

1.2.2 作为系统资源的管理者

如何有效地管理、合理地分配系统资源，提高系统资源的使用效率是操作系统必须发挥的主要作用。因此，作为系统资源的管理者，操作系统主要完成以下工作。

(1) 监视各种资源，随时记录它们的状态。

(2) 实施某种策略以决定谁获得资源，何时获得，获得多少。

(3) 分配资源供需求者使用。

(4) 回收资源，以便再次分配。

1.3 操作系统的历史

1.3.1 穿孔卡片

从 1946 年第一台计算机诞生至 20 世纪 50 年代中期，一直未出现操作系统，计算机工作采用手工操作方式。程序员将对应于程序和数据的已穿孔的卡片(或纸带)装入输入机，然后启动输入机，把程序和数据输入计算机内存；通过控制台开关启动程序，针对数据运行；计算完毕后，打印机输出计算结果；用户取走结果并卸下卡片(或纸带)，才让下一个用户使用计算机。穿孔卡片和穿孔纸带如图 1-2 和图 1-3 所示。

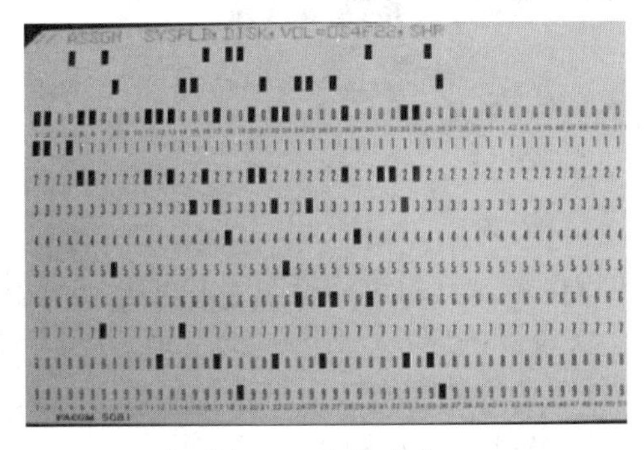

图 1-2　穿孔卡片

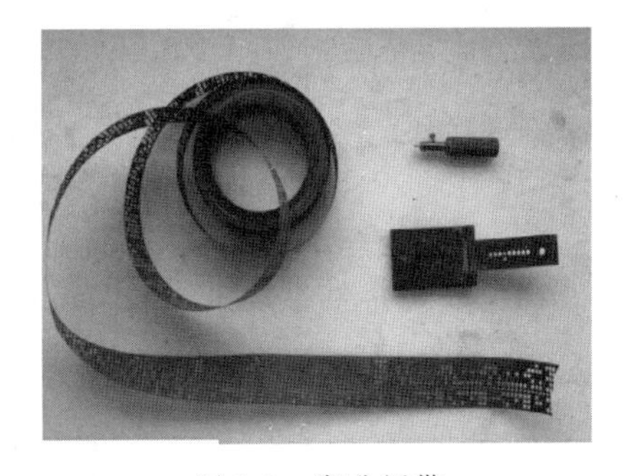

图 1-3　穿孔纸带

穿孔卡片时代的手工操作方式具有以下两个特点。

(1) 用户独占全机。不会出现因资源已被其他用户占用而等待的现象，但资源的利用率低。

(2) CPU 等待手工操作，CPU 的利用不充分。

20 世纪 50 年代后期，随着计算机运算速度的加快，人机矛盾越来越大，直至无法容忍。

在这种情况下,必须寻求新的办法,于是,设计并实现操作系统以自动完成程序的装入和运行成为迫切需要。这样,就出现了批处理系统。

1.3.2 简单批处理系统

计算机发展的早期,没有任何用于管理的软件,所有的运行管理和具体操作都由用户自己承担,任何操作出错都要重做作业,CPU的利用率很低。

为此,解决这个问题的方法主要有两个:一个是配备专门的计算机操作员,程序员不再直接操作机器,从而减少操作机器的错误;另一个是进行批处理,操作员把用户提交的作业分类,把一批中的作业编成一个作业执行序列,每一批作业将有专门编制的监督程序(Monitor)自动依次处理。当一批作业执行完成后,作业又把控制权交回给监督程序,监督程序再将磁带上的第二批作业调入内存中执行,以此类推,直至所有的作业都完成。这种处理方式被称为"批处理方式"。早期批处理的操作是串行操作,所以被称为简单批处理,或称为单道批处理。

第一个批处理操作系统(也是第一个操作系统)是20世纪50年代中期由General Motors开发的,使用在IBM 701上。在20世纪60年代早期,许多厂商为自己的计算机系统开发了批处理操作系统,其中,最为著名的是用于IBM 7090/7094计算机的操作系统IBSYS,它对其他操作系统有着广泛的影响,如图1-4所示。

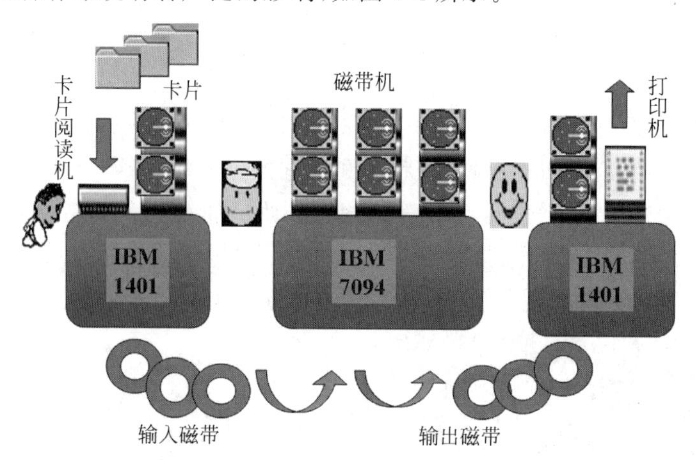

图1-4 简单批处理系统示意图

在早期的简单批处理系统中,作业的输入和输出都是联机的。联机I/O的缺点是速度慢,I/O设备和CPU仍然是串行工作,CPU利用率低,为此,在批处理系统中引入了脱机I/O技术。除主机外,另设一台外围计算机,该机仅与I/O设备交互,不与主机相连。输入设备上的作业通过外围机输入到高速磁盘上(脱机输入),主机从高速磁盘将结果读出并交打印机进行打印输出。这样,I/O工作脱离了主机,外围计算机和主机可以并行工作,加快了程序的处理和数据的输入/输出,这种技术称为脱机I/O技术,如图1-5所示。

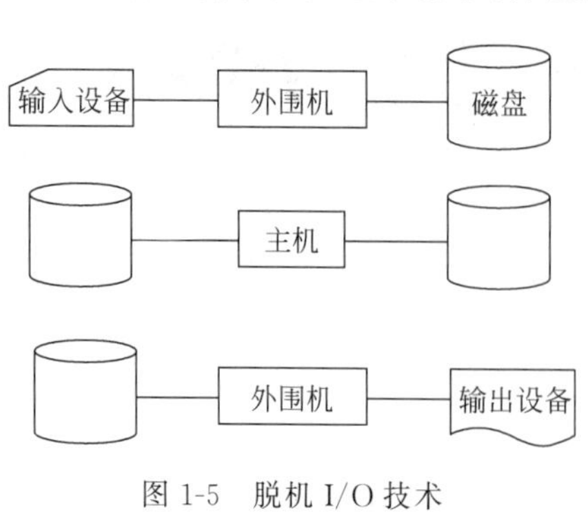

图1-5 脱机I/O技术

1.3.3 多道批处理系统

在简单批处理系统中，内存中仅有一个任务，无法充分利用系统中的所有资源，致使系统中仍有许多资源空闲，设备利用率低，系统性能差。在 20 世纪 60 年代中期，计算机的体系结构发生了很大的变化，由以 CPU 为中心的结构改变为以主存为中心，使在内存中同时装入多个作业成为可能，多道程序的概念成为现实。

1. 多道程序设计

多道程序设计技术是指允许多个程序同时进入内存并运行。即同时把多个程序装入内存，并允许它们交替在 CPU 中运行，它们共享系统中的各种硬件资源和软件资源。当一道程序因 I/O 请求而暂停运行时，CPU 便立即转去运行另一道程序。

多道程序合理搭配以输入/输出为主和以计算为主的程序，使得它们交替运行，从而充分利用资源，提高系统效率。

多道程序的运行特点是计算机内存中同时存放多道相互独立的程序。它们宏观上并行运行，即同时进入系统的几道程序都处于运行态，但都未运行完成；而在微观上是串行运行，即各个作业轮流使用 CPU，交替执行。

2. 多道批处理系统

20 世纪 60 年代中期，在简单批处理系统中，引入多道程序设计技术后形成了多道批处理系统（简称批处理系统）。多道批处理系统的特点如下。

1）多道

系统内可同时容纳多个作业。这些作业存放在外存中，组成一个后备队列，系统按一定的调度原则每次从后备作业队列中选取一个或多个作业进入内存运行，作业的调度由系统自动实现，从而在系统中形成一个自动转接的、连续的作业流。

2）成批

在系统运行过程中，不允许用户与其作业发生交互作用，即作业一旦进入系统，用户就不能直接干预其作业的运行。

多道批处理系统的主要特征有以下三方面。

（1）用户脱机使用计算机。作业提交后直到获得结果之前，用户无法与作业交互。

（2）作业成批处理。采用成批处理作业。

（3）多道程序并行。多道程序在内存中并行运行，充分利用系统资源。

多道批处理系统的缺点是无交互性，用户一旦提交作业就失去了对其运行的控制能力；同时，由于是批处理，所以作业的周转时间长，用户使用不方便。

1.3.4 分时系统

在批处理系统中，用户不能干预自己程序的运行，无法得知程序的运行情况，这对程序的调用和排错极为不利。为了克服这一缺陷，增强系统的交互能力，产生了分时操作系统（Time Sharing Operating System）。

分时操作系统的实现思想是：在一台主机上连接多个带有显示器和键盘的终端，同时，允许多个用户通过自己的终端，以交互方式使用计算机，共享主机资源，如图 1-6 所示。

分时技术把处理器的时间分成很短的时间片，这些时间片轮流地分配给各个联机的作

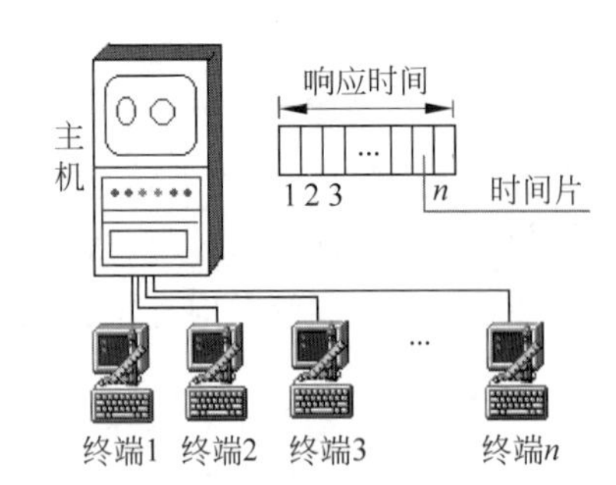

图1-6　分时系统示意图

业使用。如果某作业在分配给它的时间片用完时仍未完成，则该作业暂时中断，等待下一轮运行，并把处理器的控制权让给另一个作业使用。这样在一个相对较短的时间间隔内，每个用户作业都能得到快速响应，以实现人机交互。

第一个分时操作系统是由麻省理工学院开发的兼容分时系统(Compatible Time-Sharing System，CTSS)，源于多路存取计算项目，该系统最初是在1961年为IBM 709开发的，后来又移植到IBM 7094中。

多道批处理系统和分时系统都使用了多道程序设计，但分时系统与多道批处理系统相比，具有完全不同的特征。分时系统具有以下4个特点。

(1) 多路性。允许在一台主机上同时连接多台联机终端，系统按分时原则为每个用户服务。

(2) 独立性。每个用户各占一个终端，彼此独立操作，互不干扰。

(3) 及时性。用户的请求能在很短的时间内获得响应。

(4) 交互性。用户可通过终端与系统进行广泛的人机对话。

1.3.5 实时系统

虽然多道批处理操作系统和分时操作系统获得了较好的资源利用率和快速的响应时间，从而使计算机的应用范围日益扩大，但它们难以满足实时控制和实时信息处理领域的需求。这样就产生了实时系统。

目前，实时系统主要包括以下三种。

(1) 过程控制系统。计算机用于生产过程时，要求系统能现场实时采集数据，并对采集的数据进行及时处理，进而能自动地发出控制信号控制相应的执行机构，使某些参数能按给定的规律变化，以保证产品质量。例如，导弹制导系统、飞机自动驾驶系统、火炮自动控制系统都是实时过程控制系统。

(2) 信息查询系统。情报检索系统是典型的实时信息处理系统。计算机接收成百上千从各个终端发来的服务请求和提问，系统应在极快的时间内做出回答和响应。

(3) 事务处理系统。该系统不但对终端用户及时做出响应，而且要对系统中的文件或数据库频繁更新。例如，银行业务处理系统，每次银行客户发生业务往来，均需要修改相应的文件或数据库。这样的系统要求响应快、安全保密、可靠性高。

实时操作系统(Real Time Operating System)是指当外界事件或数据产生时，能够接收并以足够快的速度予以处理，其处理的结果又能在规定的时间之内控制监控的生产过程或对处理系统做出快速响应，并控制所有实时任务协调一致运行的操作系统。

实时操作系统有硬实时和软实时之分，硬实时要求在规定的时间内必须完成操作，这是在操作系统设计时保证的；软实时则只要按照任务的优先级，尽可能快地完成操作即可。我们通常使用的操作系统在经过一定改变之后就可以变成实时操作系统。

分时系统和实时系统的出现标志着操作系统步入了实用化阶段，操作系统成为计算机系统中重要的系统软件，它为用户的应用提供了一个良好的支撑环境，方便了用户的使用。

批处理操作系统、分时操作系统和实时操作系统构成了现代操作系统的基本类型,现代操作系统可能综合它们多方面的特征以满足不同的应用需求。

1.4 操作系统的类型

1.4.1 大型机操作系统

大型机(Mainframe Computer),也称为大型主机。大型机使用专用的处理器指令集、操作系统和应用软件。最早的操作系统是针对20世纪60年代的大型主机结构开发的,由于对这些系统在软件方面做了巨大投资,因此,原来的计算机厂商继续开发与原来操作系统相兼容的硬件与操作系统。这些早期的操作系统是现代操作系统的先驱。现代的大型主机一般也可运行Linux或UNIX变种。

1.4.2 服务器操作系统

服务器操作系统(Server Operating System,SOS),又称为网络操作系统,一般指的是安装在大型计算机上的操作系统,比如Web服务器、应用服务器和数据库服务器等,是企业IT系统的基础架构平台。

同时,服务器操作系统也可以安装在个人计算机(PC)上。相比个人版操作系统,在一个具体的网络中,服务器操作系统要承担额外的管理、配置、稳定、安全等功能,处于每个网络中的心脏部位。

服务器操作系统主要有:Windows Server、NetWare、UNIX、Linux以及EulerOS。

1. Windows Server

Windows服务器操作系统是全球最大的操作系统开发商——微软(Microsoft)公司开发的。其服务器操作系统重要版本Windows NT 4.0 Server、Windows NT Server、Windows Server 2003、Windows Server 2008、Windows Server 2008 R2、Windows Server 2012、Windows Server Technical等。

2. NetWare

NetWare服务器操作系统是Novell公司推出的网络操作系统。NetWare最重要的特征是基于基本模块设计思想的开放式系统结构。NetWare是一个开放的网络服务器平台,可以方便地对其进行扩充。NetWare系统对不同的工作平台(如DOS、OS/2、Macintosh等),不同的网络协议环境(如TCP/IP以及各种工作站操作系统)提供了一致的服务。该系统内可以增加自选的扩充服务(如替补备份、数据库、电子邮件以及记账等),这些服务可以取自NetWare本身,也可取自第三方开发者。

目前,它的市场占有率已经非常局限,主要应用在某些特定的行业中。在一些特定行业和事业单位中,NetWare优秀的批处理功能和安全、稳定的系统性能还有很大的生存空间。NetWare目前常用的版本主要有Novell的3.11、3.12、4.10、5.0等中英文版。

3. UNIX

UNIX服务器操作系统由AT&T公司和SCO公司共同推出,主要支持大型的文件系统服务、数据服务等应用。由于一些出众的服务器厂商生产的高端服务器产品中甚至只支持UNIX操作系统,因而在很多人的眼中,UNIX甚至成为高端操作系统的代名词。目前市面上流传的主要有 Sun Solaris、IBM-AIX、HP-UX、FreeBSD、OS X Server 等。

4. Linux

Linux 服务器操作系统是国外几位 IT 前辈,在 POSIX 和 UNIX 基础上开发出来的,支持多用户、多任务、多线程、多 CPU。Linux 开放源代码政策,使得基于其平台的开发与使用无须支付任何单位和个人的版权费用,成为后来很多操作系统厂家创业的基石,同时也成为目前国内外很多保密机构服务器操作系统采购的首选。目前国内主流市场中使用的主要有 Novell 的中文版 Suse Linux 9.0、小红帽系列、红旗 Linux 系列等。

5. EulerOS

2021 年 9 月,中国华为公司正式推出了 EulerOS(欧拉服务器操作系统)。EulerOS 是华为自主研发的服务器操作系统,能够满足客户从传统 IT 基础设施到云计算服务的需求。EulerOS 对 ARM 64 架构提供全栈支持,打造完善的从芯片到应用的一体化生态系统。

EulerOS,以 Linux 稳定系统内核为基础,支持鲲鹏处理器和容器虚拟化技术,是一个面向企业级的通用服务器架构平台。该平台优势主要如下。

高性能:EulerOS 提供 CPU 多核加速技术、高性能虚拟化/容器技术等多个功能特性,大幅提升系统性能,满足客户业务系统的高负载需求。

高可靠:EulerOS 为客户业务系统提供可靠性技术保障,同时,满足行业关键标准认证要求(Unix03、LSB、IPv6 Ready、GB18030 等行业标准认证)。

EulerOS 能够高效、稳定地运行在 TaiShan 服务器上,充分发挥鲲鹏多核算力优势,在性能、兼容性、稳定性等方面都具备较强的竞争力。

1.4.3 个人机操作系统

随着计算机应用的日益广泛,许多人都能拥有自己的 PC,而在大学、政府部门或商业系统则使用功能更强的 PC,通常称为工作站。在 PC 上配置的操作系统称为 PC 操作系统。

目前,在 PC 和工作站领域有两种主流操作系统:一种是微软公司提供的具有图形用户界面的视窗操作系统 Windows;另一种是 UNIX 系统和 Linux 系统。

Windows 系统的前身是 MS-DOS。MS-DOS 是微软公司早期开发的磁盘操作系统,其应用十分广泛,具有设备管理、文件系统功能,提供键盘命令和系统调用命令。后来,MS-DOS 逐渐发展成为界面色彩丰富、使用直观方便、具有图形用户界面(GUI)的 Windows 操作系统。

UNIX 系统是一个多用户分时操作系统,自 1970 年问世以来十分流行,它运行在从高档 PC 到大型机等各种不同处理能力的机器上,提供了良好的工作环境;它具有可移植性、安全性,提供了很好的网络支持功能,大量用于网络服务器。而目前十分受欢迎的、开放源码的操作系统 Linux,则是用于 PC 的、类似 UNIX 的操作系统。

1.4.4 多处理器操作系统

广义上说,使用多台计算机协同工作来完成所要求的任务的计算机系统都是多处理器系统。传统的狭义多处理器系统是指利用系统内的多个 CPU 并行执行用户多个程序,以提高系统的吞吐量或用来进行冗余操作以提高系统的可靠性。

多处理器系统是多个处理器(器)在物理位置上处于同一机壳中,有一个单一的系统物理地址空间,每一个处理器均可访问系统内的所有存储器。

多处理器操作系统(Multiprocessors Operating System)一般应用于并行处理器。并行处理器又叫 SIMD 计算机。它是单一控制部件控制下的多个处理单元构成的阵列,所以又称为阵列处理器。多处理器是由多台独立的处理器组成的系统。

多处理器操作系统,目前有三种类型。

1. 主从式

主从式(Master-Slave)操作系统由一台主处理器记录、控制其他从处理器的状态,并分配任务给从处理器。

2. 独立监督式

与主从式不同,在独立监督式(Separate Supervisor)操作系统中,每一个处理器均有各自的管理程序(核心)。采用独立监督式操作系统的多处理器系统有 IBM 370/158 等。

3. 浮动监督式

浮动监督式(Floating Supervisor)中每次只有一台处理器作为执行全面管理功能的"主处理器",但根据需要,"主处理器"是可浮动的,即从一台切换到另一台处理器。这是最复杂、最有效、最灵活的一种多处理器操作系统,常用于对称多处理器系统(系统中所有处理器的权限是相同的,有公用主存和 I/O 子系统)。

多处理器操作系统的优点是:允许多个进程同时运行在多个处理器上,对于大型计算任务,相对单处理器,性能有较大的提升。缺点是:处理器的数量不可以随意增加,即计算能力有上限。

1.4.5 移动设备操作系统

移动设备操作系统(Mobile Operating System,MOS)主要应用在智能手机上。主流的智能手机移动设备操作系统有 Google Android(安卓)和苹果的 iOS 等。智能手机与非智能手机都支持 Java,智能机与非智能机的区别主要看能否基于系统平台的功能扩展,非 Java 应用平台,还有就是支持多任务。

移动设备操作系统一般应用在智能手机上。目前,在智能手机市场上仍以个人信息管理型手机为主,随着更多厂商的加入,整体市场的竞争已经开始呈现出分散化的态势。从市场容量、竞争状态和应用状况上来看,整个市场仍处于启动阶段。目前应用在手机上的操作系统主要有 HUAWEI HarmonyOS(华为鸿蒙)、Android(谷歌)、iOS(苹果)、Windows Phone(微软)、Symbian(诺基亚)、BlackBerry OS(黑莓)、Windows Mobile(微软)等。

华为鸿蒙系统(HUAWEI HarmonyOS),是华为在 2019 年 8 月 9 日于东莞举行的华为开发者大会上正式发布的操作系统。HarmonyOS 不是安卓系统的分支或由安卓系统修改而来,它与安卓和 iOS 是不一样的操作系统。华为鸿蒙系统是一款全新的面向全场景的分布式操作系统,创造一个超级虚拟终端互联的世界,将人、设备、场景有机地联系在一起,将消费者在全场景生活中接触的多种智能终端实现极速发现、极速连接、硬件互助、资源共享,用合适的设备提供场景体验。

1.4.6 嵌入式操作系统

嵌入式操作系统(Embedded Operating System,EOS)是一种用途广泛的系统软件,过去它主要应用于工业控制和国防系统领域。EOS负责嵌入系统的全部软件和硬件资源的分配及任务调度、控制、协调并发活动。它必须体现其所在系统的特征,能够通过装卸某些模块来达到系统所要求的功能。

某些情况下,嵌入式操作系统指的是一个自带了固定应用软件的巨大泛用程序。在许多最简单的嵌入式系统中,所谓的操作系统就是指其上唯一的应用程序。

流行的嵌入式操作系统包括VxWorks、Nucleus、Windows CE、嵌入式Linux等,它们广泛应用于国防系统、工业控制、交通管理、信息家电、家庭智能管理、POS网络、环境工程与自然监测、机器人等多个领域。

1.4.7 智能卡操作系统

智能卡操作系统(Chip Operating System,COS),它一般是紧紧围绕着它所服务的智能卡的特点而开发的。由于不可避免地受到了智能卡内微处理器芯片的性能及内存容量的影响,因此,COS在很大程度上不同于我们通常所能见到的微机上的操作系统(例如DOS、UNIX等)。

首先,COS是一个专用系统而不是通用系统。即:一种COS一般都只能应用于特定的某种(或者是某些)智能卡,不同卡内的COS一般是不相同的。因为COS一般都是根据某种智能卡的特点及其应用范围而特定设计开发的,尽管它们在所实际完成的功能上可能大部分都遵循着同一个国际标准。

其次,与那些常见的微机上的操作系统相比较而言,COS在本质上更加接近于临控程序,而不是一个通常所谓的真正意义上的操作系统,这一点至少在目前看来仍是如此。因为在当前阶段,COS所需要解决的主要还是对外部的命令如何进行处理、响应的问题,这其中一般并不涉及共享、并发的管理及处理,而且就智能卡在目前的应用情况而看,并发和共享的工作也确实是不需要的。

COS在设计时一般都是紧密结合智能卡内存储器分区的情况,按照国际标准(ISO/IEC 7816系列标准)中所规定的一些功能进行设计、开发。但是由于目前智能卡的发展速度很快,而国际标准的制定周期相对比较长一些,因而造成了当前的智能卡国际标准还不太完善的情况,据此,许多厂家又各自都对自己开发的COS作了一定的扩充。

传统的COS和卡片应用是在安全的环境下开发并装载到芯片内的,最近几年,开放式操作系统平台如Java CardTM、MultOS、Windows For Smart Card取得了重大发展,这大大方便了智能IC卡的应用开发和一卡多用的实现,并且允许动态地装载、更新或删除卡片应用。

微软智能IC卡视窗(Windows For Smart Card)与微软Windows操作系统相结合,将在电子商务、网络安全有广阔前景。MULTOS是一个多应用OS,它的卡片在有效生命周期内允许动态地装载、更新或删除卡片应用。

另外,智能IC卡也是电子商务的未来,它本身固有的安全性和方便性,使其成为目前公认的网络安全用户端解决方案。利用智能IC卡可以较方便地通过数据加密以及通过PKI进行身份验证,保证在线安全支付。

1.5 操作系统的功能和特征

1.5.1 操作系统的功能

操作系统是管理和控制计算机系统中的所有硬件、软件资源，合理地组织计算机工作流程，并为用户提供一个良好的工作环境和友好的接口。计算机系统的主要硬件资源有处理器、存储器、外部设备，软件资源以文件形式存在外存储器上。因此从资源管理和用户接口的观点上看，操作系统具有处理器管理、存储管理、设备管理、文件系统管理和用户接口管理5种功能。

1. 处理器管理

操作系统的功能

计算机系统中最重要的资源是中央处理器(简称CPU)，任何计算都必须在CPU上进行。在处理器管理中，最核心的问题是CPU时间的分配问题，这涉及分配的策略和方法。在单CPU计算机系统中，当有多进程请求CPU时，将处理器分配给哪个进程使用的问题就是处理器分配的策略问题。调度策略也是分配原则，这是在多对一的情况下(多个进程竞争1个CPU)必须确定的。这些原则因系统的设计目标不同而不同。可以按进程的紧迫程度，或按进程发出请求的先后次序，或是其他的原则来确定处理器的分配原则。

在确定调度策略时，还需要确定给定的CPU时间，是分配一个时间片，还是让选中进程占用CPU，直到该进程因为请求I/O操作等原因放弃CPU控制权。

此外，还需要解决的问题是给选中的进程进行处理器的分配，使选中的进程真正得到CPU的控制权。因此，处理器管理的功能是：

(1) 确定进程调度策略。

(2) 给出进程调度算法。

(3) 进行处理器的分配。

2. 存储管理

存储管理的主要工作是对内存储器进行合理分配、有效保护和扩充。内存是现代计算机系统的中心，是可以被CPU和I/O设备共同访问的数据仓库。内存通常是CPU直接寻址和访问的、唯一的大容量存储器。

为了改善CPU的利用率和计算机对用户的响应速度，必须在内存中保留多个程序。内存管理方法很多，不同算法的效能和特定环境有关。某一特定系统的内存管理方法的选择取决于多种因素，尤其是系统的硬件设计。内存管理主要管理以下内存活动。

(1) 记录内存的哪些部分正在被使用及被谁使用。

(2) 当内存空间可用时，决定哪些进程可以装入内存。

(3) 根据需要分配和释放内存空间。

(4) 确保在多道程序环境下，各个程序的运行只在自己的内存空间中运行，互不干扰。

(5) 当内存空间不足时，采取何种策略扩展逻辑内存。

3. 设备管理

设备管理是操作系统中最庞杂、琐碎的部分，其原因是：

(1) 设备管理涉及很多实际的物理设备，这些设备品种繁多、用法各异。

(2) 各种外部设备都能和主机并行工作，而且，有些设备可被多个进程所共享。

(3) 主机和外部设备,以及各类外部设备之间的速度极不匹配,级差很大。

基于以上原因,现代操作系统的设备管理主要解决以下问题。

1) 设备无关性

用户向系统申请和使用的设备与实际操作的设备无关,即在用户程序中或在资源申请命令中使用设备的逻辑名,即设备无关性。这一特征不仅为用户使用设备提供了方便,而且也提高了设备的利用率。

2) 设备分配

各个用户程序在其运行的开始阶段、中间或结束时都可能要进行输入或输出,因此需要请求使用外部设备。在一般情况下,外部设备的种类与台数是有限的,所以,在多个用户请求少量设备台数的情况下,如何分配设备是十分重要的。设备分配通常采用独享分配、共享分配和虚拟分配三种基本分配技术。

3) 设备的传输控制

设备的传输控制是设备管理要完成的重要和本职工作。主要工作包括:①控制设备实现物理I/O操作,即组织完成本次I/O操作的有关信息,启动设备工作;②当设备完成本次I/O操作或操作出错时会产生设备中断信号,由设备中断处理程序进行中断处理。

另外,设备管理还提供缓冲技术,SPOOLing技术和改造设备特性和提高设备的利用率。

4. 文件系统管理

以上三种管理都是针对计算机的硬件资源的管理。文件系统管理则是对软件资源的管理。为了管理庞大的系统软件资源及用户提供的程序和数据,操作系统将它们组织成文件的形式,操作系统对软件的管理实际上是对文件系统的管理。

文件系统要解决的问题是,为用户提供一种简便的、统一的存取和管理信息的方法,并要解决信息的共享、数据的存取控制和保密等问题。具体而言,文件系统要实现用户的信息组织、提供存取方法、实现文件共享和文件安全,还要保证文件完整性,完成磁盘空间分配的任务。

5. 用户接口管理

计算机用户与计算机的交流是通过操作系统的用户接口(或称用户界面)完成的。操作系统为用户提供的接口有两种:一是操作界面;二是操作系统的功能服务界面。

1.5.2 操作系统的特征

操作系统的基本特征有4个,分别是并发性、共享性、虚拟性和异步性。

1. 并发性

操作系统的特征

并行性与并发性(Concurrence)这两个概念是既相似又有区别的两个概念。并行性是指两个或者多个事件在同一时刻发生,这是一个具有微观意义的概念,即在物理上这些事件是同时发生的;而并发性是指两个或者多个事件在同一时间间隔内发生,它是一个较为宏观的概念。在多道程序环境下,并发性是指在一段时间内有多道程序在同时运行,但在单处理器的系统中,每一时刻仅能执行一道程序,故微观上这些程序是在交替执行的。

通常的程序是静态实体,它们是不能并发执行的。为了使程序能并发执行,系统必须分别为每个程序建立进程。进程,又称任务,简单来说,是指在系统中能独立运行并作为资源分配的基本单位,它是一个活动的实体。多个进程之间可以并发执行和交换信息。一个进程在运行时需要一定的资源,如CPU、存储空间、I/O设备等。在操作系统中引入进程的目的是使程序能并发执行。

2. 共享性

所谓共享(Sharing)是指系统中的资源可供内存中多个并发执行的进程共同使用。由于资源的属性不同,故多个进程对资源的共享方式也不同,可以分为:互斥共享方式和同时访问方式。

3. 虚拟性

虚拟(Virtual)性是指通过技术把一个物理实体变成若干个逻辑上的对应物。在操作系统中虚拟的实现主要是通过分时的使用方法。显然,如果 n 是某一个物理设备所对应的虚拟逻辑设备数,则虚拟设备的速度必然是物理设备速度的 $1/n$。

4. 异步性

在多道程序设计环境下,允许多个进程并发执行,由于资源等因素的限制,通常,进程的执行并非"一气呵成",而是以"走走停停"的方式运行。内存中每个进程在何时执行,何时暂停,以怎样的方式向前推进,每道程序总共需要多少时间才能完成,都是不可预知的。或者说,进程是以异步(Asynchronism)的方式运行的。尽管如此,但只要运行环境相同,作业经过多次运行,都会获得与单道运行时完全相同的结果。因此,异步性是并发性的表现特征,并发性是异步性的内在原因。

1.6 操作系统体系结构

在操作系统的发展过程中,产生了多种体系结构。到目前为止,主要分为四种类型:单体结构、层次式结构、虚拟机结构和C/S结构。

1.6.1 单体结构

单体结构又称为模块组合结构,是一种基于结构化程序设计的软件设计方法。早期的操作系统(如IBM S/360)及一些小型操作系统(如DOS)都属于这种类型。

单体结构操作系统的基本设计思想是:把模块作为操作系统的基本单位,按照功能需求把整个操作系统分解成若干个模块,每个模块具有一定的功能,若干个关联模块协作完成某个功能。各个模块可以不加控制、自由调用,每个模块经独立设计、编码和调试后连接完成一个完整的系统。

单体结构的优点是:程序结构紧密,接口简单直接,系统效率高。但它也有一些缺点,如模块独立性差,模块之间联系太多,系统结构不清晰,系统的正确性难以保证,可靠性降低,扩充性差等,会"牵一发而动全身",如图1-7所示。

1.6.2 层次式结构

为了保证操作系统结构的清晰,具有较高的可靠性和较强的适应性,易于扩充和移植,在单体结构操作系统的基础上产生了层次式结构的操作系统。

层次式结构操作系统的设计思想是:把操作系统的所有功能模块按照功能的调用次序

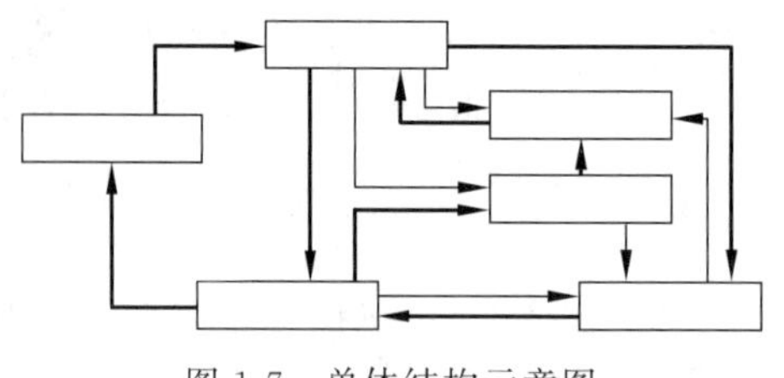

图 1-7　单体结构示意图

分别排成若干层,各层之间的模块只能单向依赖或单向调用关系,即只允许上层或外层模块调用下层或内层模块,这样不但会使操作系统的结构清晰,而且不构成循环,如图 1-8 所示。

层次式结构操作系统的经典案例是 1968 年由 E. W. Dijkstra 和他的学生们建造的 THE 系统,该系统的设计目标是实现一个可证明正确性的操作系统,它是第一个按层次式结构构造的操作系统。它是一个简单的批处理系统,该系统有 6 层,其层次如图 1-9 所示。

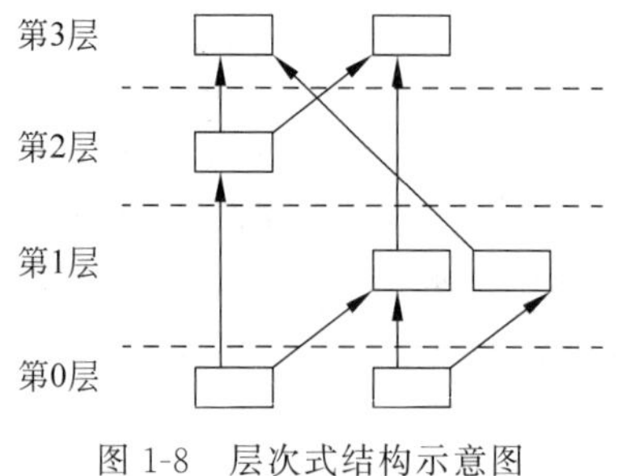

图 1-8　层次式结构示意图

第5层	操作员
第4层	用户程序
第3层	输入/输出管理
第2层	操作员—进程通信
第1层	内存和磁鼓管理
第0层	处理机分配和多道程序环境

图 1-9　THE 操作系统结构

现在,人们实际使用的操作系统多数都采用层次式结构,如 UNIX 系统的核心层就采用层次式结构。层次式结构既具有上述单体结构的优点,又有新的长处:结构关系清晰,能够提高系统的可靠性、可移植性和可维护性。

但是,严格的分层方法在实际设计上有很多困难,因此,目前大致的分层原则如下。

(1) 把与机器硬件相关的程序模块放在最底层,以起到把其他层与硬件隔离开的作用。

(2) 为了便于操作系统从一种操作方式平滑地过渡到另一种操作方式,在分层时应该把反映系统外部特征的软件放在最外层。

(3) 为进程或线程的正常运行创造环境和提供条件的内核程序,如 CPU 调度、进程或线程的控制和通信机构等,应该尽可能放在最底层,以支撑系统其他功能部件的执行。

(4) 尽量按照实现操作系统命令时模块间的调用次序或按进程间单向发送信息的顺序来分层。

1.6.3　虚拟机结构

虚拟机系统的最早应用是 IBM 公司的 CP/CMS,后来更名为 VM/370。VM/370 的核心被称为虚拟监控程序,它在裸机上运行并且具备多道程序的功能。该系统向上提供了若干台虚拟机,如图 1-10 所示。

不同于其他操作系统的是,这些虚拟机不是具有文件管理等优良特征扩展的计算机,它们仅仅是精确复制的裸机硬件,包括核心态/用户态、I/O 功能、终端等其他真实硬件所具有的功能。

因为每台虚拟机都与裸机相同,所以每台虚拟机都可以运行一台裸机所能够运行的任

进程	进程	进程
内核	内核	内核
虚拟机		
硬件		

(a) 虚拟机概念结构

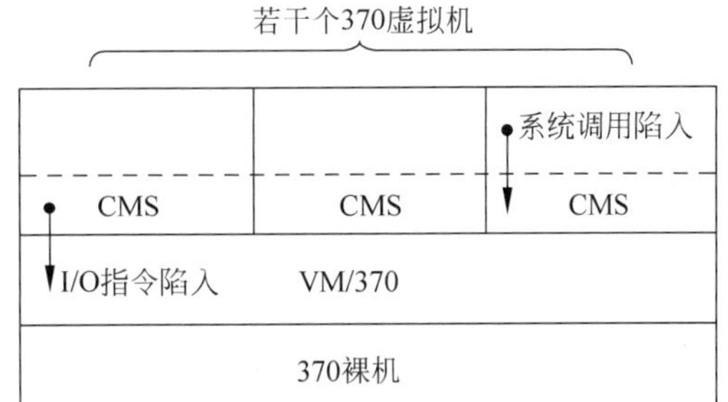

(b) 带CMS的VM/370

图 1-10　虚拟机和 VM/370 结构图

何类型的操作系统。不同的虚拟机可以运行不同的操作系统，而且实际如此。

例如，某些虚拟机运行 OS/360 的后续版本作为批处理或事务处理，同时，另一些运行一个单用户交互系统供分时用户使用，该系统被称为会话监控系统（Conversational Monitor System，CMS）。CMS 的程序在执行系统调用时，其系统调用陷入其虚拟机中的操作系统，而不是调用 VM/370，这就像在真实的计算机上一样，然后 CMS 发出正常的硬件 I/O 指令来执行该系统调用。这些 I/O 指令被 VM/370 捕获，随后 VM/370 执行这些指令。作为对真实硬件模拟的一部分，通过将多道程序功能和提供虚拟机分开实现，它们更简单、更灵活和更易于维护。

1.6.4　C/S 结构

C/S 结构，即大家熟知的客户机和服务器结构。它是软件系统体系结构，通过它可以充分利用两端硬件环境的优势，将任务合理分配到 Client 端和 Server 端来实现，降低了系统的通讯开销。

目前大多数应用软件系统都是 Client/Server 形式的两层结构。由于现在的软件应用系统正在向分布式的 Web 应用发展，Web 和 Client/Server 应用都可以进行同样的业务处理，应用不同的模块共享逻辑组件，因此，内部的和外部的用户都可以访问新的和现有的应用系统，通过现有应用系统中的逻辑可以扩展出新的应用系统。这也是目前应用系统的发展方向。

C/S 结构的基本原则是将计算机应用任务分解成多个子任务，由多台计算机分工完成，即采用“功能分布”原则。客户端完成数据处理，数据表示以及用户接口功能；服务器端完成 DBMS（数据库管理系统）的核心功能。这种客户请求服务、服务器提供服务的处理方式是一种新型的计算机应用模式。

1.6.5　微内核架构

微内核（英文中常译作 Micro-Kernel 或者 Micro Kernel），是一种能够提供必要服务的操作系统内核。其中这些必要的服务包括任务、线程、交互进程通信（Inter-Process Communication，IPC）以及内存管理等等。所有服务（包括设备驱动）在用户模式下运行，而处理这些服务同处理其他的任何一个程序一样。因为每个服务只是在自己的地址空间运行，所以这些服务之间彼此之间都受到了保护。

微内核是内核的一种精简形式。将通常与内核集成在一起的系统服务层被分离出来，变成可以根据需求加入的选件，这样就可提供更好的可扩展性和更加有效的应用环境。使用微内核设计对系统进行升级，只要用新模块替换旧模块，不需要改变整个操作系统。

可以用商业对比来解释微内核的模块概念。考虑一个过度忙碌的商务经理。通过将工作分给其他人，这位经理可以将他的能力更有效地用于重要的商务工作中去，并集中于其他一些任务，例如开辟新的商务分支等。可以雇佣一些新人来支持增长的商务活动。经理协调这些工作，由其他人做好雇佣他们时说好要做的事。与此类似，微内核操作系统支持执行少量核心任务，并管理可安装模块的活动。用这种方式，微内核对于它能做的工作是非常有效的，并是可移植的，这是指它可以被设计成在不同的处理器上运行。

基于微内核的操作系统具有如下特征：

微内核提供一组"最基本"的服务，如进程调度、进程间通信、存储管理、处理 I/O 设备。其他服务，如文件管理、网络支持等通过接口连到微内核。与此相反，内核是集成的，比微内核更大。

微内核具有很好的扩展性，并可简化应用程序开发。用户只运行他们需要的服务，这有利于减少磁盘空间和存储器需求。

微内核的目标是将系统服务的实现和系统的基本操作规则分离开来。例如，进程的输入/输出锁定服务可以由运行在微内核之外的一个服务组件来提供。这些非常模块化的用户态服务器用于完成操作系统中比较高级的操作，这样的设计使内核中最内核的部分的设计更简单。一个服务组件的失效并不会导致整个系统的崩溃，内核需要做的，仅仅是重新启动这个组件，而不必影响其他的部分。

IBM、Microsoft、开放软件基金会(OSF)和 UNIX 系统实验室(USL)等新操作系统都采用了这一研究成果的优点。

小　　结

一个完整的计算机系统主要是由硬件和软件组成的。硬件是软件建立与活动的基础，而软件是对硬件功能的扩充。

从传统意义上讲，操作的系统的基本类型有批处理系统、分时系统和实时系统。各种操作系统有着不同的设计目标，具有不同的性能。但操作系统作为整体，有自己的基本特征，即并发性、共享性、虚拟性和异步性。

操作系统是裸机上的第一层系统软件，它向下管理系统中各种资源，向上为用户和程序提供服务。一般来说，操作系统有如下几种体系结构：单体结构、层次式结构、虚拟机结构、C/S 结构。

第2章 进程与线程

处理器管理是操作系统的重要组成部分，其负责管理、调度和分配计算机系统的重要资源，并控制程序的执行。程序以进程的形式来占用处理器和系统资源，处理器管理中最重要的是处理器调度，即进程调度，也就是控制、协调进程对处理器的竞争。

本章详细论述进程和线程的基本概念及其实现，不同类型的操作系统可能采取不同的调度策略，在介绍进程和线程的基础上，全面讨论各个层次的处理器调度方法。

2.0 问题导入

现代操作系统最主要的特点在于实现多道程序并发执行，并由此引发资源共享。“程序”是一个在时间上严格有序的指令集合。程序规定了完成某一任务时，计算机所需做的各种操作，以及这些操作的执行顺序。如果不对人们熟悉的“程序”概念加以扩充，就无法刻画多个程序共同运行时出现的特征。举一个简单的例子：编译程序 P 编译源程序甲，从 A 点开始工作，执行到 B 点时将信息记到磁盘上，且编译程序 P 在 B 点等待磁盘传输，为了提高系统效率，在多道环境下，让编译程序 P 再为源程序乙进行编译，仍从 A 点开始工作，如图 2-1 所示。

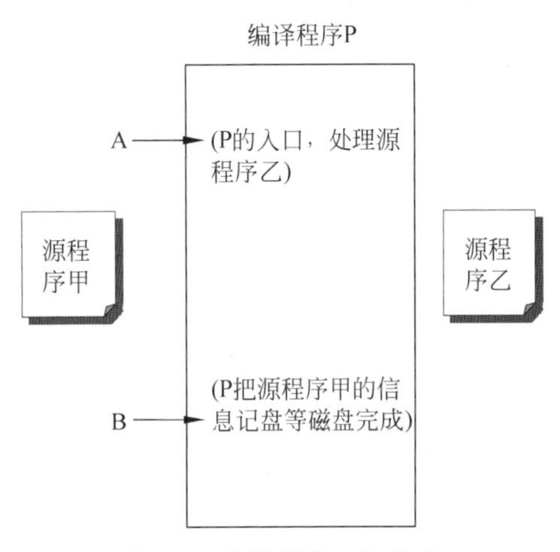

图 2-1 编译程序 P 的状态

现在怎样来描述编译程序 P 的状态呢？称它在 B 点等待磁盘传输状态，还是称它正在从 A 点开始执行的状态？可见程序与计算不再一一对应。如何描述程序在并发执行时对系统资源的共享，以及表现出程序执行的动态过程，在学完本章后，读者很容易就能找到答案。

2.1 什么是进程

2.1.1 进程的引入

相对于单道批处理系统，在多道批处理系统中，多个作业在内存中工作过程的管理将更加困难。程序在单道运行方式和多道运行方式下，具有不同的执行次序，也导致了各自不同的特点。为了准确描述多个程序之间的执行次序，本节先介绍一种图形工具——前趋图。

前趋图(Precedence Graph)是一个有向无环图(Directed Acyclic Graph，DAG)，用于描述程序、程序段或语句执行的先后次序，图中每个节点可以表示一条语句、一个程序段或一个进程，节点间的有向边“→”表示两个节点之间的前趋关系：→＝{(P*i*，P*j*)|P*i* 必须在 P*j* 开始执行前完全执行完}。如果(P*i*，P*j*)∈→，可写成 P*i*→P*j*，P*i* 是 P*j* 的直接前趋，P*j* 是 P*i* 的直接后继。把没有前驱的节点称为初始节点，把没有后继的节点称为终止节点。

图 2-2 给出了一个具有 9 个节点的前趋图，该前趋图中存在下面的前趋关系：

P1→P2，P1→P3，P1→P4，P2→P5，P3→P5，P4→P6，P4→P7，P5→P8，P6→P8，P7→P9，P8→P9

或表示为：

P＝{P1，P2，P3，P4，P5，P6，P7，P8，P9}

→＝{(P1，P2)，(P1，P3)，(P1，P4)，(P2，P5)，(P3，P5)，(P4，P6)，(P4，P7)，(P5，P8)，(P6，P8)，(P7，P9)，(P8，P9)}

例如，对于如下具有 4 条语句的程序段：

P1：a＝x＋1；P2：b＝y＋2；P3：c＝a＋b；P4：d＝c＋3

假设执行单元是语句，可画出如图 2-3 所示的前趋图，来描述这 4 条语句之间的执行次序。其中，P3 因为必须在 *a* 和 *b* 都被赋值后才可执行，因此有 P1→P3 和 P2→P3；同时，P4 必须在 *c* 被赋值后才可执行，因此有 P3→P4；而 P1 和 P2 因为彼此之间互不依赖，所以没有前趋关系，谁先执行或后执行都可以。

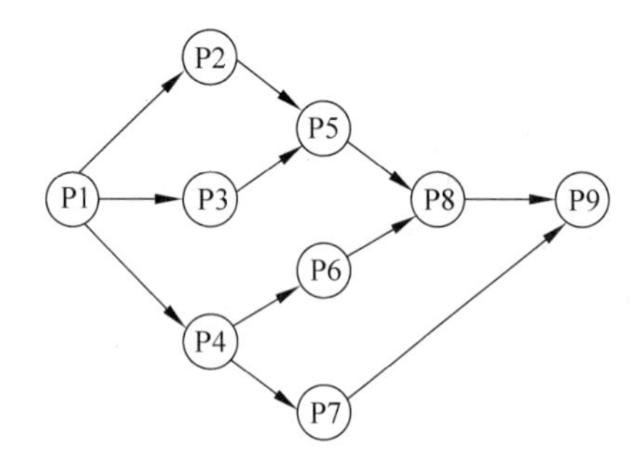

图 2-2　9 节点前趋图示例

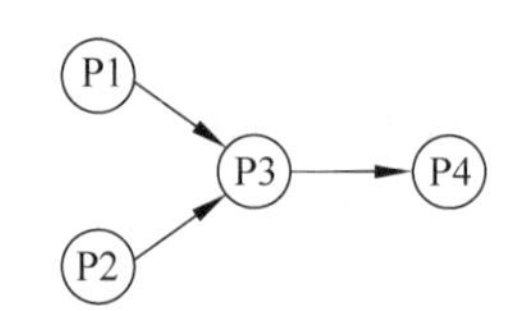

图 2-3　4 节点前趋图示例

在了解前趋图的基础上，下面主要介绍程序单道顺序执行与多道并发执行的特点，以引入进程的概念。

1. 程序的顺序执行

在单道方式下，程序处在一个顺序的环境中，多个程序在这一环境中是顺序执行的。如图 2-4 所示，两个作业之间的运行方式就是单道顺序执行的方式。

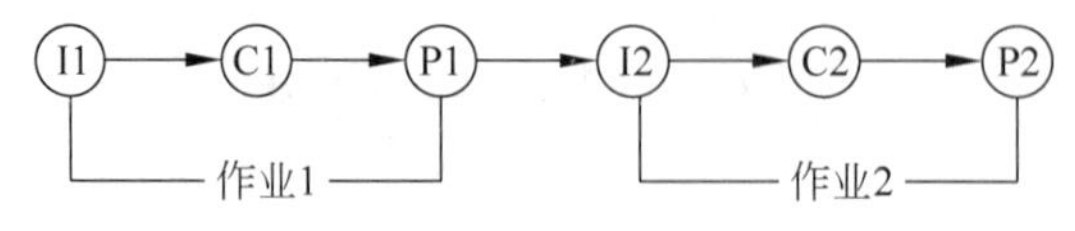

图 2-4　作业的单道顺序执行

程序的顺序执行具有如下一些特征。

(1) 顺序性。处理器严格按照程序所规定的顺序执行，即每个操作必须在前一个操作结束之后开始。

(2) 封闭性。程序在封闭的环境下运行,即程序运行时独占全部系统资源。

(3) 可再现性。只要程序的初始条件相同,则其执行结果相同,无论何时执行,也无论运行速度怎样,比如键盘输入的速度是快还是慢,都不会影响最后的运行结果。

程序单道执行之所以具有以上特点,是因为单道环境下作业独占了系统资源。

2. 程序的并发执行

在多道方式下,程序处在一个并发的执行环境中,多个程序在这一环境中是并发执行的,即若干个程序段同时在系统中运行,这些程序的执行在时间上是重叠的,一个程序段的执行尚未结束,另一个程序段的执行已经开始。如图 2-5 所示,两个程序投入系统中的并发执行方式,阴影部分所表示的时间就是它们并发执行的时间。

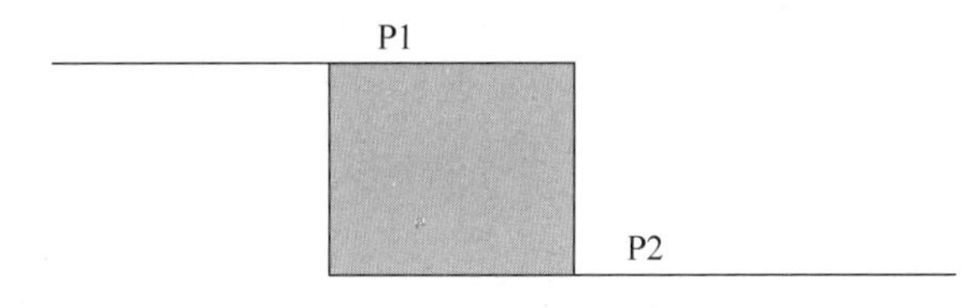

图 2-5　程序的并发执行

为了实现并发,必须共享系统中的资源,如 CPU 轮流分配给各个程序、打印机依次打印排队作业的信息、每个作业占用磁盘和内存的一部分空间等。这样程序的并发执行和系统资源的共享就使得操作系统的工作变得很复杂,不像单道程序执行时那样简单、直观,所具有的特征也是和程序的顺序执行不同的。程序的并发执行具有如下一些特征。

(1) 间断性。并发执行中的程序可能由于对资源的竞争和共享,或者相互协作共同完成某个任务而存在着相互制约的关系,也可能在运行时由于一个时间片用完而中断,放弃 CPU 使自己无法继续运行下去。但是当别的程序释放资源,或者再次被 CPU 选中时,它又能继续运行下去。这使得并发执行的程序具有“执行-暂停-执行”的活动规律。一个程序的执行由于是间断性的,一次一个程序可能需要多次执行才能完成,即一个程序可以对应多次执行,程序和执行不再一一对应。

(2) 失去封闭性。并发执行的多个程序,由于资源共享以及相互协作,打破了程序单道执行时所具有的封闭性。由于失去了封闭性,资源的使用状态不再由某个程序所决定,而是受到并发程序的共同影响。

(3) 不可再现性。由于失去了封闭性,多个程序并发执行时的相对速度是不确定的,每个程序都会经历“停停走走”的过程。但何时发生控制转换并非完全由程序本身决定,而是与整个系统当时所处的环境有关,具有一定的随机性,因而也失去了可再现性,可能发生“与时间有关的错误”。

举例来说,为了了解某单行道的交通流量,在路口安放一个监视器,功能是有车经过该路段时,就向计算机发送一个信号。为计算机系统设计两个程序:程序 A 的功能是接收到监视器的信号时,就在计算单元 COUNT 上加 1;程序 B 的功能是每隔半小时,将计数单元 COUNT 的值打印出来,然后清零。COUNT 初始时为 0。两个程序的描述如下。

程序 A:

```
while(1)
{
    A1:收到监视器的信号;
```

程序 B:

```
while(1)
{
    B1:延迟半小时;
```

```
        A2:COUNT = COUNT + 1;                    B2:打印 COUNT 的值;
    }                                            B3:COUNT = 0;
                                             }
```


因为现在是多道程序设计环境,程序 A 和程序 B 的执行可能是间断性的,这些程序的执行被交织在一起,没有任何规律可循。在它们之间不排除会有这样的执行顺序发生:A1→A2→B1→B2→A1→A2→B3。假定系统在发生这一顺序前,情况一直正常,COUNT 的值是 9。按照刚才的执行顺序,A1 收到监视器发来的第 10 辆车通过的消息,于是 A2 在 COUNT 上完成加 1 的操作,计数器 COUNT 取值为 10。紧接着在 B1 延迟半小时后,由 B2 将 COUNT 中的值打印出来。这时又执行 A1,它收到监视器发来的第 11 辆车通过的消息,通过 A2 计数器 COUNT 取值为 11。这时执行 B3,把 COUNT 清零,结果第 11 辆车并没有被打印出来,少计算了一台车,但如果不是这样的执行顺序,这种现象可能就不会出现,由于失去了封闭性,并发程序之间会互相影响,无法清楚何时会出现什么样的执行顺序,结果的可再现性也就不复存在了。

可见,在多道程序设计环境下,“程序”具有了与单道程序设计环境下截然不同的特性。程序的执行出现了“停停走走”的新状态。而程序本身是机器能翻译或执行的一组动作或指令,或者写在纸上,或者存放在磁盘等介质上,是静止的。直接从程序的字面上无法看出它什么时候运行,什么时候停顿,也看不出它是否被其他程序影响或者影响其他程序。很显然,程序这个静态的概念无法刻画程序并发执行过程中的特征。因此,在操作系统里,以“程序”为基础,引入了进程(Process)这一新的概念。

2.1.2 进程与进程控制块

1. 进程的概念

“进程”是操作系统中最基本最重要的概念,是在多道程序系统出现后,为了刻画系统内部的运动状况、描述运行程序的活动规律而引进的新概念。进程的概念最早是 1960 年由美国麻省理工学院 MULTICS 和 IBM 公司 CTSS/360 提出和实现的。

直到目前为止,进程还没有非常确切和统一的描述。但操作系统引入进程的目的是明确的:一是刻画系统的动态性,发挥系统的并发性;二是解决共享性,正确的描述程序的执行态。综上给出进程的定义:进程是可并发执行的程序在某个数据集合上的一次计算活动,也是操作系统进行资源分配和运行调度的基本单位。

可以看出,进程和程序有着密切的关系,但又是两个完全不同的概念,进程和程序的关系主要体现在以下几点。

(1) 进程是一个动态概念,而程序是一个静态概念。进程存在于程序的执行过程中。程序一旦执行,进程就会被创建,该进程因调度而执行,因得不到资源而暂时停止执行,因执行结束而撤销,因而具有生命周期,会动态地产生和消亡。程序是指令的有序集合,不能深刻揭示并发程序间的内在活动联系及状态的变化。它作为静态的实体而存在,可以作为程序文件被长久保存。

(2) 进程具有并发特性,而程序没有。进程不仅包括程序,数据,还有一系列描述其活动情况的数据结构。进程能够通过数据结构有操作系统动态地描述其并发执行过程中的状态和信息,是一个独立运行的单位,能与其他进程并发执行,具有并发执行的特性,能够确切地描述并发活动。程序没有相应的数据结构进行描述，不能作为调度执行单位，仅代表一组语句的集合，所以不具备这种特性。

(3) 进程间会相互制约，而程序没有。多道环境下，进程在对资源共享和竞争中必然会相互制约，造成各自前进速度的不可预见性。程序本身是静态的，不存在这种特性。

(4) 进程与程序之间存在多对多的联系。一个程序的多次运行分别对应不同的进程。程序每运行一次，操作系统为其创建一个进程，若该程序运行多次，则每一次对应一个不同的进程，所以程序对进程存在 1 对 n 的联系。一个进程可以通过执行某个指定程序来与不同的程序关联，即一个进程在其活动中可以顺序的执行若干程序，所以进程对程序存在 1 对 n 的联系。

2. 进程的特征

通过以上分析，进程具有如下基本特征。

(1) 动态性。进程是程序在数据集合上的一次执行过程，是动态的概念，具有生命周期，由创建而产生，由调度而执行，由事件而等待，由撤销而消亡。

(2) 并发性。进程的执行可以在时间上有所重叠，进程的执行是可以被打断的，即进程在执行完一条指令且下一条指令未执行前，可能需要被迫让出 CPU，由其他进程执行若干条指令后才能重新获得 CPU 继续执行。

(3) 独立性。进程是系统中资源分配、保护和调度的基本单位，说明它具有独立性，凡是未建立进程的程序，都不能作为独立单位参与调度和运行。此外，每个进程以各自独立的、不可预知的速度在 CPU 上推进，这也表现出进程的独立性。

(4) 异步性。各进程向前推进的速度是不可预知的，即以异步方式运行，这造成进程间的相互制约，使程序执行失去再现性。

(5) 结构性。进程有一定的结构，它由程序，数据和控制结构(如进程控制块)等组成。程序规定了该进程所要执行的任务，数据是程序操作的对象，而控制结构中含有进程的描述信息和控制信息，是进程中最关键的部分。

3. 进程控制块的概念及其内容

从上面的特性可以看出，一个进程创建后，需要有自己对应的程序和该程序运行时所需的数据，但仅有程序和数据还不行，还需要数据结构来刻画进程的动态特征，描述进程状态、占有资源情况、调度信息等，通常使用一种称为进程控制块(Process Control Block，PCB)的数据结构来刻画。这样，一个进程要由 3 个部分组成：程序、数据集合以及进程控制块。由于进程的状态在不断发生变化，某时刻进程的内容及其状态集合称为进程映像(Process Image)，其包括进程控制块、进程程序段、进程核心栈和进程数据段 4 个要素。

进程控制块是随着进程的创建而建立，随着进程的撤销而取消的，因此系统是通过 PCB 来“感知”一个个进程的，PCB 是进程存在的唯一标志。每个进程有且仅有一个进程控制块，是操作系统用来记录和刻画进程状态及有关信息的数据结构，是进程动态特征的一种汇集，也是操作系统掌握进程的唯一资料结构和管理进程的主要依据。进程控制块应常驻内存，其包括进程执行时的情况以及进程让出 CPU 之后所处的状态、断点等信息，一般来说应该包含以下信息，如图 2 6 所示。

(1) 标识信息。进程标识符用于唯一地标识一个进程。分为用户使用的外部标识符和系统使用的内部标识符。系统中的所有进程都被赋予唯一的、内部使用的数值型进程号(通

标识信息	进程标识ID	调度信息	进程状态
	进程组标识ID		进程优先级
	用户进程名		等待原因
	用户组名		进程已占用和等待CPU的时间
现场信息	通用寄存器	控制信息	程序段和数据段指针
	指令计数器		进程之间的族系信息
	程序状态字		进程的同步和通信所需的机制
	用户栈指针		进程已分配的资源清单和链接指针

图2-6　进程控制块PCB的组成

常是0～32768的正整数),操作系统内核函数可通过进程号来引用PCB。常用的标识信息包括进程标识ID、进程组标识ID、用户进程名、用户组名等。

(2) 现场信息。现场信息主要是由处理器的各种寄存器中的内容组成,保留进程在运行时存放在处理器现场中的各种信息。当中断时处理器的当前信息必须保存,确保进程重新调用时系统能从断点继续执行。通常,被保存的信息包括通用寄存器、指令计数器、程序状态字、用户栈指针等内容。

(3) 调度信息。进程调度和进程对换的相关信息。包括进程当前状态、进程的优先级、等待原因、进程已占用和等待CPU的时间等。

(4) 控制信息。控制信息用来管理进程,包括程序段指针、数据段指针、进程之间的族系信息,进程的同步和通信所需的机制(信号量、消息队列指针等),进程已分配的资源清单和链接指针等。

4. 进程控制块的组织方式

进程的特征主要由PCB来刻画,为了便于对进程进行管理和调度,常常将进程的PCB通过某种方法组织起来,一般来说,有三种通用的组织方式:线性方式、链接方式和索引方式。

(1) 线性方式。操作系统根据系统内进程的最大数目,静态地分配主存中的某块空间,所有进程的PCB都组织在一个线性表中。线性方式的优点是简单易行,缺点是它限定系统中的进程最大数,经常要扫描整个线性表,调度效率较低。

(2) 链接方式。利用链接指针将同一状态的进程控制块链接为一个队列,如图2-7所示。根据进程的状态可以形成不同状态的队列。

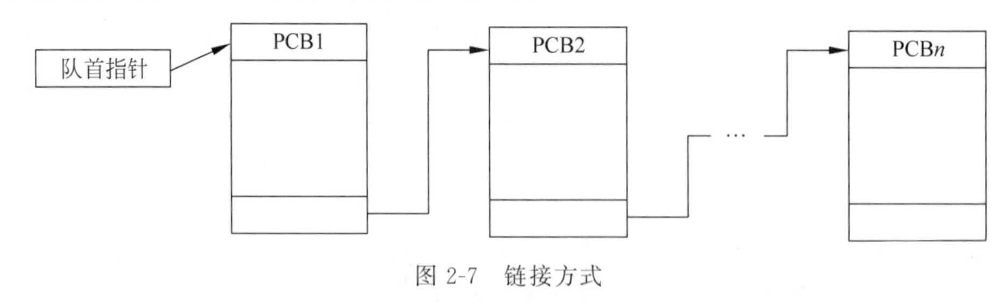

图2-7　链接方式

(3) 索引方式。索引方式是线性方式的一种改进,利用索引表记录不同状态进程的PCB地址,系统建立若干个索引表,状态相同进程的PCB组织在同一张索引表中,每个索引表的表目中存放PCB在PCB表中的编号或地址,各个索引表在主存中的起始地址放在内核的专用指针单元,如图2-8所示。

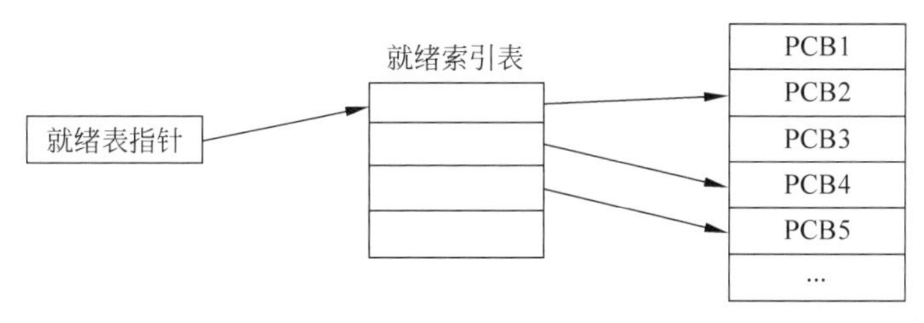

图 2-8　索引方式

进程控制块是操作系统中最重要的数据结构，它包含了操作系统所需要的关于进程的所有信息。

2.2　进程控制

操作系统的一个主要职责就是控制进程的执行。通过进程的特性可知，进程要么正在执行，要么没有执行，这样一个进程就有两种基本状态：运行（Running）和非运行（Not-running）。如何控制这些进程，如何完善简单的两种状态，在了解层次结构的基础上，有必要讨论进程的创建和终止，在进程的整个生命周期中介绍其状态及状态转换的实现。

对进程的控制和管理由系统中的原语来实现。原语（Primitive）是完成系统特定功能的不可分割的过程，它具有原子性操作，其程序段不可以被中断，或者说原语不能并发执行。

2.2.1　进程的层次结构

不同操作系统创建进程的方式不尽相同，传统 UNIX 系统中是通过一个进程创建另一个进程，通常把创建进程的进程称为父进程，而把被创建的进程称为子进程，子进程继承和共享父进程的资源。子进程可以继续创建更多的子孙进程，由此便形成了进程的层次结构，组成进程家族。在 Windows 中，新老进程之间不存在族系关系或层次关系，两者是平等的。

当进程之间存在层次结构时，了解进程间的这种关系是十分重要的。因为子进程的行为完全由父进程和默认行为所决定，把自己的地址空间制作一个副本，其中包括正文段、数据段、用户栈和核心栈，即子进程继承父进程的全部资源，如果子进程需要，可以使用系统调用让新程序替换老程序，此后，父子进程可以自行其道。当子进程被撤销时，应将其从父进程获得的资源归还给父进程，当父进程被撤销时，也必须同时撤销所有的子进程。

为了形象地描述进程的家族关系而引进了进程家族树，也称进程图（Process Graph）。进程图是一种用于描述进程家族关系的有向树，如图 2-9 所示。

在图 2-9 中，节点代表进程，圆圈中的符号是进程名称。进程 Pi 创建了进程 Pj（$i,j=1,2,\cdots,13$）后，称 Pi 是 Pj 的父进程。进程 Pi 与 Pj 的父子关系在图中用一条由进程 Pi 节点指向进程 Pj 节点的有向边来描述。由于内存中的进程之间一般都存在一定的父子关系，因此，作为一种描述进程家族关系的有向树，进程家族树在进程控制时是必要的。

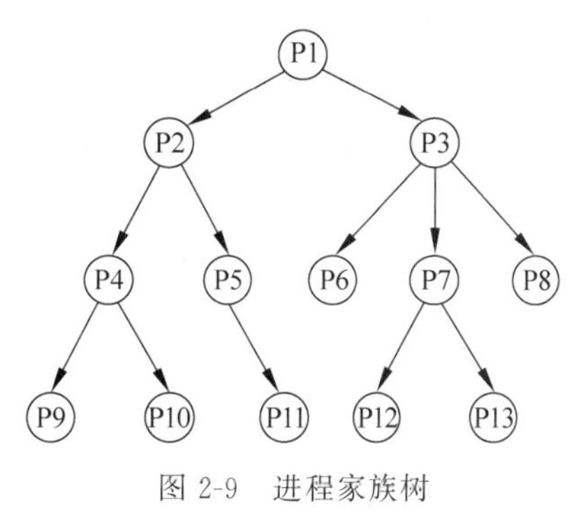

图 2-9　进程家族树

2.2.2 进程创建

当有一个新进程要加入当前进程队列时,操作系统就产生一个控制进程的数据结构并为该进程分配地址空间。这样,新进程就产生了。

1. 进程创建的原因

(1) 用户登录。在一个交互式环境中,当一个新用户在终端键入登录命令后,若是合法用户,系统将为该用户建立一个进程。

(2) 提供服务。当运行中的用户程序提出某种请求后,系统将专门创建一个进程来提供用户所需要的服务。例如,用户程序要求进行文件打印,操作系统将为它创建一个打印进程,这样,不仅可使打印进程与该用户进程并发执行,还便于计算为完成打印任务所花费的时间。

(3) 作业调度。在批处理系统中,当作业调度程序按一定的算法调度到某作业时,操作系统认为有资源可运行,便将该作业装入内存,为它分配必要的资源,并立即为它创建进程。

在以上3种情况下,都是由系统内核为之创建一个新进程。

(4) 应用请求。基于应用进程的需求,由它自己创建一个新进程,以便使新进程以并发运行的方式完成特定的任务。例如,一个应用程序需要不断的从终端输入数据,根据数据进行计算以及输出计算结果,则相应的应用进程除完成计算任务外,还可以由它创建一个输入进程和输出进程。这样,输入进程、计算进程和输出进程三者都可以并发执行,从而提高总体效率。

2. 进程创建的过程

一般来说,进程创建的过程如下。

(1) 在进程列表中增加一项,申请一个空白PCB,为新进程分配唯一的进程标识符。

(2) 为新进程分配地址空间,以便容纳进程实体。由进程管理程序确定加载至进程地址空间中的程序。

(3) 为新进程分配除主存空间以外的其他各种资源。

(4) 初始化PCB,如进程标识符、处理器初始状态、进程优先级等。

(5) 将新进程插入到相对应的队列。

(6) 通知操作系统的某些模块,如性能检测程序。

2.2.3 进程终止

在任何计算机系统中,进程必须有一种方法以表明其运行结束。一个批处理任务可以包含一条Halt指令或执行OS提供的终止调用。

1. 进程终止的原因

进程终止可分为正常终止和非正常终止。导致进程终止的事件大致有14种,如表2-1所示。

表2-1 进程终止的原因

原　因	说　明
正常结束	进程执行一个操作系统调用以表示其运行完毕
运行超时	进程运行时超过了指定的最长时间

续表

原　　因	说　　明
等待超时	进程等待时间超过了某事件发生的指定时间
内存不足	进程需要的内存大于系统可提供量
越界	进程试图对不允许接近的区域进行操作
保护错误	进程试图使用不允许使用的资源或文件，或者使用方式不对。例如，试图对一个只读文件进行写操作
算数错误	进程试图进行不允许的计算，例如除以 0
I/O 故障	输入/输出过程中产生错误
非法指令	进程试图执行一个不存在的指令（通常是程序错误地转移到数据区域，把数据当成了指令）
特权指令	用户进程试图执行一条保留给 OS 使用的指令
错误使用数据	数据类型出错或者数据未初始化
操作员或 OS 干预	由于某些原因，操作员或 OS 终止了进程，例如发生死锁
父进程终止	父进程终止时，操作系统会自动终止它的所有子孙进程
父进程请求	父进程拥有终止所有子孙进程的权限

2. 进程终止的过程

一旦上述事件发生，系统或进程将调用撤销原语来终止进程或子进程。具体的过程如下。

(1) 根据终止进程的标识号，从相应的队列中查找并移除它。

(2) 若被终止进程正处于运行态，则立即停止该进程的运行，并重新调度。

(3) 将子进程所拥有的资源归还给父进程或操作系统。

(4) 若此进程拥有子进程，先终止其所有子进程，以防止它们脱离控制。

(5) 回收 PCB，并将其归还至 PCB 池。

2.2.4 进程的状态与转换

进程从因创建而产生到终止而消亡的整个生命周期中，有时处于运行态，占用处理器执行。有时处于非运行态，在非运行态时有时是因为分不到处理器而不能运行，有时虽然处理器空闲但因等待某个事件发生而无法执行，这一切说明进程是活动的且有状态变化，状态及状态之间的转换体现进程的动态性。

不同系统设置的进程状态数目不同，本节分别介绍典型的三状态模型、五状态模型和七状态模型，以及它们对应的状态转换过程。

1. 三状态模型

为了便于系统管理，一般来说，按照进程在执行过程中的不同情况至少要定义三种进程状态，如图 2-10 所示。

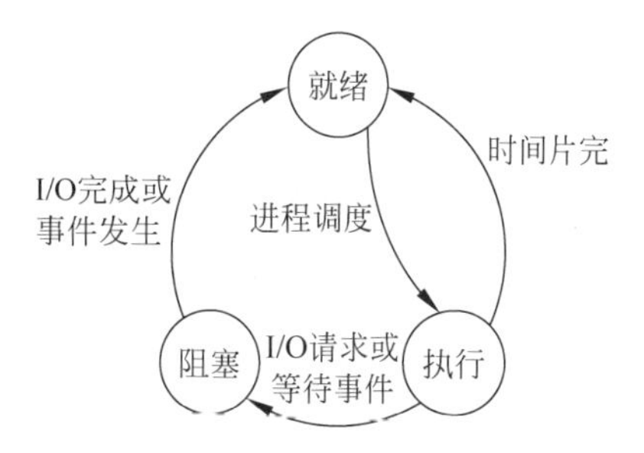

图 2-10　进程的三种基本状态与转换

进程的状态与转换

(1) 执行态(Running)。进程占用处理器并执行的状态。在单处理器系统中，由于处理器的唯一性，至多只能有一个进程处于执方行态。

(2) 就绪态(Ready)。进程具备执行条件，即已分配到除处理器以外的所有必要的资源,等待系统分配处理器以便其运行的状态。在一个系统中,可能有多个进程都处于就绪态,通常把这些就绪进程组织为一个或多个队列,称这些队列为就绪队列。

(3) 阻塞态(Blocked)。也称等待态(Wait)或睡眠态(Sleep)。进程不具备执行条件,正在等待某个事件完成的状态。在一个系统中,可能同时有多个进程处于阻塞态,通常把这些进程组织成一个或多个队列,称这些队列为阻塞队列。在有的系统中,按照产生阻塞的原因来组织这些进程:一个原因对应建立一个队列,因为同样原因阻塞的进程被放在同一队列中。

处于执行态的进程会因出现等待事件而进入阻塞态,当等待事件完成之后,阻塞态进程转入就绪态,处理器调度将会引发执行态和就绪态进程之间的切换。引起进程状态转换的具体原因有以下几点。

(1) 就绪态—执行态。进程调度程序根据调度算法把处理器分配给某个就绪进程,并把控制转到该进程,使它由就绪态变为执行态,进程投入运行。

(2) 执行态—就绪态。执行中的进程因所分配给它的时间片用完而被暂停运行时,该进程便由执行态回到就绪态。

(3) 执行态—阻塞态。因发生某事件而使进程的执行受阻(例如等待文件的输入),使得进程无法继续执行,该进程将由执行态变为阻塞态。

(4) 阻塞态—就绪态。阻塞进程在所等待的事件完成后,并不能立即投入运行,需要通过进程调度程序统一调度才能获得处理器,此时将该进程的状态变为就绪态继续等待处理器。

2. 五状态模型

在很多操作系统中,增加两个进程状态:新建态(New)和终止态(Exit),如图2-11所示。

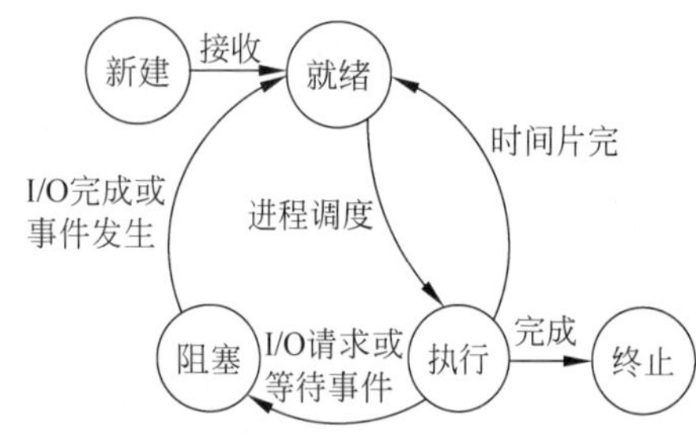

图2-11 进程的五种状态与转换

(1) 新建态。进程刚建立,还没有被OS提交到可运行进程队列。

(2) 终止态。进程已正常或异常结束,被OS从可运行进程队列中释放出来。

新建态和终止态对进程管理非常有用。新建态对应于进程被创建时的状态,进程尚未进入就绪队列。有时会根据系统性能的要求或主存容量的限制推迟新建态进程的提交。进程从系统中退出时会先终止,然后进入终止态。处于终止态的进程不再被调度执行,在与该任务相关的表格或其他信息抽取完毕以后,OS也不必再保存与该进程有关的信息。

在五状态模型中,一个进程在运行期间,将仍然不断地从一种状态转换到另一种状态。一个进程可能多次处于就绪、执行和阻塞态,但处于新建态和终止态的次数有且仅有一次。总之,进程"生"与"死"都经过一次,中间的状态可以多次反复,很好地体现了进程的生命周期。

下面简单介绍一下新增的几种状态转换。

(1) 新建态—就绪态。对一个处于新建态的进程,在就绪队列能够接纳新进程时,将被系统接收并进入就绪队列，此时的进程状态就从新建态转为就绪态。

(2) 执行态—终止态。对于一个处于执行态的进程，当其正常执行结束，或者因为发生了某种事件而被异常结束时，进程的状态就从执行态转换为终止态。

3. 七状态模型

到目前为止，总是假设所有进程都在主存中。事实上，为了更好地管理和调度进程以及适应系统的功能目标，引入挂起状态。挂起进程可以定义为暂时被淘汰出内存的进程(其PCB仍然保留在内存)，机器的资源是有限的，在资源不足的情况下，操作系统对内存中的进程进行合理的安排，其中有的进程被暂时调离出内存，当条件允许的时候，会被操作系统再次调回内存。具有挂起进程功能的系统中，两个新状态是挂起就绪态(Ready Suspend)和挂起阻塞态(Blocked Suspend)，如图2-12所示。

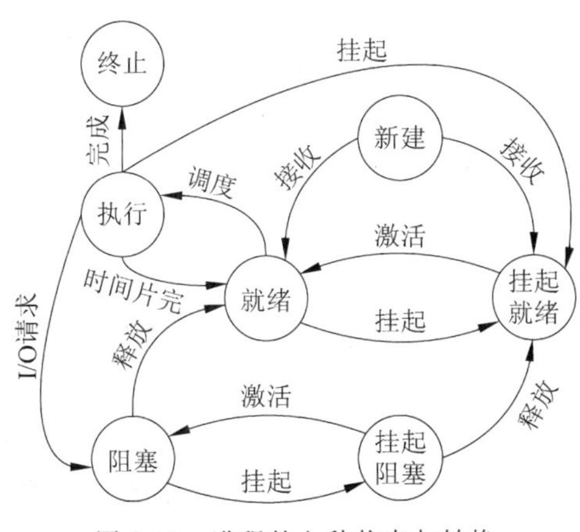

图2-12　进程的七种状态与转换

(1) 挂起就绪态。进程具备运行条件，但目前在辅助存储器中，只有当进程被调回到主存时才能调度执行。

(2) 挂起阻塞态。进程正在等待某一事件发生且进程在辅助存储器中。

引起进程挂起的原因如下。

(1) 终端用户的请求。当终端用户在自己的程序运行期间发现有可疑问题时，希望暂停自己的程序。若此时用户进程正处于就绪态而未执行，则该进程暂不接受调度，以便用户研究其执行情况或对程序进行修改，这种静止状态称为“挂起状态”。

(2) 父进程的请求。有时父进程希望挂起自己的某个子进程，以便考察和修改子进程，或者协调各子进程间的活动。

(3) 负荷调节的需要。当实时系统中的工作负荷较重，可能影响到对实时任务的控制时，可由系统把一些不重要的进程挂起，以保证系统能正常运行。

(4) 操作系统的需要。操作系统有时希望挂起某些进程，以便检查资源使用情况或进行记账。

(5) 对换的需要。为了缓和内存紧张的情况，将内存中处于阻塞态的进程调回至外存。

如果一个进程原来处于执行态或就绪态，此时可因挂起命令而由原来状态变为挂起就绪态，处于挂起就绪态的进程不能参与处理器竞争；当处于挂起就绪态的进程接到激活命令后，它就由原状态变为就绪态。具体可有以下几种情况。

(1) 阻塞态—挂起阻塞态。如果当前不存在就绪进程,系统根据资源分配状况和性能要求,选择阻塞态进程对换出去,使之处于挂起阻塞态。

(2) 挂起阻塞态—挂起就绪态。导致进程阻塞的事件完成后,相应的处于挂起阻塞态的进程将转化为挂起就绪态。

(3) 挂起就绪态—就绪态。当主存中不存在就绪进程,或者挂起就绪态进程具有比就绪态进程更高的优先级,系统将把挂起就绪态进程换回主存并转换成就绪态。

(4) 就绪态—挂起就绪态。系统根据当前资源分配状况和性能要求,决定把就绪态进程对换出去,使之成为挂起就绪态。

(5) 挂起阻塞态—阻塞态。进程等待事件发生时,原则上无须将其调入主存,但当某些进程终止后,系统拥有足够的自由空间,而某个挂起阻塞态进程具有较高的优先级,且系统得知导致其阻塞的事件即将结束,便可能发生这一类状态转换。

(6) 执行态—挂起就绪态。当一个具有较高优先级的挂起阻塞进程所阻塞的事件完成后,它需要抢占CPU,而此时主存空间不足,可能会导致正在运行的进程转换为挂起就绪态。另外,执行态进程也可自我挂起。

(7) 新建态—挂起就绪态。考虑系统当前资源分配状况和性能要求,决定将新进程对换出去,使之处于挂起就绪态。

状态的转换需要原语来实现。下面介绍一些相关的状态转换控制原语。

(1) 进程的阻塞。

一个正在运行的进程,因为未满足其所需求的资源而被迫处于阻塞态,等待所需事件的发生,进程的这种状态的变化就是通过进程本身调用阻塞原语实现的。阻塞是进程的自主行为,进程阻塞的步骤如下。

步骤1:停止进程执行,将现场信息保存到PCB。

步骤2:修改进程PCB的有关内容,如进程状态由执行态改为阻塞态等,并把状态已修改的进程移入相应事件的阻塞队列中。

步骤3:转进程调度程序,调度其他进程运行。

(2) 进程的唤醒。

当等待事件完成时,会产生一个中断,激活操作系统,在系统的控制之下将被阻塞的进程唤醒,是被动的过程。进程唤醒的步骤如下。

步骤1:从相应的阻塞队列里移出进程。

步骤2:修改进程PCB的有关内容,如进程状态改为就绪态,并将进程移入就绪队列。

步骤3:若被唤醒的进程比当前运行进程的优先级高,重新设置调度标志。

(3) 进程的挂起。

当出现了引起进程挂起的事件时(例如,用户进程请求将自己挂起,或父进程请求挂起某子进程),调用挂起原语,进程挂起的步骤如下。

步骤1:检查被挂起进程的状态,若处于就绪态,便将其改为挂起就绪;对于阻塞态的进程,则将之改为挂起阻塞,并将其移入到指定队列。

步骤2:把该进程的PCB复制到某指定的内存区域。

步骤3:若被挂起的进程正在执行,则转向调度程序重新调度。

(4) 进程的激活。

当系统资源充裕或请求激活指定进程时,系统或相关进程会调用激活原语把指定进程激活,进程激活的步骤如下。

步骤 1:先将进程从外存调入内存。

步骤 2:检查该进程的现行状态,若是挂起就绪,便将之改为就绪;若为挂起阻塞便将之改为阻塞,并将进程移入相应队列。

2.2.5 进程的实现

从前面的讲述可知,操作系统通过进程控制块(PCB)感知进程的存在,为了实现进程模型,操作系统维护着一张表格(一个结构数组),即进程表(Process Table)。每个进程占用一个进程表项,即 PCB。

为了实现进程并行执行的错觉,操作系统需不断地对进程切换,实质上,为了完成进程的切换,还需要环境的支撑,如硬件寄存器、程序状态字寄存器等。在操作系统中,进程物理实体和支持进程运行的环境合称进程上下文(Process Context),进程在当前上下文中运行,当系统调度新进程占有处理器时,新老进程随之发生上下文切换,进程上下文由三部分组成。

(1) 用户级上下文(User Level Context)由正文(程序)、数据、共享存储区、用户栈所组成。

(2) 寄存器上下文(Register Context)由程序状态字寄存器、指令计数器、栈指针(机器状态决定它指向用户栈或核心栈)、控制寄存器、通用寄存器等组成。

(3) 系统级上下文(System Level Context)由进程控制块、主存管理信息、核心栈等组成。

当进程的切换发生时,进程在执行过程中就会产生中断,将控制权交给操作系统。假设当一个磁盘中断发生时,用户进程正在进行,则中断硬件将程序计数器、程序状态字等压入堆栈,计算机随机调转到中断向量所指示的地址。在由硬件完成上述操作后,软件,特别是中断服务例程就接管一切剩余的工作。

所有的中断都从保存寄存器开始,对于当前进程而言,通常是在进程表项中。随后,会从堆栈中删除由中断硬件机制存入堆栈的那部分信息,并将堆栈指针指向一个由进程处理程序所使用的临时堆栈。通常,该例程可以供所有的中断使用,因为无论中断是怎样引起的,有关保存寄存器的工作是完全一样的。

当该例程结束后,它调用一个 C 过程处理某个特定的中断类型剩下的工作(假设操作系统由 C 语言编写)。在完成有关工作之后,接着调用调度程序,决定随后该运行哪个进程。随后将控制权转给一段汇编语言代码,为当前的进程装入寄存器值以及内存映射并启动该进程运行。中断处理和调度的过程具体如下。

(1) 硬件将程序计数器等压入堆栈。

(2) 硬件从中断向量装入新的程序计数器。

(3) 汇编语言过程保存寄存器值。

(4) 汇编语言过程设置新的堆栈。

(5) C 中断服务例程运行(如读或缓冲输入等)。

(6) 调度程序决定下一个将运行的进程。

(7) C过程返回至汇编代码。

(8) 汇编语言过程开始运行新的当前进程。

2.3 线　　程

线程(Thread)是现代操作体统中出现的一个重要技术,目前流行的操作系统几乎都采用了线程机制。线程的引入进一步提供了程序执行的并发性,提高了系统的效率。

线程

2.3.1 线程的引入及定义

在传统的操作系统中,进程是系统进行资源分配和调度的基本单位,以进程为单位分配存放其映像所需要的虚地址空间,执行所需要的主存空间,完成任务需要的其他各类外围设备资源和文件。此时,进程是调度的基本单位,因而在创建、终止和切换中,系统必须为之付出较大的时空开销。为了减少程序并发执行时所付出的时空开销,使得并发粒度更细,并发性更好,考虑将进程的两项功能"独立分配资源"和"被调度分派执行"分开,前一项任务仍由进程完成,后一项任务交由称作线程的实体来完成,以充分发挥并发处理能力,提高系统性能。在这种思想指导下,形成了线程的概念。引入线程还有一个好处,就是能较好地支持对称多处理器系统(Symmetric Multiprocessor,SMP)。

所谓线程,是进程内的一个相对独立的,可独立调度和指派的执行单元,是进程的组成部分。线程的组成部分有:

(1) 线程的唯一标识符及线程状态信息,即线程控制块(TCB)。

(2) 未运行时所保存的进程上下文,可把线程看成进程中一个独立的程序计数器。

(3) 核心栈,在核心态工作时保存参数,在函数调用时返回地址等。

(4) 用于存放线程局部变量和用户栈的私有存储区。

传统的操作系统一般只支持单线程结构进程,但像Windows、Solaris等很多操作系统支持多线程结构进程,如图2-13所示。

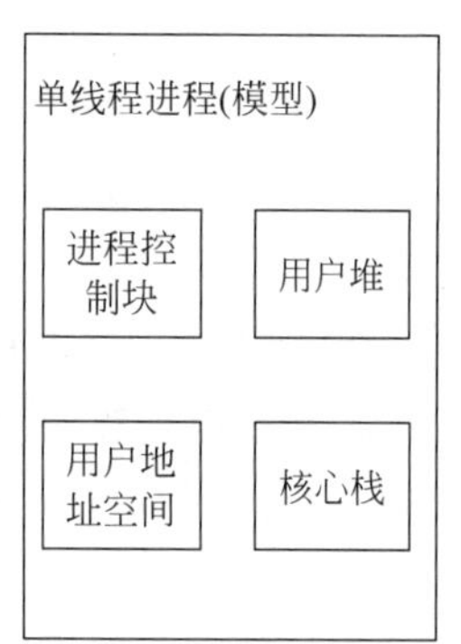

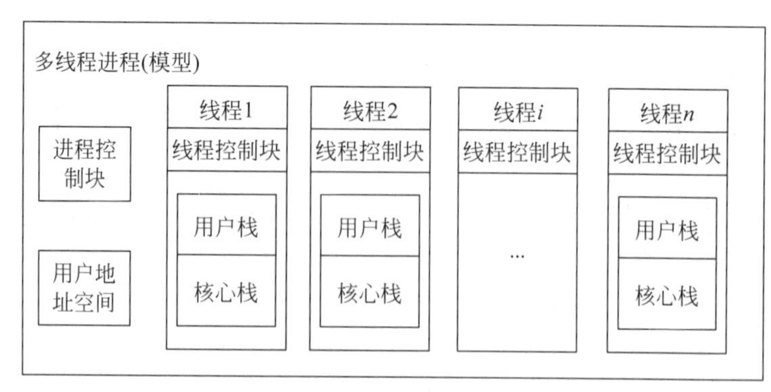

图2-13　单线程结构进程和多线程结构进程

由于线程具有许多传统进程所具有的特征,所以又称为轻型进程(Light-Weight Process),相应地,把传统进程称为重型进程(Heavy-Weight Process)。

2.3.2 线程的状态

与进程一样，线程是个动态的概念，也有生命周期，在这一过程中它具有各种状态，虽然在不同的操作系统中，线程的状态不完全相同，但下述三个关键的状态是共有的。

(1) 就绪态。线程已具备执行条件，调度程序可以为其分配一个 CPU 执行。

(2) 执行态。线程正在某一个 CPU 内运行。

(3) 阻塞态。线程正在等待某个事件发生，则被阻塞。

线程不具有进程中挂起状态，因为挂起的主要作用之一是将资源从内存移到外存，而线程不是拥有资源的基本单位，它不应该有将整个进程或线程自己从主存移出的权限。同时，需要注意的是当一个线程被阻塞后，为了保持线程的灵活性和优越性，多数操作系统并不阻塞整个进程，该进程中其他线程依然可以参与调度。

线程的状态转换是通过相关的控制原语实现的。常用的原语有：创建线程、终止线程、线程阻塞等。创建线程通常被称为派生，它可以在进程内派生出来，也可以由线程派生。一个新派生的线程具有相应的数据结构指针和变量，然后放入就绪队列。如果一个线程执行完后终止该线程，它的寄存器上下文以及堆栈内容将被释放。

2.3.3 线程的特征

根据线程的概念，线程具有以下一些特征。

(1) 线程是进程中的一个相对可独立运行的单元。

(2) 线程是操作系统中的基本调度单位，在线程中包含调度所需要的基本信息。

(3) 在具备线程机制的操作系统中，进程不再是调度单位，一个进程中至少包含一个线程，以线程作为调度单位。

(4) 线程自己并不拥有资源，它与同进程中的其他线程共享该进程所拥有的资源。由于线程之间涉及资源共享，所以需要同步机制来实现进程内多线程之间的通信。

(5) 与进程类似，线程还可以创建其他线程，线程也有生命周期，也有状态的变化。

线程具有许多类似于进程的特征，本节将比较线程与进程，从中更清楚地了解线程所具有的特征。

(1) 拥有资源方面。不管是以进程为基本单位的操作系统，还是在引进线程的操作系统中，进程都是独立拥有资源的一个基本单位。它可以申请并拥有自己的资源，也可以访问其所属进程的资源。而线程只拥有一点在运行中必要的资源，不过它可以访问所属进程的资源，但资源仍然是分给进程的。

(2) 调度方面。引入线程后，进程是资源的拥有者，线程是处理器调度和分配的单位。因此在同一进程内，线程的切换不会引起进程的切换，而由一个进程中的线程切换到另一个进程中的线程时则需要引起进程间的切换。

(3) 并发性方面。引入线程后，不仅进程之间可以并发执行，而且一个进程内的多个线程之间也可以并发执行，因此系统具有了更好的并发性，进而提高了系统的资源利用率和吞吐量。

(4) 系统开销方面。进程切换时有很大的时空开销，而线程切换时只需要保存和设置少量的寄存器，时空开销很小。另外，由同一进程内的多个线程共享进程的同一地址空间，因此,多个线程之间的同步与通信也非常容易实现,甚至不需要操作系统内核的干预。

2.3.4 线程的分类

在不同的操作系统中,线程的实现方法不完全相同。可以将多线程的实现方法分成3类:用户级线程、内核级线程和混合式线程,如图2-14所示。无论什么类型的线程.都必须以直接或间接方式获得操作系统内核支持,内核级线程可以直接使用系统调用为它服务,而用户级线程若要取得内核服务,则必须借助于一个中间系统。下面分别对几种类型加以介绍。

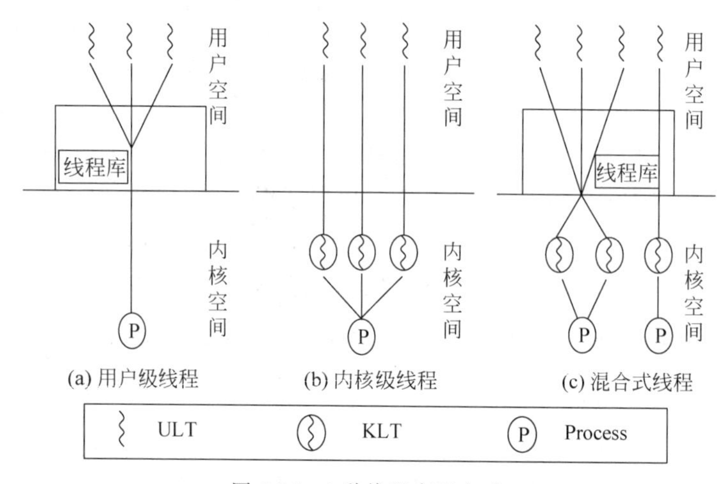

图2-14 3种线程实现方式

1. 用户级线程

用户级线程(User-Level Thread,ULT)由用户程序创建,并由用户程序对其进行调度和管理。这种线程的创建、终止、切换以及通信都不能直接利用系统调用完成,而是借助线程库这个中间系统实现。线程库是操作系统提供的一个专门用来管理用户级线程的软件包,它驻留在用户空间内,提供了创建线程、终止线程、线程切换、线程调度、线程同步以及线程之间通信等功能。线程库在用户级线程与内核之间起到了接口作用。用户级线程通过线程库以间接方式获得内核提供的服务,从而使用户级线程与内核无关;反过来,由于线程库的隔离,内核亦不知道用户级线程的存在。

这种方法有以下优点。

(1) 用户级线程的切换无须通过陷入(内中断)进入内核,切换操作在进程的用户空间中进行,用于管理线程的数据结构均保存在进程的用户空间内,因此用户级线程的切换速度高于内核支持线程的切换速度,而且系统开销小。

(2) 用户级线程可以运行在任何操作系统上,就是在不支持线程的操作系统上也可以实现用户级线程。

(3) 由于线程调度由线程库实现,而线程库的线程调度算法与系统的进程调度算法无关,因此线程调度灵活方便。各应用程序可以根据需要在线程库中选择不同的线程调度算法,而不会干扰内核的进程调度程序。

这种方法有以下缺点。

(1) 由于内核不知道用户级线程的存在,因此,当用户级线程执行一个系统调用时,系统将阻塞该线程所属的整个进程，使得该进程内的所有线程都不能运行，从而降低了线程的并发性。

（2）在 ULT 方式下，多线程不便利用多处理器，因为每次只有一个进程的一个线程在一个 CPU 上运行。

2. 内核级线程

内核级线程（Kernel-Level Thread，KLT）中，所有线程的创建、调度、管理都由操作系统内核负责。一个用户进程可以按多线程方式编写程序，当它被提交给多线程操作系统运行时，内核会为它创建一个进程和一个线程，线程在运行中还可以创建新的线程。每当创建一个新线程时，操作系统内核就在内核空间为该线程分配一个线程控制块 TCB，用来登记该线程的线程标识符、寄存器内容、状态以及优先级等信息，并分配运行所必需的资源。每当撤销一个线程时，内核便回收为该线程分配的资源和线程控制块。由此可见，内核级线程的创建和终止类似于传统进程的创建与终止。内核级线程的调度和切换亦与传统进程的调度和切换类似，由内核完成。

这种方法有以下优点。

（1）在引入内核级线程的操作系统中，调度以线程为单位，内核能够同时调度一个进程内的多个线程并发执行。而在多处理器系统中，则能同时将多个线程分配到各个处理器上并行执行。因此，内核级线程比较适合多处理器系统。

（2）在引入内核级线程的操作系统中，一个线程因等待某个事件而阻塞不会影响其他线程执行。

（3）内核级线程本身只使用了很小的数据结构和堆栈，切换速度较快，加之内核本身也可以采用多线程技术实现，因此，引入内核级线程的操作系统一般具有较高的运行效率。

这种方法的缺点是线程运行在用户态，而线程的调度和管理由内核实现，以至于同一进程中的线程需要在用户态和核心态之间来回切换，系统开销较大。

3. 混合式线程

混合式线程将上述用户级与内核级结合。在这种方式下，一方面内核支持多线程的创建、调度和管理等操作，另一方面系统为用户提供一个线程库，允许用户程序建立、调度和管理用户级线程。

2.3.5 多核和多线程

通过上述介绍，每个单位时间内，CPU 只能处理一个线程，以这样的单位进行，如果想要在单位时间内处理超过一个的线程，是不可能的。英特尔通过超线程技术（Hyper-Threading，HT）成为第一家公司实现在一个实体处理器中，提供两个逻辑线程。英特尔的 HT 技术是以单个核心处理单元，去整合两个逻辑处理单元，也就是一个实体核心，两个逻辑核心。近似地说，超线程允许 CPU 保持两个不同的线程状态，然后在纳秒级的时间尺度内来切换。超线程不提供真正的并行处理。在一个时刻只有一个进程在运行，但是线程的切换时间则减少到纳秒级数量，因此可以在单位时间内处理两个线程，模拟双核心运作。对于软件来说，要想实现 HT 技术，就需要创建多个线程。这种技术对操作系统而言是有意义的，因为每个线程在操作系统看来就像是单个的 CPU。考虑一个实际有两个 CPU 的系统，每个 CPU 有两个线程，这样操作系统将把它看成是 4 个 CPU。可以看出，单核 CPU 运用超线程技术可以大致模拟出双核的效果，双核CPU运用超线程技术可以大致模拟出4核的效果，这就很好地解释了大家常听说的双核4线程或4核8线程；而不管CPU是单核、双核还是具备超线程技术的单核、双核，都可以实现多线程编程。

前面提到了单核、双核，那么什么是多核呢？所谓多核是将两个或多个完整的CPU，通常称为核(Core)，放到同一芯片上(技术上来说是同一小硅片)，如图2-15所示。CPU可能共享高速缓存可能不共享，但它们都共享内存。

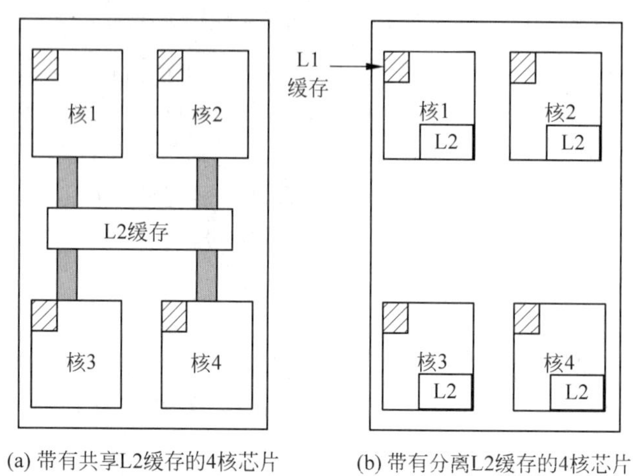

(a) 带有共享L2缓存的4核芯片　(b) 带有分离L2缓存的4核芯片

图2-15　4核芯片

这样的设计结果是多核芯片就相当于小的多处理器。实际上，多核芯片时常被称为片级多处理器(Chip-level Multiprocessors，CMP)。从软件的角度来看，CMP与基于总线的多处理器和使用交换网络的多处理器并没有太大的差别。不过它们还是存在着若干的差别。例如，基于总线的多处理器，每个CPU拥有自己的高速缓存，英特尔使用的共享高速缓存的设计并没有出现在其他的多处理器中。CMP与其他多处理器的另一个差异是容错。因为CPU之间的连接非常紧密，一个共享模块的失效可能导致许多CPU同时出错。而这样的情况在传统的多处理器中是很少出现的。

2.4　处理器调度

在多道程序环境下，通常会有多个进程或线程竞争CPU。这就要求系统能按某种算法，选择下一个要运行的进程。在操作系统中完成选择工作的那一部分称为调度程序(Scheduler)，该程序使用的算法称为调度算法(Scheduling Algorithm)。

2.4.1　调度的功能与时机

现代操作系统中，按照调度所实现的功能来分，通常把处理器分配给进程或线程的调度称为低级调度，除此之外，还有中级调度和高级调度，它们一起构成三级调度体系。其中，低级调度是该体系中不可缺少的最基本调度。下面将具体介绍这三级调度的功能及其调度的时机。

1. 高级调度

在了解高级调度之前，先来了解一个概念，即作业。作业是一个比程序更广泛的概念，它不仅包含了通常的程序和数据，而且还应配有一份作业说明书，系统根据该说明书来对程序的运行进行控制。在批处理系统中，是以作业为基本单位从外存调入内存的。作业通常分成若干个既相对独立又互相关联的加工步骤，每个步骤称为一个作业步。每个作业步可能对应一个或多个进程。例如，一个用 Java 语言编写的程序可看作一个作业，该作业执行时，首先经过 JDK 编译程序进行编译，形成后缀名为 class 的字节码文件；字节码文件再通过 JDK 的执行程序进行解释执行，用户才能看到最终运行结果。对上述两个步骤，系统可以通过创建两个进程来完成。如系统此时还有其他进程运行，这两个进程与其他进程并发执行。

作业一般要经历"提交""后备""执行"和"完成"4 个状态，如图 2-16 所示。用户向系统提交一个作业时，该作业所处的状态为提交状态。例如将一套作业卡片交给机房管理员，由管理员将它们放到读卡机上读入；或者用户通过键盘向机器输入作业等。用户作业经输入设备(如读卡机)送入输入井(磁盘的一部分)，等待进入内存时所处状态为后备状态。后备态作业的数据已经转换成机器可读的形式，作业请求资源等信息也交给了操作系统。系统中往往有多个作业处于后备状态，它们通常被组织成队列形式。后备态作业被作业调度程序选中后调入内存，获得所需资源且正在处理器上执行时，称作业处于执行态。作业执行完毕，其结果被放到硬盘中专门用来存放结果的某个固定区域或打印输出，系统收回分配给它的全部资源，此时的作业处于完成状态。

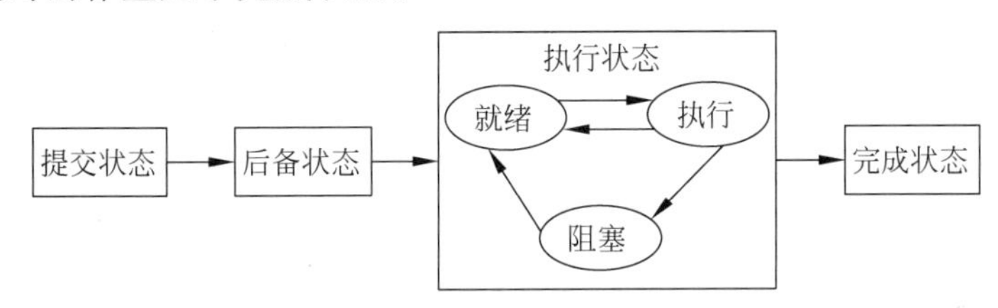

图 2-16　作业状态及其转换

在大型通用系统中，往往有数百个终端与主机相连，共用系统中的一台主机。某一时刻，系统中可能有数百个作业放在磁盘的批处理作业队列中。如何从这些作业中选出作业放入内存是处理器调度的重要功能之一。

高级调度(High Level Scheduling)又称作业调度或长程调度，它是根据某种算法将外存上处于后备作业队列中的若干作业调入内存，为作业分配所需资源并建立相应进程。

高级调度决定允许哪些作业可进入内存，参与竞争 CPU 和系统其他资源，将一个或一批作业从后备状态变为执行态。被高级调度程序选中的作业可获得基本内存和相应的系统资源，系统为之创建相应的进程。此后，该作业以进程的形式参与并发执行，同其他进程竞争 CPU。高级调度为中级调度和低级调度做好了前期准备。

在多道批处理系统中，为了管理和调度作业，系统为每个作业设置了一个作业控制块(Job Control Block，JCB)，它记录作业的相关信息。作业控制块是作业存在的标志，只有作业执行完成或中途退出系统时，作业控制块才被撤销。在 JCB 中所包含的内容因系统而异，通常应包含的内容有：作业标识、用户名称、用户账号、作业类型、作业状态、调度信息、资源需求、进入系统时间、开始处理时间、作业完成时间、作业退出时间、资源使用情况等。

2. 中级调度

中级调度(Intermediate Level Scheduling)又称内存调度,它是进程在内存和外存之间的对换,引入中级调度的目的是为了提高内存利用率和系统吞吐量,控制系统并发度,降低系统开销。当内存空间非常紧张或处理器无法找到一个可执行的就绪进程时,需把某些暂时不能运行的进程换到外存上去等待,释放出其占用的宝贵内存资源给其他进程使用。换到外存的进程所处状态为挂起状态。当这些进程重新具备运行条件且内存又有空闲空间时,由中级调度程序决定把外存上的某些进程重新调入内存,并修改其状态,为占用处理器做好准备。

中级调度实际上是存储管理中的对换功能,它控制进程对主存的使用。在虚拟存储管理系统中,进程只有被中级调度选中,才有资格占用主存。中级调度可以控制进程对主存的使用,从某种意义上讲,中级调度可通过设定内存中能够接纳的进程数来平衡系统负载,在一定时间内起到平衡和调整系统负载的作用。

3. 低级调度

低级调度(Low Level Scheduling)又称进程调度、短程调度,它决定哪个就绪态进程获得处理器,即选择某个进程从就绪态变为执行态。执行低级调度的原因多是处于执行态的进程由于某种原因放弃或被剥夺处理器。

进程调度的功能主要包括以下两部分。

(1) 选择就绪进程。动态查找就绪态进程队列中各进程的优先级和资源(主要是内存)使用情况,按照一定的进程调度算法确定处理器的分配对象。

(2) 进程切换。进程切换是处理器分配的具体实施过程。正在处理器上执行的进程释放处理器,将调度程序选中的就绪态进程切换到处理器上执行。进程切换中主要完成的工作有:保存当前被切换进程的执行现场,累计当前就绪进程的执行时间、剩余时间片、动态变化优先级等。调度程序根据进程调度策略选择一个就绪态进程,把其状态转换为执行态,并把处理器分配给它。进程的执行现场往往保存在自己的PCB、用户栈和系统栈中,常包括以下寄存器内容:处理器状态寄存器、指令地址寄存器、通用寄存器、堆栈起始地址和栈顶指针存储管理寄存器。

进程调度是最基本的一种调度,它可以采用非抢占方式和抢占方式。

(1) 非抢占方式。在这种方式下,一旦分派程序把处理器分配给某个进程后,便让它一直运行下去,直到进程完成或发生某事件而阻塞时,才把处理器分配给另一进程。即使在就绪队列中存在优先级高于当前执行进程的进程,当前进程仍将占用处理器直到该进程自己因调用原语操作或等待I/O而进入阻塞态,或时间片用完时才重新发生调度让出处理器。

这种调度方式的优点是实现简单、系统开销小,适用于大多数的批处理系统环境。但它难以满足紧急任务的要求——立即执行,因而可能造成难以预料的后果。显然,在要求比较严格的实时系统中,不宜采用这种调度方式。

(2) 抢占方式。在这种方式下,某个进程正在运行时可以被系统以某种原则剥夺已分配给它的处理器,将处理器分配给其他进程。即就绪队列中一旦有优先级高于当前执行进程优先级的进程存在时,便立即发生进程调度,转让处理器。在这种调度方式中,进程调度程序可根据某种原则停止正在执行的进程,将已分配给当前进程的处理器收回,重新分配给另一个处于就绪态的进程。

抢占方式的优点是可以防止一个长进程长时间占用处理器，能为大多数进程提供更公平的服务，特别是能满足对响应时间有着严格要求的事实任务的需求。但抢占方式调度所需付出的开销较大。

在上述三级调度中，低级调度是各类操作系统必备的功能，在纯粹的分时操作系统或实时操作系统中，通常不需要高级调度；一般的操作系统都配置高级调度和低级调度；而功能完善的操作系统为了提高主存的利用率和作业吞吐量，引入了中级调度。可见不同的操作系统采用的调度方式是不同的，调度程序的优化也是不同的，根据不同的环境，划分出三种，即批处理、交互式和实时。本节也将在介绍完调度目标后，针对这三种环境对调度算法做详细的介绍。

2.4.2 调度算法的目标

操作系统调度算法的选择会受到很多因素的影响，评价调度算法的优劣和性能也是十分复杂的事情，不同类型操作系统的调度算法往往不一样，由于应用进程的特性，对响应时间和系统资源的要求不尽相同，使得调度算法的设计比较复杂。通常情况下如何选择调度方式和算法，很大程度上取决于操作系统的类型及其目标。选择调度算法时需要考虑用户的要求，同时也应该考虑系统的总体性能。

1. 面向用户

(1) 周转时间短，即用户等待输出的时间短。周转时间是指从作业提交给系统到作业完成为止的这段时间间隔。周转时间包括四部分：作业在外存后备队列上等待(作业)调度的时间，进程在就绪队列上等待进程调度的时间，进程在 CPU 上执行的时间，以及进程等待 I/O 操作完成的时间。一个作业的周转时间等于作业的完成时间减到达时间，或者是执行时间加等待时间。

每个用户都希望自己作业的周转时间尽可能的短。但是对于一个计算机系统而言，总是希望能是所有任务的平均周转时间最短。平均周转时间的定义为

$$T=\frac{1}{n}\left[\sum_{i=1}^{n}T_i\right]$$

其中，n 为作业数，T_i 为第 i 个作业周转时间。

在周转时间里，一个执行时间长的作业和执行时间短的作业直接比较周转时间是不公平的，所以提出了带权周转时间，即作业的周转时间 T 与作业的执行时间 T_s 之比：$W_i=T_i/T_{si}$ 称为作业 i 的带权周转时间，而平均带权周转时间可表示为

$$W=\frac{1}{n}\left[\sum_{i=1}^{n}W_i\right]$$

(2) 响应时间快，即用户交互快捷。响应时间是指从提交一个请求到开始接受响应之间的这段时间。它通常用于评价分时系统和实时系统。它包括三部分时间：从键盘输入的请求信息传送到处理器的时间，处理器对请求信息进行处理的时间，以及将所形成的响应信息回送到终端显示器的时间。

(3) 截止时间保证。截止时间是指某任务必须开始执行的最迟时间，或必须完成的最迟时间。对于实时系统而言，为了确保任务能在有限的时间范围内做出正确的反馈，必须要求任务在截止时间之前开始执行，否则将可能造成难以预料的后果。

(4) 优先权。在批处理、分时和实时系统中选择调度算法时,可以将急需处理的作业设置成较高的优先权,然后根据优先权高低选择调度,使得优先权高的作业能得到及时的处理。在实时系统中,有时为了确保作业能被及时处理,还需要选择抢占式的调度方式。

2. 面向系统

(1) 资源利用率高。使得CPU或其他资源能够并行工作,并且资源的利用率尽可能高。由于CPU价格昂贵,致使CPU的利用率成为衡量系统性能的十分重要的指标。

CPU的利用率=CPU有效工作时间/CPU总的运行时间

CPU总的运行时间=CPU有效工作时间+CPU空闲等待时间

(2) 系统吞吐量高。吞吐量是单位时间内处理的作业数。这是选择批处理系统性能的一个重要指标。对于大型作业,一般吞吐量为每小时一道作业,对于中小型作业,其吞吐量则可能达到每小时数十道作业之多。作业调度算法的选择对吞吐量的影响很大,对于同一批作业,若采用较好的调度方式,则可显著地提高系统的吞吐量。

(3) 公平性。确保每个用户每个进程获得合理的CPU份额或其他资源份额,不会出现饿死的情况。

2.4.3 批处理作业调度

在这一节中,我们将考察批处理系统中作业调度的算法。

先来先服务调度算法

1. 先来先服务调度算法

先来先服务(First-come First-served,FCFS)调度算法是最简单的一种调度算法,它不仅可以用于高级调度,也可以用于低级调度。当在作业调度中采用该算法时,每次从作业后备队列中选择一个等待时间最长的作业调入内存,并为其分配资源,建立进程,然后放入就绪队列。

这是一种非抢占式调度算法,易于实现,但效率不高。只顾及作业的等候时间,不考虑作业要求服务时间的长短,不利于短作业而优待长作业。有时为了等待长作业执行结束,短作业的周转时间和带权周转时间将变得很大,从而使若干作业的平均周转时间和平均带权周转时间也变得很大。下面通过一个例子来分析一下FCFS调度算法。

例2-1 表2-2给出了五个作业到达系统的时间、运行时间,给出作业的调度顺序,计算各自的周转时间和带权周转时间,平均周转时间和平均带权周转时间。

表2-2 作业情况

作业号	A	B	C	D	E
到达时间	0	1	2	3	4
服务时间	4	3	5	2	4

解:

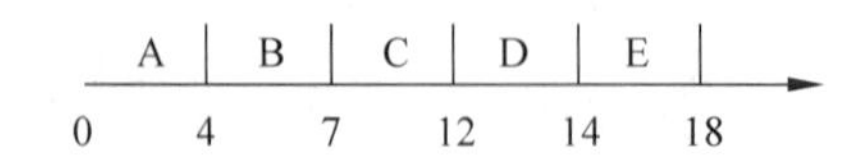

作业的调度顺序:A→B→C→D→E

作业的周转时间:

$T_A=4-0=4, T_B=7-1=6, T_C=12-2=10, T_D=14-3=11, T_E=18-4=14$

作业的带权周转时间：

$W_A=4/4=1, W_B=6/3=2, W_C=10/5=2, W_D=11/2=5.5, W_E=14/4=3.5$

作业的平均周转时间：

$$T=\frac{1}{5}(T_A+T_B+T_C+T_D+T_E)=9$$

作业的平均带权周转时间：

$$W=\frac{1}{5}(W_A+W_B+W_C+W_D+W_E)=\frac{14}{5}=2.8$$

2. 短作业优先调度算法

短作业优先调度算法

短作业优先(Short Job First,SJF)调度算法是以进入系统的作业所要求的 CPU 运行时间的长短为标准，总是选取预计计算时间最短的作业优先调度的算法。其从后备队列中选择一个或若干个估计运行时间最短的作业，将它们调入内存运行。

短作业优先调度算法是一种非抢占式的调度算法，能够克服 FCFS 算法的缺点，易于实现，但执行效率不高。短作业优先调度算法存在不容忽视的缺点。

(1) 该算法对长作业不利。更严重的是，如果有一长作业进入系统的后备队列，由于调度程序总是优先调度那些(即使是后进来的)短作业，进入系统早的长作业长期得不到处理，将导致“饥饿”现象。

(2) 该算法完全未考虑作业的紧迫程度，因而不能保证紧迫性作业会被及时处理。

(3) 由于作业的长短只是根据用户所提供的估计执行时间而定的，而用户又可能会有意或无意地缩短其作业的估计运行时间，致使该算法不一定能真正做到短作业优先调度。

下面通过一个例子来分析一下 SJF 调度算法。

例 2-2 按照 SJF 算法给出表 2-2 作业的执行顺序，计算各自的周转时间和带权周转时间，平均周转时间和平均带权周转时间。

解：

A	D	B	E	C
4	6	9	13	18

作业的调度顺序：A→D→B→E→C

作业的周转时间：

$T_A=4-0=4, T_B=9-1=8, T_C=18-2=16, T_D=6-3=3, T_E=13-4=9$

作业的带权周转时间：

$W_A=4/4=1, W_B=8/3=2.67, W_C=16/5=3.2, W_D=3/2=1.5, W_E=9/4=2.25$

作业的平均周转时间：

$$T=\frac{1}{5}(T_A+T_B+T_C+T_D+T_E)=8$$

作业的平均带权周转时间：

$$W=\frac{1}{5}(W_A+W_B+W_C+W_D+W_E)=\frac{637}{300}=2.12$$

3. 高响应比调度算法

高响应比优先(Highest Response Ratio Next,HRRN)调度算法是对 FCFS 调度算法和短作业优先调度算法的一种综合平衡。FCFS 算法只考虑等待时间而未考虑运行时间的长短,短作业优先调度算法只考虑运行时间而未考虑等待时间的长短。因此这两种调度算法在某些情况下都有不足之处。高响应比优先调度算法中的优先权的变化规律可描述为

高响应比调度算法

$$优先权=\frac{等待时间+要求服务时间}{要求服务时间}$$

从上面的公式可以看出:

(1) 如果作业的等待时间相同,则要求服务的时间越短,其优先权越高,因此该算法在等待时间相同的作业中会选择短作业,有利于短作业。

(2) 当要求服务的时间相同时,作业的优先权取决于其等待时间,等待时间越长,其优先权越高,因此对运行时间相同的作业该算法会选择等待时间长的作业,即类似于先来先服务。

(3) 对于长作业,作业的优先级可以随等待时间的增加而提高,当其等待时间足够长时,其优先级便可升到很高,从而也可获得处理器。因此对长作业而言,不会出现"饥饿"现象。

总之,该算法既照顾了短作业,又考虑了作业到达的先后次序,不会使长作业长期得不到服务。

例 2-3 按照 HRRN 算法给出表 2-2 作业的执行顺序,计算各自的周转时间和带权周转时间,平均周转时间和平均带权周转时间。

解:开始时只有作业 A,作业 A 被选中,执行时间 4;作业 A 执行完毕后,B、C、D、E 的响应比依次为 6/3、7/5、3/2、4/4,作业 B 被选中,执行时间 3;作业 B 执行完毕后, C、D、E 的响应比依次为 10/5、6/2、7/4,作业 D 被选中,执行时间 2;作业 D 执行完毕后, C、E 的响应比依次为 12/5、9/4,作业 C 被选中,执行时间 5;最后作业 E 被选中,执行时间 4。所以有

A	B	D	C	E
4	7	9	14	18

作业的调度顺序:A→B→D→C→E

作业的周转时间:

$T_A=4-0=4, T_B=7-1=6, T_C=14-2=12, T_D=9-3=6, T_E=18-4=14$

作业的带权周转时间:

$W_A=4/4=1, W_B=6/3=2, W_C=12/5=2.4, W_D=6/2=3, W_E=14/4=3.5$

作业的平均周转时间:

$$T=\frac{1}{5}(T_A+T_B+T_C+T_D+T_E)=\frac{42}{5}=8.4$$

作业的平均带权周转时间:

$$W=\frac{1}{5}(W_A+W_B+W_C+W_D+W_E)=\frac{119}{50}=2.38$$

批处理系统中除了有作业调度外,还有进程调度,上述三种方法除了适用于作业调度,

也适用于进程调度，调度算法的原理基本相同，同时某些算法既可以用在批处理系统中，也可以用在交互式系统中。如短作业优先常常伴随着最短响应时间，短作业优先调度如果是进程的话，那么其短进程优先调度也可适用于交互式系统。

2.4.4 交互系统进程调度

现在考察用于交互式系统中的一些进程调度算法，它们在PC、服务器和其他类系统中都是常用的。

1. 时间片轮转调度算法

时间片轮转调度算法

时间片轮转法(Round Robin，RR)调度算法也称为时间片调度或轮转调度，是分时系统中采用的调度算法，其基本思想是为每一个进程分配一个时间段，该时间段被称为时间片，即允许该进程运行的时间，通常情况下时间片的大小为几十到几百毫秒。每个进程只能依次循环轮流运行，如果时间片结束时进程还在运行，CPU将剥夺该进程的使用权转而将CPU分配给另一个进程。如果进程在时间片结束之前阻塞或结束，CPU当即进行切换。为了实现进程的循环执行，将每次被中止运行的进程存入就绪队列的末尾，同时将CPU分配给就绪队列中的队首进程。该算法是一种简单而又公平的算法，使用非常广泛。

时间片轮转算法是一种抢占式调度算法。使用这种算法进行调度，系统耗费在进程(线程)切换上的开销比较大，而开销的大小与时间片的长短有很大的关系。若时间片太短，则大多数进程(线程)都不可能在一个时间片内运行结束，于是频繁切换，系统开销显著增大。反之，若时间片过长，长到所有进程(线程)都可以在一个时间片内运行结束，则该算法退化成先来先服务算法，在这种情况下，用户对响应时间的要求将得不到保证。因此，为了使用户的输入能够得到及时响应，同时又不会增加太多系统开销，时间片的选择应与完成一个基本交互过程所需要的时间相当，从而保证大部分基本交互过程都能在一个时间片内完成。

例2-4 当时间片是1和4时，按照RR算法给出表2-3进程的执行顺序，计算各自的周转时间和带权周转时间，平均周转时间和平均带权周转时间。

表2-3 进程情况

进程号	A	B	C	D	E
到达时间	0	1	2	3	4
服务时间	4	3	5	2	4

解：(1) 时间片为1时

进程的执行顺序：

A	B	A	C	B	D	A	E	C	B	D	A	E	C	E	C	E	C
1	2	3	4	5	6	7	8	9	10	11	12	13	14	15	16	17	18

进程的周转时间：

$T_A=12-0=12$，$T_B=10-1=9$，$T_C=18-2=16$，$T_D=11-3=8$，$T_E=17-4=13$

进程的带权周转时间：

$W_A=12/4=3$，$W_B=9/3=3$，$W_C=16/5=3.2$，$W_D=8/2=4$，$W_E=13/4=3.25$

进程的平均周转时间：

$$T=\frac{1}{5}(T_A+T_B+T_C+T_D+T_E)=\frac{58}{5}=11.6$$

进程的平均带权周转时间：

$$W=\frac{1}{5}(W_A+W_B+W_C+W_D+W_E)=\frac{329}{100}=3.29$$

(2) 时间片为4时

进程的执行顺序：

A	B	C	D	E	C
4	7	11	13	17	18

进程的周转时间：

$T_A=4-0=4, T_B=7-1=6, T_C=18-2=16, T_D=13-3=10, T_E=17-4=13$

进程的带权周转时间：

$W_A=4/4=1, W_B=6/3=2, W_C=16/5=3.2, W_D=10/2=5, W_E=13/4=3.25$

进程的平均周转时间：

$$T=\frac{1}{5}(T_A+T_B+T_C+T_D+T_E)=\frac{49}{5}=9.8$$

进程的平均带权周转时间：

$$W=\frac{1}{5}(W_A+W_B+W_C+W_D+W_E)=\frac{289}{100}=2.89$$

优先级调度算法

2. 优先级调度算法

高优先级调度算法的基本思想是：当发生调度时，总是调度当前处于就绪队列中优先级最高的进程，使之获得处理器。在这种算法中存在两种方式：非抢占式优先权调度算法和抢占式优先权调度算法。而根据优先权的类型，又可分为静态优先级和动态优先级。

非抢占式优先级调度方式规定系统如果把处理器分配给就绪队列中优先权最高的进程后，该进程将持续获得CPU的使用权，直到进程完成或发生某事件而阻塞时，才把处理器分配给另一个进程。这种调度方式的优点是实现简单、系统开销小，适用于大多数的批处理系统。

抢占式优先级调度方式规定首先把处理器分配给优先权最高的进程，使该进程占用CPU执行。但在其执行期间，如果系统中进入了一个优先权更高的进程，进程调度程序就立即停止当前进程(原优先权最高的进程)的执行，重新将处理器分配给新到的优先级最高的进程。这种调度方式的优点是能更好地满足紧迫作业的要求，因此适用于要求比较严格的实时系统，以及对性能要求较高的批处理和分时系统。

在优先级调度算法中，进程的优先级一般由优先数决定。

静态优先数是指进程在创建时就获得一个整数数值，此数值在进程的整个运行过程中固定不变。优先数的大小反映进程优先级的高低。有的系统规定优先数越大其优先级越高，当然也可以反过来规定。优先数的决定一般取决于进程类型，资源需求量，紧迫程度和用户需求等。

动态优先数是指进程的优先级随着进程的推进可以动态改变。现代操作系统中，采用优先级调度算法的系统大多使用的是动态优先数的策略。动态优先数的选择可以根据进程占有 CPU 的时间长短以及就绪进程等待 CPU 的时间长短来确定。

例 2-5 表 2-4 给出五个进程到达就绪队列是时间、执行时间和优先数，优先数越大优先级越高，按照优先级调度算法采用抢占方式给出进程的执行顺序，计算各自的周转时间和带权周转时间，平均周转时间和平均带权周转时间。

表 2-4 进程情况

进程号	A	B	C	D	E
到达时间	0	1	2	3	4
服务时间	4	3	5	2	4
优先数	1	2	4	3	5

解：进程的执行顺序：

A	B	C	E	C	D	B	A
1	2	4	8	11	13	15	18

进程的周转时间：

$T_A=18-0=18, T_B=15-1=14, T_C=11-2=9, T_D=13-3=10, T_E=8-4=4$

进程的带权周转时间：

$W_A=18/4=4.5, W_B=14/3=4.67, W_C=9/5=1.8, W_D=10/2=5, W_E=4/4=1$

进程的平均周转时间：

$$T=\frac{1}{5}(T_A+T_B+T_C+T_D+T_E)=11$$

进程的平均带权周转时间：

$$W=\frac{1}{5}(W_A+W_B+W_C+W_D+W_E)=\frac{409}{150}=2.73$$

3. 多级反馈队列调度算法

多级反馈队列(Multi-Level Feedback Queue，MLFQ)调度算法又被称为反馈循环队列，如图 2-17 所示。不必事先知道各种进程所需的执行时间、优先数等，而且可以满足不同类型进程的需求，它采用动态分配优先数，调度策略是一种抢占式的调度方法。该算法是目前公认的较好的一种进程调度算法。其主要思想是由系统建立多个就绪队列，每个队列对应于一个优先级，第一个队列的优先级最高，第二个队列的优先级次之，其后队列的优先级逐个降低。较高优先级队列的进程/线程分配给较短的时间片，较低优先级队列的进程/线程分配给较长的时间片，最后一个队列进程/线程按 FCFS 算法进行调度。当一个新进程进入内存后首先将它放入第一队列的末尾，当轮到该进程执行时，如果它能在该时间片内完成，便可准备撤离系统，如果它在一个时间片结束时尚未完成，调度程序便将该进程转入第二队列的末尾，如果它在第二队列中运行一个时间片后仍未完成，再依次将它放入第三队列，如此下去。处理器调度每次先从第一个队列中选取执行者，同一队列中的进程/线程按 FCFS 原则排队，只有在未选到时，才从较低一

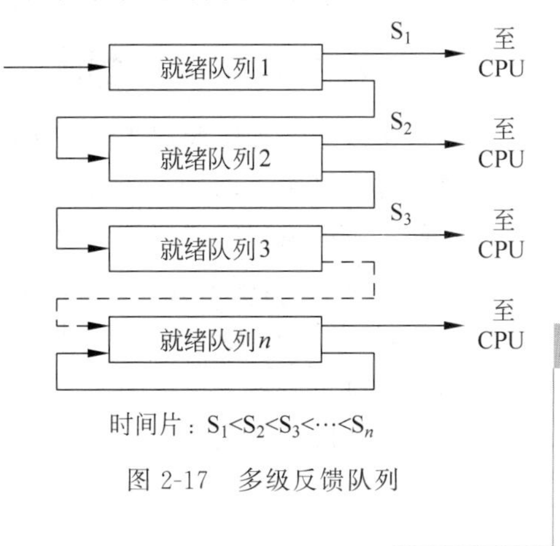

图 2-17 多级反馈队列

级的就绪队列中选取,仅当前面所有队列为空时,才会运行最后一个就绪队列中的进程/线程。

多级反馈队列调度算法是一种性能较好的作业低级调度策略,能够满足各类用户的需要。根据用户运行作业的类型进行分析,可以发现:

(1) 终端型用户。终端型用户(分时交互型)所提交的大多属于交互型,这种类型的进程通常比较小,系统只要能使这些进程在第一队列所规定的时间片内完成,就可以使终端型用户感到满意。

(2) 短批处理用户。短批处理进程只需仅在第一队列或在第一、第二队列中各执行一个时间片就能完成工作,周转时间仍然很短。

(3) 长批处理用户。假如一个长进程进入内存,它最终必将移入优先级最低的就绪队列中,如果其后有源源不断的短进程进入内存,则长进程一直等待,陷入“饥饿”状态。解决此问题的一种方法是对于低优先级队列总等待时间足够长的进程提升优先级,从而让它获得运行机会。

例 2-6 设系统中有3个就绪队列,第一个队列的时间片为1,第二个队列的时间片为2,第三个队列的时间片为4。按照MLFQ算法给出表2-3进程的执行顺序,计算各自的周转时间和带权周转时间,平均周转时间和平均带权周转时间。

解:进程的执行顺序:

A	B	C	D	E	A	B	C	D	E	A	C	E
1	2	3	4	5	7	9	11	12	14	15	17	18

进程的周转时间:

$T_A=15-0=15, T_B=9-1=8, T_C=17-2=15, T_D=12-3=9, T_E=18-4=14$

进程的带权周转时间:

$W_A=15/4=3.75, W_B=8/3=2.67, W_C=15/5=3, W_D=9/2=4.5, W_E=14/4=3.5$

进程的平均周转时间:

$$T=\frac{1}{5}(T_A+T_B+T_C+T_D+T_E)=\frac{61}{5}=12.2$$

进程的平均带权周转时间:

$$W=\frac{1}{5}(W_A+W_B+W_C+W_D+W_E)=\frac{209}{60}=3.48$$

2.4.5 实时系统进程调度

实时系统是一种时间起主导作用的系统,对时间有着严格的要求。在实时系统中,每一个实时任务都有一个时间约束要求。实时调度(Real-time Scheduling)的目标就是合理地安排这些任务的执行次序,使之满足各个实时任务的时间约束要求。

通常,一个特定任务与一个截止时间相关联。截止时间包括:开始截止时间(任务在某时间以前,必须开始执行)和完成截止时间(任务在某时间以前必须完成)。

实时调度策略主要考虑如何使硬实时任务在规定的截止时间内完成(或开始)。同时,尽可能使软实时任务也能在规定的截止时间内完成(或开始)。周转时间和吞吐量等则不再显得重要。大多数现代操作系统都无法实现直接依据任务截止时间进行调度,它们一般通过提高响应速度保证任务在其要求的截止时间内完成。因此，实时调度应具备如下的基本信息，才能安排好合适的实时调度策略。

（1）就绪时间。它是指任务成为就绪态所需的时间。

（2）开始截止时间和完成截止时间。通常不需要两者都知道，典型的实时系统只需知道任务的开始截止时间或完成截止时间。

（3）任务的执行时间。

（4）实时任务执行时的资源需求。

（5）实时任务的优先级，通常硬实时任务的优先级较高。

（6）子任务结构。一个较大的任务可以分解成一个必须执行的子任务和若干个可选的子任务。

一般情况下，实时系统中可能同时有多个周期性任务并发执行，形成任务流，这些实时任务都要求系统做出实时响应。系统能否对它们全部予以处理，取决于每个任务要求的处理时间和该任务出现的周期。例如，系统中有 m 个周期性任务，其中任务 i 出现的周期为 P_i，处理所需 CPU 时间为 C_i，那么系统能处理这个任务流的条件是 $\sum_{i=1}^{m}\frac{C_i}{P_i}\leqslant 1$。

当此值等于 1 时，处理器利用率达到最大。这是实时调度的理想状态，但实际中往往比 1 小。满足这个不等式关系的实时系统称为可调度。该式称为可调度测试公式。

当此值大于 1 时，实时调度算法失效。无论进行何种调度都不能满足实时要求。此时，采取的方法主要有：减少任务流中的周期性任务数量 m，系统更换性能更好的 CPU，减少每个实时任务所需的 CPU 时间 C_i，增加系统中处理器的个数，提高系统的处理能力等。

举例来说，一个实时系统要处理 3 个任务，其出现周期分别为 100ms、200ms 和 500ms，如果任务的处理时间分别为 50ms、30ms 和 100ms，则这个系统是任务可调度的，因为 0.5＋0.15＋0.2≤1。如果加入周期为 1s 的第 4 个任务，只要其处理时间不超过 150ms，此实时系统仍将是任务可调度的。当然，隐含条件是进程切换的时间足够短，可以忽略不计。

下面介绍一个典型的实时调度算法，最早截止时间优先（Earliest Deadline First，EDF）调度算法。

EDF 根据实时任务的开始截止时间确定任务的优先级，截止时间越早，其优先级越高。调度程序把所有可以运行的进程按照其截止时间先后顺序放在一个以表格形式存在的就绪队列中，队首的任务具有最早截止时间。调度程序运行时，总是选队首进程。

对于新到达的实时任务，系统查看其截止时间。如果截止时间先于正在运行任务的截止时间，新进程抢占当前进程的 CPU 使用权。最早截止时间优先调度算法是抢占式调度算法，适用于周期性和非周期性实时任务的调度。

例 2-7 系统中有三个实时任务 A、B、C，进程的执行时间和周期如表 2-5 所示。如果这三个进程都在 $t=0$ 时刻就绪，在每个周期都会在截止时间产生一个个实例，例如任务 A 在 0、30、60 会产生实例 A1、A2 和 A3，并且每个周期的截止时间如图 2-18 所示，用 EDF 算法给出它们的执行过程。

表 2-5　进程情况

实时任务	所需执行时间	周期
A	10ms	30ms
B	15ms	40ms
C	5ms	50ms

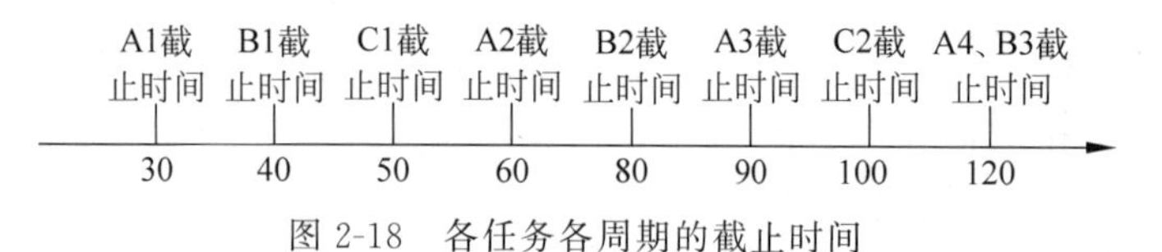

图 2-18　各任务各周期的截止时间

解：

在时刻 0 时，有任务实例 A1、B1 和 C1，根据截止时间分别是 30、40、50。按 EDF 原则，A 先运行，当到时刻 10 时，B 运行，运行结束后 C 运行，在 C 运行结束后，到达时刻 30，这时 A 产生实例 A2，此时就绪队列只有任务 A，所以 A 运行，以此类推，各任务的执行过程如图 2-19 所示。

A1 | B1 | C1 | A2 | B2 | C2 | A3 | | B3 | A4 | C3 | | A5 | B4

10　25　30　40　55　60　70　80　95　105　110　120　130　145　时间/ms

图 2-19　最早截止时间优先调度算法

2.4.6　线程调度

支持线程技术的操作系统中存在两个层面的并发活动；进程并发和线程并发。在这样的系统中，线程是低级调度的基本单位，线程调度与线程实现方式关系密切。本节主要介绍用户级线程调度和核心级线程调度。

1. 用户级线程调度

用户级线程是在用户态下创建的。系统内核并不知道线程的存在。此时系统内核还是和以前一样的操作，只为进程服务，从就绪进程队列中选中一个进程并分配给它一个 CPU 时间片。假设该进程为 A，进程 A 内部的线程调度程序决定该进程中哪个线程运行。假设获得 CPU 时间片的线程为 A1，由于并发执行的同一进程内的多个线程之间不存在时钟中断，故线程 A1 执行时不受时钟中断的干扰。如果线程 A1 用完了进程 A 的时间片，系统内核就会调度另一个进程执行。当进程 A 再次获得时间片时，线程 A1 将恢复运行。如此反复，直到 A1 完成自己的工作。如果线程 A1 运行时间较短，没用完一个时间片就已结束或被强行终止，线程 A1 让出 CPU，进程 A 的线程调度程序调度进程 A 的另一个线程运行，例如线程 A2。

具体线程调度算法可采用典型进程调度算法。从实用角度考虑，时间片轮转调度和优先级调度更为有效。用户级线程调度的局限是缺乏时钟中断及时将运行时间过长的线程中断，不能照顾短线程。

2. 核心级线程调度

在核心支持线程技术的系统中。内核直接调度线程。线程调度时，内核不考虑该线程属于哪个进程。被选中的线程获得一个时间片，如果执行时间超过此时间片，该线程被系统强制挂起。如果线程在给定的时间片内阻塞,处于内核的线程调度程序调度另一个线程运行。后者和前者可能同属于一个进程,也可能属于不同进程。

假设进程 A 的线程 A1 获得一个长度为 30ms 的时间片,5ms 之后该线程被阻塞,让出 CPU 使用权。此时,内核调度程序把 CPU 分配给其他线程,可能分给进程 A 的线程,也可能分给进程 B 的线程,出现属于不同进程间的线程切换。

用户级线程调度和核心级线程调度的主要区别如下。

(1) 用户级线程间切换只需少量机器指令,速度较快;而核心级线程间切换需要完整的进程上下文切换,修改内存映像,高速缓存失效,因而速度慢,系统开销大。

(2) 用户级线程可使用专为某用户态程序定制的线程调度程序,应用定制的线程调度程序能够比内核更好地满足用户态程序需要。核心级线程在内核中完成线程调度,内核不了解每个线程的作用,不能做到这一点。

小　　结

进程是操作系统中最重要和最基本的概念之一,引入进程是系统资源的有限性和操作系统内操作的并发性所决定。进程具有生命周期,由创建而产生,由调度而执行,由终止而消亡,操作系统的基本功能是进程的创建、管理和终止。为了实现对进程的管理,每个进程有唯一标志——进程控制块,创建进程必须为其创建进程控制块,终止进程时系统便回收进程控制块。

如果说操作系统中引入进程的目的是使多个进程并发执行,以便改善资源利用率和提高系统效率,那么,在操作系统中引入线程则是为了减少程序并发执行时所付出的时空代价,线程的实现有用户级线程、内核级线程和混合式三种方式。

处理器调度分为三级:高级调度、中级调度和低级调度。根据不同的调度目标有一大批研究出来的调度算法。有些算法主要用于批处理系统,有些算法常用在批处理系统和交互式系统。衡量算法优劣的因素包括响应时间、周转时间、吞吐量等。

第3章 进程并发控制

多道程序设计技术大大提高了系统的资源利用率,但是使多个程序能正确地并发执行是相当困难的。并发是所有问题的基础,也是操作系统设计的基础。并发包括很多设计问题,其中有进程间通信、资源共享与竞争(如内存、文件、I/O访问)、多个进程活动的同步以及分配给进程的处理器时间等。在本章将会看到这些问题不仅会出现在多处理器环境和分布式处理器环境中,也会出现在单处理器的多道程序设计系统中。

3.0 问题导入

当多个进程并发执行时,可能会同时访问一些共享资源,此时如何保证对共享资源的访问是正确有效的呢?例如,有多个售票点同时出售飞机票,如何设计一个正确的并发程序,使得同一航班的同一张票不被出售给多人呢?

3.1 并发概述

3.1.1 并发的概念

我们把系统中可并发执行的进程称为“并发进程”,并发进程相互之间可能是无关的,也可能是有联系的。如果一个进程的执行不影响其他进程的执行,且与其他进程的进展情况不相关,即它们是各自独立的,则称这些并发进程相互之间是无关的。显然,无关的并发进程一定没有共享的变量,它们分别在各自的数据集合上操作。例如,为两个不同源程序进行编译的两个进程可以是并发执行的,但它们之间却是无关的。因为这两个进程分别在不同的数据集合上为不同的源程序进行编译,虽然这两个进程可交叉地占用处理器为各自的源程序进行编译,但是,任何一个进程都不依赖另一个进程。甚至当一个进程发现被编译的源程序有错误时,也不会影响另一个进程继续对自己的源程序进行编译,它们是各自独立的。

然而,如果一个进程的执行依赖其他进程的进展情况,或者说一个进程的执行可能影响其他进程的执行结果,则说这些并发进程相互之间是有交往的、是有关的。例如,有三个进程,即读进程、处理进程和打印进程。其中读进程每次启动外围设备读一批信息并把读入的信息存放到缓冲区,处理进程对存放在缓冲区中的信息加工处理,打印进程把加工处理后的信息打印输出。这三个进程中的每一个进程的执行都依赖另一个进程的进展情况:只有当读进程把一批信息读入并存入缓冲区后,处理进程才能对它进行加工处理,而打印进程要等信息加工处理好后才能把它输出;也只有当缓冲区中的信息被打印进程取走后,读进程才能把读入的第二批信息再存入缓冲区供加工处理;如此循环,直至所有的信息都被处理且打印输出。可见，这三个进程相互依赖、相互合作，它们是一组有联系的并发进程。有联系的并发进程一定共享某些资源。在上例中从外围设备上读入的信息、经加工处理后的信息、存放信息的缓冲区等都是这组并发进程的共享资源。

3.1.2 时序错误

一个进程运行时由于自身或外界的原因而可能被中断，且断点是不固定的。一个进程被中断后，哪个进程可以运行，被中断的进程什么时候再去占用处理器，这都是与进程调度算法有关的。所以，进程执行的速度不能由自己来控制，对于有联系的并发进程来说，可能有若干并发进程同时使用共享资源，即一个进程一次使用未结束另一个进程就已开始使用，形成交替使用共享资源的现象。如果对这种情况不加控制，就可能出现与时间有关的错误，在共享资源(变量)时就会出错，并得到不正确的结果。请观察下面的例子。

例 3-1 飞机售票问题。

时序错误

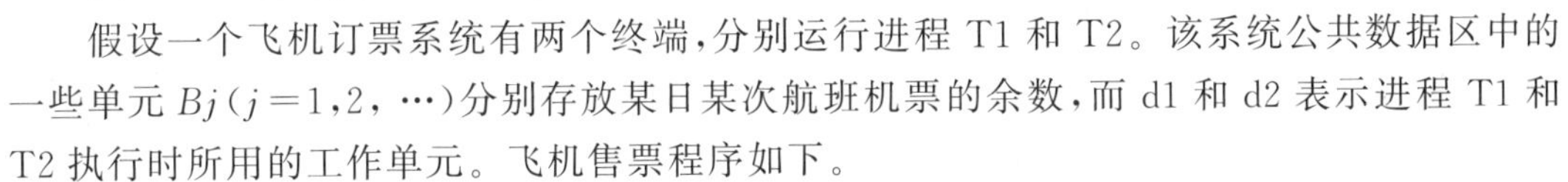

假设一个飞机订票系统有两个终端，分别运行进程 T1 和 T2。该系统公共数据区中的一些单元 $Bj(j=1,2,\cdots)$分别存放某日某次航班机票的余数，而 d1 和 d2 表示进程 T1 和 T2 执行时所用的工作单元。飞机售票程序如下。

```
void Ti() (i = 1, 2)
{
   int di = 0;
   [根据旅客订票要求找到 Bj];
   di = Bj ;
   if (di >= 1) {
      di = di - 1;
      Bj = di;
      [打印一张票];
}
   else [提示信息"票已售完"];
}
void main() {
   cobegin
      T1(); T2();
   coend
}
```

由于 T1 和 T2 是两个可同时执行的并发进程，它们在同一个计算机系统中运行，共享同一批票源数据，因此，可能出现如下所示的运行情况(设 $Bj=m$)。

```
T1 : d1 = Bj ;      即 d1 = m ( m > 0 )
T2 : d2 = Bj ;      即 d2 = m
T2 : d2 = d2 - 1 ;
     Bj = d2 ; [打印一张票] ;     即  Bj = m - 1
T1 : d1 = d1 - 1 ;
     Bj = d1 ; [打印一张票] ;     即  Bj = m - 1
```

显然，此时出现了把同一张票卖给了两位旅客的情况，两位旅客都买到一张同天同次航班的机票，可是，Bj 的值实际上只减去了 1，造成余票数的不正确。无论是一票多卖还是余票数量错误，都是不允许的。

例 3-2 主存管理问题。

假定有两个并发进程 Borrow 和 Return 分别负责申请和归还主存资源,在算法描述中,x 表示现有空闲主存总量,B 表示申请或归还的主存量。并发进程算法描述如下。

```
int x = 1000;
void Borrow (int B)
{
   if (B > x) {
      [进程进入等待队列,等待主存资源];
   }
   x = x - B;
   [修改主存分配表,进程获得主存资源];
}
void Return (int B)
{
   x = x + B;
   [修改主存分配表];
   [释放等待主存资源的进程];
}
void main() {
   cobegin
      Borrow(B); Return(B);
   coend
}
```

由于 Borrow 和 Return 共享了表示主存物理资源的临界变量 x,若对并发执行不加限制会导致错误。例如,一个进程调用 Borrow 申请主存,在执行了比较 B 和 x 的指令后,发现 $B>x$,但在执行“进程进入等待队列,等待主存资源”前另一个进程调用 Return 抢先执行,归还了所借全部主存资源。这时,由于申请进程还未成为等待状态,Return 中的“释放等待主存资源的进程”相当于空操作。以后当调用 Borrow 的进程被置成“等待主存资源”时,可能已经没有其他进程来归还主存资源了,从而,申请资源的进程处于永远等待状态。

例 3-3　自动计算问题。

某交通路口设置了一个自动计数系统,该系统由观察者(Observer)进程和报告者(Reporter)进程组成。观察者进程能识别汽车,并对通过的汽车计数,报告者进程定时(可设为每隔一小时)将观察者的计数值打印输出,每次打印后把计数值清“0”。两个进程的并发执行可完成对每小时汽车流量的统计,这两个进程的算法描述如下。

```
int count = 0;
void Observer()
{
   while (true) {
      [observe a car];
      count = count + 1;
   }
}
void Reporter()
{
   while (满足时间间隔) {
      print count;
      count = 0;
   }
}
```

```
void main() {
   cobegin
      Observer(); Reporter();
   coend
}
```

进程 Observer 和 Reporter 并发执行时可能有如下两种情况。

(1) 报告者进程执行时无汽车通过。在这种情况下，报告者进程把上一小时通过的汽车数打印输出后将计数器清"0"，完成了一次自己承担的任务。此后，有汽车通过时，观察者进程重新开始对一个新时间段内的流量进行统计。在两个进程的配合下，能正确统计出每小时通过的汽车数量。

(2) 报告者进程执行时有汽车通过。当准点时，报告者进程工作，它启动了打印机，在等待打印机打印输出时恰好有一辆卡车通过，这时，观察者进程占用处理器，把计数器 count 的值又增加了"1"。之后，报告者进程在打印输出后继续执行 count=0。于是，报告者进程在把已打印的 count 值清"0"时，同时把观察者进程在 count 上新增加的"1"也清除了。如果在报告者打印期间连续有车辆通过，虽然观察者都把它们记录到计数器中，但都因报告者执行 count=0 而把计数值丢失了，使统计结果严重失实。

从以上例子可以看出，由于并发进程执行的随机性，一个进程对另一个进程的影响是不可预测的。由于它们共享了资源(变量)，当在不同时刻交替访问资源(变量)时就可能造成结果的不正确。造成不正确的因素与进程占用处理器的时间、执行的速度以及外界的影响有关。这些因素都与时间有关，所以，把它们统称为"时序错误"。

3.1.3 临界区

有联系的并发进程执行时出现与时间有关的错误，其根本原因是对共享资源(变量)的使用不加限制，当进程交叉使用了共享资源(变量)时就可能造成错误。为了使并发进程能正确地执行，必须对共享变量的使用加以限制。

我们把并发进程中与共享变量有关的程序段称为"临界区"，共享变量所代表的资源称为"临界资源"，多个并发进程中涉及相同共享变量的那些程序段称为"相关临界区"。例如，在飞机售票系统中，进程 T1 的临界区为：

临界区

```
d1 = Bj;
if (d1 >= 1) {
    d1 = d1 - 1;
    Bj = d1;
    [打印一张票];
}
else {
   [ 提示信息"票已售完"];
}
```

进程 T2 的临界区为：

```
d2 = Bj;
if (d2 >= 1) {
    d2 = d2 - 1;
    Bj = d2;
    [打印一张票];
```

```
    }
    else {
        [提示信息"票已售完"];
    }
```

这两个临界区都要使用共享变量 Bj,故属于相关临界区。

而在自动计数系统中,观察者进程的临界区是:

```
count = count + 1;
```

报告者进程的临界区是:

```
print count;
count = 0;
```

这两个临界区都要使用共享变量 count,也属于相关区。

如果有进程在相关临界区执行时,不让另一个进程进入相关的临界区执行,就不会形成多个进程对相同共享变量的交叉访问,于是就可避免出现与时间有关的错误。例如,观察者和报告者并发执行时,当报告者启动打印机后,在执行 count=0 之前,虽然观察者发现有汽车通过,应该限制它进入相关临界区(即暂不执行 count=count+1),直到报告者执行了 count=0 退出临界区。当报告者退出临界区后,观察者再进入临界区执行,这样就不会交替地修改 count 值,而观察到的汽车数被统计在下一个时间段内,也不会出现数据丢失。可见,只要对涉及共享变量的临界区互斥执行,就不会出现与时间有关的错误。因而,对若干进程共享某一资源(变量)的相关临界区的管理应满足如下三个要求。

(1) 一次最多让一个进程在临界区执行,当有进程在临界区执行时,其他想进入临界区执行的进程必须等待。

(2) 任何一个进入临界区执行的进程必须在有限的时间内退出临界区,即任何一个进程都不应该无限地逗留在自己的临界区中。

(3) 不能强迫一个进程无限地等待进入它的临界区,即有进程退出临界区时应让一个等待进入临界区的进程进入它的临界区。

3.1.4 进程的互斥

进程的互斥是指当有若干进程都要使用某一共享资源时,任何时刻最多只允许一个进程去使用,其他要使用该资源的进程必须等待,直到占用资源者释放该资源。

实际上,共享资源的互斥使用就是限定并发进程互斥地进入相关临界区。如果能提供一种方法来实现对相关临界区的管理,则就可实现进程的互斥。实现对相关临界区管理的方法有多种,如可采用标志方式、上锁开锁方式、PV 操作方式和管程方式等。

在这里,先介绍几种硬件实现互斥的方案。在这些方案中,当一个进程在临界区中更新共享资源时,其他进程将不会进入其临界区,从而保证程序的正确执行。

1. 中断禁用

在单处理器机器中,并发进程不能重叠执行,只能交替执行。此外,一个进程将一直运行,直到它调用了一个系统服务或被中断。因此为保证互斥,只需要保证一个进程不被中断就可以了,这种能力可以通过系统内核为启用和禁用中断定义的原语来提供。一个进程可以通过下面的方法实施互斥:

```
while (true) {
   /* 禁用中断 */;
   /* 临界区 */;
   /* 启用中断 */;
   /* 其余部分 */;
}
```

由于临界区不能被中断,故可以保证互斥,但是,该方法的代价非常高,由于处理器被限制于只能交替执行程序,因此执行的效率将会有明显的降低。另一个问题是该方法不能用于多处理器结构中,当一个计算机系统包括多个处理器时,就有可能有一个以上的进程同时执行,在这种情况下,禁用中断是不能保证互斥的。

2. 其他处理方法

在多处理器配置中,几个处理器共享内存。在这种情况下,不存在主/从关系,处理器间的行为是无关的,表现出一种对等关系,处理器之间没有支持互斥的中断机制。

在硬件级别上,对存储单元的访问排斥对相同单元的其他访问。基于这一点,处理器的设计者提出了一些机器指令,用于保证两个动作的原子性,如在一个取指令周期中对一个存储器单元的读和写是否唯一。在该指令执行的过程中,任何其他指令访问内存将被阻止,而且这些动作在一个指令周期中完成。

本节给出了两种最常见的指令：比较和交换指令、exchange 指令。

1) 比较和交换指令

比较和交换指令定义如下。

```
int compare_and_swap (int * word, int testval, int newval)
{
   int oldval;
   oldval =  * word
   if (oldval == testval) * word = newval;
   return oldval;
}
```

该指令的一个版本是用一个测试值(testval)检查一个内存单元(* word)。如果该内存单元的当前值是 testval,就用 newval 取代该值；否则保持不变。该指令总是返回旧内存值,因此,如果返回值与测试值相同,则表示该内存单元已被更新。由此可见这个原子指令由两部分组成：比较内存单元值和测试值；如果值相同,则产生交换(Swap),整个比较和交换功能按原子操作执行,即它不接受中断。

该指令的另一个版本返回一个布尔(Boolean)值：交换发生时为真(True)；否则为假(False)。几乎所有处理器家族(x86、IA64、SPARC 和 IBMZ 系列机等)中都支持该指令的某个版本,而且多数操作系统都利用该指令支持并发。

图 3-1(a)给出了基于使用这个指令的互斥规程。共享变量 bolt 被初始化为 0。唯一可以进入临界区的进程是发现 bolt 等于 0 的那个进程。所以有试图进入临界区的其他进程进入忙等待模式。术语忙等待(Busy Waiting)或自旋等待(Spin Waiting)指的是这样一种技术：进程在得到临界区访问权之前,它只能继续执行测试变量的指令来得到访问权,除此之外不能做其他事情。当一个进程离开临界区时,它把 bolt 重置为 0,此时只有一个等待进程被允许进入临界区。进程的选择取决于哪个进程正好执行紧接着的比较和交换指令。

```
/* Program mutualexclusion */
const  int   n = /*进程个数*/;
int bolt;
void P (int i)
{
  while (true) {
    while (compare_and_swap(bolt, 0, 1) == 1)
        /*不做任何事*/;
    /*临界区*/;
    bolt = 0;
    /*其余部分*/;
  }
}
void main()
{
   bolt = 0;
   parbegi n (P(1),P(2),...,P((n));

}
```

(a) 比较和交换指令

```
/* program mutualexclusion */
int const n = /*进程个数*/;
int bolt;
void P(int i)
{
   int keyi = 1;
   while (true) {
      do exchange (&keyi, &bolt)
      while (keyi != 0);
      /*临界区*/;
      bolt = 0;
      /*其余部分*/;
   }
}
void main()
{
  bolt = 0
  parbegin (P(1),P(2),...,P((n));
}
```

(b) 交换指令

图 3-1　对互斥的硬件支持

2）exchange 指令

exchange 指令定义如下。

```
void exchange (int * register, int * memory)
{
   int temp;
   temp =  * memory;
   * memory =  * register;
   * register = temp;
}
```

该指令交换一个寄存器的内容和一个存储单元的内容。Intel IA-32(Pentium)和 IA-64(Itanium)体系结构都含有 XCHG 指令。

图 3-1(b)显示了基于 exchange 指令的互斥规程：共享变量 bolt 被初始化为 0，每个进程都使用一个局部变量 key 且初始化为 1。唯一可以进入临界区的进程是发现 bolt 等于 0 的那个进程。它通过把 bolt 置为 1 排斥所有其他进程进入临界区。当一个进程离开临界区时，它把 bolt 重置为 0，允许另一个进程进入它的临界区。

注意，由于变量初始化的方式及 exchange 算法的本质，下面的表达式总是成立的：

$$\text{bolt} + \sum_i \text{key}_i = n$$

如果 bolt=0，则没有任何一个进程在它的临界区中；如果 bolt=1，则只有一个进程在临界区中，即 key 的值等于 0 的那个进程。

使用专门的机器指令实施互斥有以下优点。

(1) 适用于在单处理器或共享内存的多处理器上的任何数目的进程。

(2) 非常简单且易于证明。

(3) 可用于支持多个临界区,每个临界区可以用它自己的变量定义。

但是,也有一些严重的缺点。

(1) 使用了忙等待。当一个进程正在等待进入临界区时,它会继续消耗处理器时间。

(2) 可能饥饿。当一个进程离开一个临界区并且有多个进程正在等待时,选择哪一个等待进程是任意的,因此某些进程可能被无限地拒绝进入。

(3) 可能死锁。考虑单处理器中的下列情况。进程 P1 执行专门指令(如 compare&swap、exchange)并进入临界区,然后 P1 被中断并把处理器让给具有更高优先级的 P2。如果 P2 试图使用同一资源,由于互斥机制,它将被拒绝访问。因此,它会进入忙等待循环。但是,由于 P1 比 P2 的优先级低,它将永远不会被调度执行。

3.2 PV 操作

上面所介绍的硬件实现互斥属于忙等待的互斥,本节介绍怎样用 PV 操作来管理相关临界区,亦即用 PV 操作实现进程的互斥。

3.2.1 信号量与 PV 操作

信号量与
PV 操作

1. 信号量

信号量的概念和 PV 操作是荷兰科学家 E. W. Dijkstra 提出来的。信号是交通管理中的一种常用设备,交通管理人员利用信号颜色的变化来实现交通管理。在操作系统中,信号量 S 是一个整数。当 S 大于或等于零时,代表可供并发进程使用的资源实体数;当 S 小于零时,则 $|S|$ 表示正在等待使用资源实体的进程数。建立一个信号量必须说明此信号量所代表的意义并且赋初值。除赋初值外,信号量仅能通过 PV 操作来访问。

信号量按其用途可分为两种。

(1) 公用信号量,联系一组并发进程,相关的进程均可在此信号量上进行 P 操作和 V 操作,初值常为 1,用于实现进程互斥,也称为互斥信号量。

(2) 私有信号量,联系一组并发进程,仅允许拥有此信号量的进程执行 P 操作,而其他相关进程可在其上施行 V 操作。初值常常为 0 或正整数,多用于实现进程同步,也称为资源信号量。

2. PV 操作

PV 操作是由两个操作,即 P 操作和 V 操作组成。P 操作和 V 操作是两个在信号量上进行操作的过程,假定用 S 表示信号量则把这两个过程记做 P(S) 和 V(S),它们的定义如下。

```
void P(Semaphore S)
{
   S = S - 1;
   if (S < 0) Wait(S);
}
void V(Semaphore S)
{
   S = S +1;
   if (S <= 0) Release(S);
}
```

其中 Wait(S)表示将调用 P(S)过程的进程置成"等待信号量 S"的状态,且将其排入等待队列;Release(S)表示释放一个"等待信号量 S"的进程,使该进程从等待队列退出并加入就绪队列中。

要用 PV 操作来管理共享资源,首先要确保 PV 操作自身执行的正确性。由于 P(S)和 V(S)都是在同一个信号量 S 上操作,为了使得它们在执行时不发生交叉访问信号量 S 而可能出现的错误,约定 P(S)和 V(S)必须是两个不可被中断的过程,即让它们在屏蔽中断下执行。我们把不可被中断的过程称为"原语",于是 P 操作和 V 操作实际上是"P 操作原语"和"V 操作原语"。在有的教材上 P、V 操作也分别称为 Wait()和 Signal()操作。

P 操作的主要动作如下。

(1) S 减 1。

(2) 若 S 减 1 后仍大于或等于零,则进程继续执行。

(3) 若 S 减 1 后小于零,则该进程被阻塞后放入等待该信号量的等待队列中,然后转进程调度,如图 3-2 所示。

V 操作的主要动作如下。

(1) S 加 1。

(2) 若结果大于零,则进程继续执行。

(3) 若结果小于或等于零,则从该信号的等待队列中释放一个等待进程,然后再返回原进程继续执行或转进程调度,如图 3-3 所示。

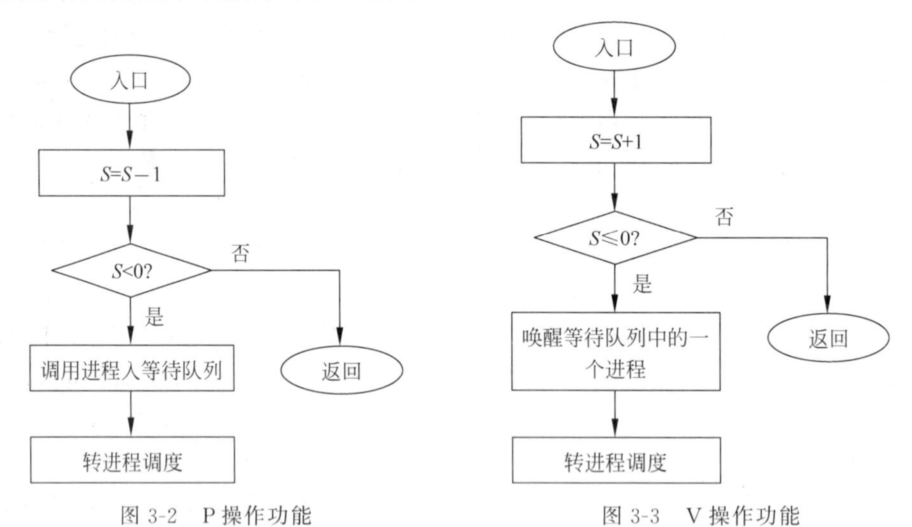

图 3-2 P 操作功能　　图 3-3 V 操作功能

S 的初值可定义为 0、1 或其他整数,在系统初始化时确定。从信号量和 PV 操作的定义可以获得如下推论。

推论 1:若信号量 S 为正值,则该值等于 S 所代表的实际可以使用的物理资源数。

推论 2:若信号量 S 为负值,则其绝对值等于对信号量 S 实施 P 操作而被阻塞并进入信号量 S 等待队列的进程数。

推论 3:通常 P 操作意味着请求一个资源,V 操作意味着释放一个资源。在一定条件下,P 操作代表阻塞进程操作,而 V 操作代表唤醒被阻塞进程的操作。

3.2.2 用 PV 操作实现进程互斥

用 PV 操作可实现并发进程的互斥,其步骤如下。

(1) 设立一个互斥信号量 S 表示临界区,其取值范围为 1,0,−1,⋯,其中 $S=1$ 表示无并发进程进入 S 临界区;$S=0$ 表示已有一个并发进程进入 S 临界区;S 等于负数表示已有一个并发进程进入 S 临界区,且有 $|S|$ 个进程等待进入 S 临界区。S 的初值为 1。

用 PV 操作实现进程互斥

(2) 用 PV 操作表示对 S 临界区的申请和释放,在进入临界区之前,通过 P 操作进行申请,在退出临界区之后,通过 V 操作释放。

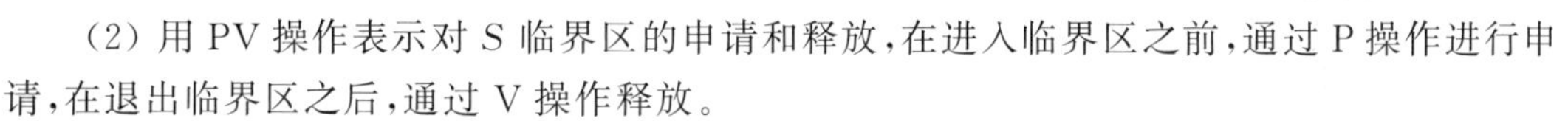

```
A 进程        B 进程
……            ……
P ( S );      P ( S );
临界区;       临界区;
V ( S );      V ( S );
……            ……
```

下面请看几个实例。

例 3-4 用 PV 操作管理飞机售票问题。

```
Semaphore S;
S = 1;
void Ti() (i = 1, 2)
{
   int di;
   [根据旅客订票要求找到 Bj];
   P(S);
   di = Bj;
   if (di >= 1) {
      di = di - 1;
      Bj = di;
      V(S);
      [输出一张票];
   }
   else {
      V(S);
      [提示信息"票已售完"];
   }
}
void main()
{
   cobegin
      T1(); T2();
   coend
}
```

例 3-5 用 PV 操作管理主存问题。

```
int x;
Semaphore S;
x = 1000; S = 1;
void Borrow (int B)
{
   P(S);
```

```
    if (B > x)  [进程进入等待队列,等待主存资源];
    x = x - B;
    [修改主存分配表,进程获得主存资源];
    V(S);
}
void Return (int B)
{
    P(S);
    x = x + B;
    [修改主存分配表];
    V(S);
    [释放等待主存资源的进程];
}
void main()
{
    cobegin
        Borrow(B); Return(B);
    coend
}
```

例 3-6 用PV操作管理自动计数问题。

```
int count;
Semaphore S;
count = 0; S = 1;
void Observer()
{
    while (true) {
        [observe a car];
        P(S);
        count = count + 1;
        V(S);
    }
}
void Reporter()
{
    while (满足时间间隔) {
        P(S);
        print count;
        count = 0;
        V(S);
    }
}
void main() {
    cobegin
        Observer(); Reporter();
    coend
}
```

例 3-7 用PV操作解决五个哲学家吃通心面问题。

有五个哲学家围坐在一张圆桌旁,桌子中央有一盘通心面,每人面前有一只空盘子,每两人之间放一根筷子。每个哲学家思考、饥饿,然后欲吃通心面。为了吃面,每个哲学家必须获得两根筷子,且每人只能直接从自己左边或右边取得筷子(如图 3-4 所示)。

这道经典题目中,每一根筷子都是必须互斥使用的,因此,应为每根筷子设置一个互斥

信号量 $Si(i=0,1,2,3,4)$，初值均为 1，当一个哲学家吃通心面之前必须获得自己左边和右边的两根筷子，即执行两个 P 操作；吃完通心面后必须放下筷子，即执行两个 V 操作。

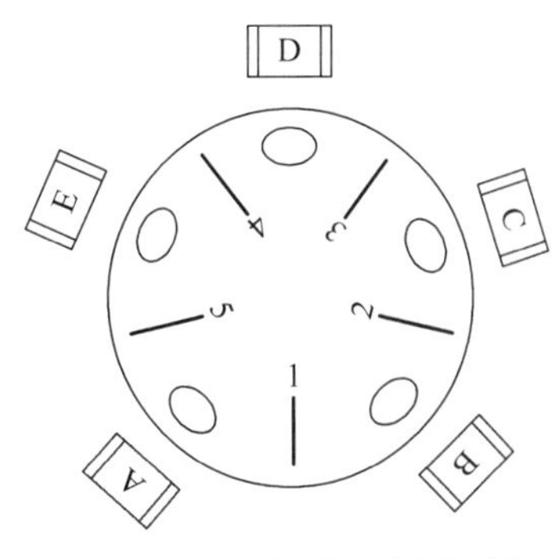

图 3-4 五个哲学家进餐问题

```
Semaphore S0, S1, S2, S3, S4;
S0 = 1; S1 = 1; S2 = 1; S3 = 1; S4 = 1;
void PHi() (i = 0,1,2,3,4)
{
   while (true) {
      [思考];
      P(Si);
      P((Si + 1) % 5);
      [吃通心面];
      V(Si);
      V((Si + 1) % 5);
   }
}
void main() {
   cobegin
      PH0(); PH1(); PH2(); PH3(); PH4();
   coend
}
```

3.3 进程同步

3.3.1 同步的概念

利用信号量解决了进程的互斥问题，但互斥主要是解决并发进程对临界区的使用问题。这种基于临界区控制的交互作用是比较简单的，只要诸进程对临界区的执行时间互斥，每个进程就可忽略其他进程的存在和作用。此外，还需要解决异步环境下的进程同步问题。所谓异步环境，是指相互合作的一组并发进程，其中每一个进程都以各自独立的、不可预知的速度向前推进，但它们又需要密切合作以实现一个共同的任务，即彼此"知道"相互的存在和作用。例如，为了把原始的一批记录加工成当前需要的记录，创建了两个进程，即进程 A 和进程 B。进程 A 启动输入设备不断地读记录，每读出一个记录就交给进程 B 去加工，直至所有记录都处理结束。为此，系统设置了一个容量为存放一个记录的缓冲器，进程 A 把读出的记录存入缓冲器，进程 B 从缓冲器中取出记录加工，如图 3-5 所示。

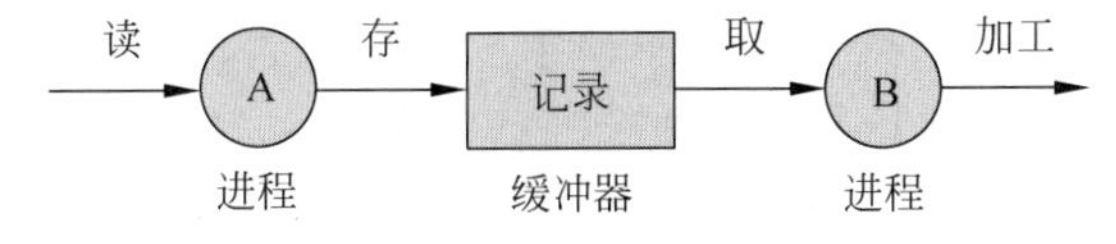

图 3-5 进程协作

进程 A 和进程 B 是两个并发进程，它们共享缓冲器，如果两个进程不相互制约就会造成错误。当进程 A 的执行速度超过进程 B 的执行速度时，可能进程 A 把一个记录存入缓冲器后，在进程 B 还没有取走前，进程 A 又把新读出的一个记录存入缓冲器，后一个记录就把前一个尚未取走的记录覆盖了，造成记录的丢失。当进程 B 的执行速度超过进程 A 的执行速度时,可能进程B从缓冲器取出一个记录并加工后,进程A还没有把下一个新记录存入缓冲器,而进程B却又从缓冲器中去取记录,造成重复地取同一个记录加工。

用进程互斥的办法不能克服上述两种错误,事实上,进程A和进程B虽然共享缓冲器,但它们都是在无进程使用缓冲器时才向缓冲器存记录或从缓冲器取记录的。也就是说,它们在互斥使用共享缓冲器的情况下仍会发生错误,引起错误的根本原因是它们之间的相对速度。可以采用互通消息的办法来控制执行速度,使相互协作的进程正确工作。

两个进程应该按照如下原则协作。

(1) 进程A把一个记录存入缓冲区后,应向进程B发送"缓冲器中有等待处理的记录"的消息。

(2) 进程B从缓冲器中取出记录后,应向进程A发送"缓冲器中的记录已取走"的消息。

(3) 进程A只有在得到进程B发送来的"缓冲器中的记录已取走"的消息后,才能把下一个记录再存入缓冲器。否则进程A等待,直到消息到达。

(4) 进程B只有在得到进程A发送来的"缓冲器中有等待处理的记录"的消息后,才能从缓冲器中取出记录并加工。否则进程B等待,直到消息到达。

由于每个进程都是在得到对方的消息后才去使用共享的缓冲器,所以不会出现记录的丢失和记录的重复处理。

因此,进程的同步是指导并发进程之间存在一种制约关系,一个进程的执行依赖另一个进程的消息,当一个进程没有得到另一个进程的消息时应等待,直到消息到达时才被唤醒。

3.3.2 PV操作实现进程同步

要实现进程的同步就必须提供一种机制,该机制能把其他进程需要的消息发送出去,也能测试自己需要的消息是否到达。把能实现进程同步的机制称为同步机制,不同的同步机制实现同步的方法也不同,PV操作和管程是两种典型的同步机制。本节介绍怎样用PV操作实现进程间的同步。

我们已经知道怎样用PV操作来实现进程的互斥。事实上,PV操作不仅是实现进程互斥的有效工具,而且还是一个简单而方便的同步工具。用一个信号量与一个消息联系起来,当信号量的值为"0"时表示期望的消息尚未产生,当信号量的值为非"0"时表示期望的消息已经存在。假定用信号量S表示某个消息,现在来看看怎样用PV操作达到进程同步的目的。

1. 调用P操作测试消息是否到达

任何进程调用P操作可测试到自己所期望的消息是否已经到达。若消息尚未产生则$S=0$,调用P(S)后,P(S)一定让调用者成为等待信号量S的状态,即调用者此时必定等待直到消息到达;若消息已经存在则$S\neq0$,调用P(S)后进程不会成为等待状态而可继续执行,即进程测试到自己期望的消息已经存在。

2. 调用V操作发送消息

任何进程要向其他进程发送消息时可调用V操作。若调用V操作之前$S=0$,表示消息尚未产生且无等待消息的进程,这时调用V(S)后执行$S=S+1$使$S\neq0$,即意味着消息已存在;若调用V操作之前$S<0$,表示消息未产生前已有进程在等待消息,这时调用

V(S)后将释放一个等待消息者,即表示该进程等待的消息已经到达可以继续执行。

在用 PV 操作实现同步时,一定要根据具体的问题来定义信号量和调用 P 操作或 V 操作。一个信号量与一个消息联系在一起,当有多个消息时必须定义多个信号量;测试不同的消息是否到达或发送不同的消息时,应对不同的信号量调用 P 操作或 V 操作。

3.3.3 生产者-消费者问题

生产者-消费者问题

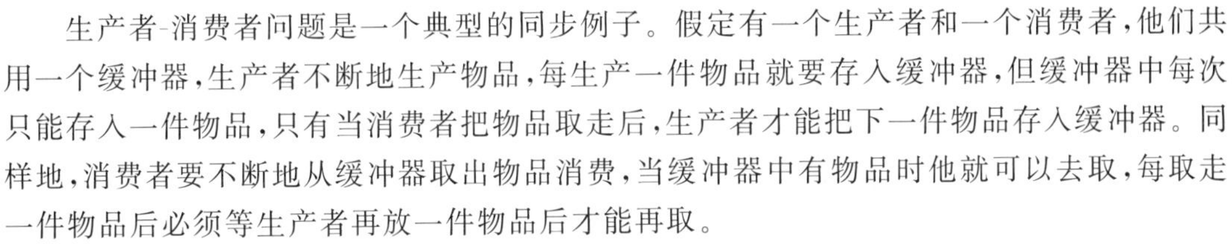

生产者-消费者问题是一个典型的同步例子。假定有一个生产者和一个消费者,他们共用一个缓冲器,生产者不断地生产物品,每生产一件物品就要存入缓冲器,但缓冲器中每次只能存入一件物品,只有当消费者把物品取走后,生产者才能把下一件物品存入缓冲器。同样地,消费者要不断地从缓冲器取出物品消费,当缓冲器中有物品时他就可以去取,每取走一件物品后必须等生产者再放一件物品后才能再取。

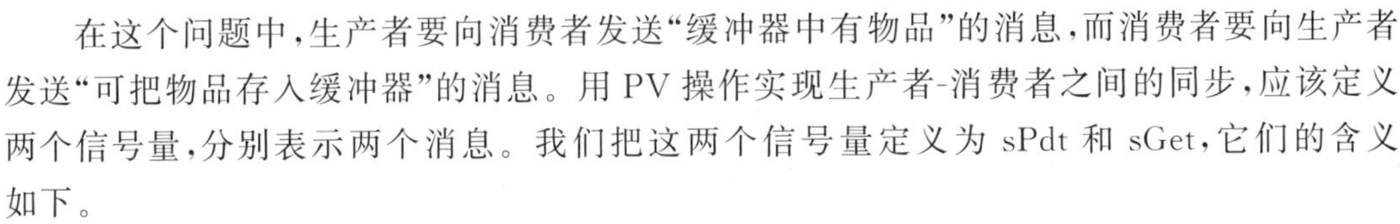

在这个问题中,生产者要向消费者发送“缓冲器中有物品”的消息,而消费者要向生产者发送“可把物品存入缓冲器”的消息。用 PV 操作实现生产者-消费者之间的同步,应该定义两个信号量,分别表示两个消息。我们把这两个信号量定义为 sPdt 和 sGet,它们的含义如下。

(1) sPdt。表示是否可以把物品存入缓冲器,由于缓冲器中只能放一件物品,系统初始化时应允许放入物品,所以 sPdt 的初值应为“1”。

(2) sGet。表示缓冲器中是否存有物品,显然,系统初始化时缓冲器中应该无物品,所以 sGet 的初值应为“0”。

对生产者来说,生产一件物品后应调用 P(sPdt),当缓冲器中允许放物品时(sPdt = 1),则在调用 P(sPdt)后可以把物品存入缓冲器(此时 sPdt 的值已变为 0)。生产者把一件物品存入缓冲器后,又可继续去生产物品,但若消费者尚未取走上一件物品(这时 sPdt 维持为 0),而生产者欲把生产的物品存入缓冲器时调用 P(sPdt)后将成为等待状态,阻止它把物品存入缓冲器。生产者在缓冲器中每存入一件物品后,应调用 V(sGet)把缓冲器中有物品的消息告诉消费者(调用 V(sGet)后,sGet 的值从 0 变为 1)。

对消费者来说,取物品前应查看缓冲器中是否有物品,即调用 P(sGet)。若缓冲器中尚无物品(sGet 仍为 0),则调用 P(sGet)后消费者等待,不能去取物品,直到生产者存入一件物品后发送有物品的消息时才唤醒消费者。若缓冲器中已有物品(sGet 为 1),则调用 P(sGet)后消费者可继续执行,从缓冲器中去取物品。消费者从缓冲器中每取走一件物品后应调用 V(sPdt),通知生产者缓冲器中物品已取走,可以存入一件新物品。

例 3-8 生产者和消费者并发执行时,用 PV 操作作为同步机制可按如下方式管理。

```
Semaphore sPdt, sGet;
int Buffer;
sPdt = 1; sGet = 0;
void Producer()
{
    while (true) {
        [Produce a product];
        P(sPdt);
        buffer = product;
        V(sGet);
```

```
    }
}
void Consumer()
{
    while (true) {
        P(sGet);
        [Take a product from buffer];
        V(sPdt);
        [Consume];
    }
}
void main() {
    cobegin
        Producer(); Consumer();
    coend
}
```

请注意,生产者生产物品的操作和消费者消费物品的操作是各自独立的,只是在访问公用的缓冲器把物品存入或取出时才要互通消息。所以,测试消息是否到达和发送消息的P操作与V操作应该分别在访问共享缓冲器之前和之后。

如果一个生产者和一个消费者共享的缓冲器容量为可以存放 n 件物品($n>1$),那么只要把信号量sPdt的初值定为 n,sGet的初值仍为"0"。当缓冲器中没有放满 n 件物品时,生产者调用P(sPdt)后都不会成为等待状态而可以把生产出来的物品存入缓冲器。但当缓冲器中已经有 n 件物品时(sPdt值为0),生产者再想存入一件物品将被拒绝。生产者每存入一件物品后,由于调用V(sGet)发送消息,故sGet的值表示缓冲器中可供消费的物品数。只要sGet≠0,消费者调用P(sGet)后总可以去取物品,每取走一件物品后调用V(sPdt),便增加了一个可以用来存放物品的位置。

由于缓冲器可存 n 件物品,因此,必须指出缓冲器中什么位置已有物品可供消费,什么位置尚无物品可供生产者存放物品。可以用两个指针pp和cp分别指示生产者往缓冲器存物品与消费者从缓冲器取物品的相对位置,它们的初值为0,生产者和消费者按顺序的位置去存物品和取物品。缓冲器被循环使用,即生产者在缓冲器顺序存放了 n 件物品后,则以后继续生产的物品仍从缓冲器的第一个位置开始存放。于是,一个生产者和一个消费者共享容量为 n 的缓冲器时,可如下进行同步工作。

```
int Buf[ n ];
Semaphore sPdt, sGet;
int pp, cp;
sPdt = n; sGet = 0; pp = 0; cp = 0;
void Producer()
{
    while (true) {
        [Produce a product];
        P(sPdt);
        Buf[pp] = product;
        pp = (pp + 1) % n;
        V(sGet);
    }
}
void Consumer()
```

```
{
    while (true) {
        P(sGet);
        [Take a product from Buf[cp] ];
        cp = (cp + 1) % n;
        V(sPdt);
        [consume];
    }
}
void main() {
    cobegin
        Producer(); Consumer();
    coend
}
```

但是,要提醒注意的是,如果 PV 操作使用不当,仍会出现与时间有关的错误。例如,有 p 个生产者和 q 个消费者,它们共享可存放 n 件物品的缓冲器;为了使它们能协调工作,必须使用一个互斥信号量 S(初值为 1),以限制它们对缓冲器互斥地存取;另外,使用两个信号量 sPdt(初值为 n)和 sGet(初值为 0)来保证生产者不往满的缓冲器中存放物品,消费者不从空的缓冲器中取出物品。同步工作描述如下。

```
int Buf[ n ];
Semaphore sPdt, sGet, S;
int pp, cp;
sPdt = n; sGet = 0; pp = 0; cp = 0; S = 1;
void Producer_i() (i = 1, 2, …, p)
{
    while (true) {
        [Produce a product];
        P(sPdt);
        P(S);
        Buf[pp] = product;
        pp = (pp + 1) % n;
        V(sGet);
        V(S);
    }
}
void Consumer_j() (j = 1, 2, …, q)
{
    while (true) {
        P(sGet);
        P(S);
        [Take a product from Buf[cp] ];
        cp = (cp + 1) % n;
        V(sPdt);
        V(S);
        [consume];
    }
}
void main() {
    cobegin
        Producer_i() (i = 1, 2, …, p); Consumer_j() (j = 1, 2, …, q);
    coend
}
```

在这个例子中,P操作的顺序是很重要的,如果把生产者和消费者进程中的两个P操作交换顺序,则会导致错误。而V操作的顺序却是无关紧要的。一般来说,用于同步的信号量上的P操作在前执行,而用于互斥的信号量上的P操作在后执行。

生产者-消费者问题是非常典型的问题,有许多问题可归结为生产者-消费者问题,但要根据实际情况灵活运用。例如,现有四个进程R1、R2、P1、P2,它们共享可以存放一个数的缓冲器Buf。进程R1每次把来自键盘的一个数存入缓冲器Buf中,供进程P1打印输出;进程R2每次从磁盘上读一个数存放到缓冲器Buf中,供进程P2打印输出。为防止数据的丢失和重复打印,怎样用PV操作来协调这四个进程的并发执行?

先来分析一下这四个进程的关系,进程R1和进程R2相当于两个生产者,接收来自键盘的数或从磁盘上读出的数相当于这两个进程各自生产的物品。两个进程各自生产的不同物品要存入共享的缓冲器Buf中,由于Buf中每次只能存入一个数,因此进程R1和进程R2在存数时必须互斥。进程P1和进程P2相当于两个消费者,它们分别消费进程R1和进程R2生产的物品。所以进程R1(或进程R2)在把数存入缓冲器Buf后应发送消息通知进程P1(或进程P2)。进程P1(或进程P2)在取出数之后应发送消息通知进程R1(或进程R2)告知缓冲器中又允许放一个新数的消息。显然,进程R1与进程P1、进程R2与进程P2之间要同步。

在分析了进程之间的关系后,应考虑怎样来定义信号量。首先,应定义一个是否允许进程R1或进程R2把数存入缓冲器的信号量S,其初值为1。其次,进程R1或进程R2分别要向进程P1和进程P2发送消息,应该要有两个信号量$S1$和$S2$来表示相应的消息,初值都应为0,表示缓冲器中尚未有数。至于进程P1或进程P2从缓冲器中取出数后要发送"缓冲器中允许放一个新数"的消息,这个消息不应该特定地发给进程R1或进程R2,所以只要调用V(S)就可达到目的。到底哪个进程可以把数存入缓冲器中,由进程R1或进程R2调用P(S)来竞争。因此,不必再增加新信号量了。现定义三个信号量,其物理含义如下。

S:表示能否把数存入缓冲器Buf。

$S1$:表示缓冲器中是否存有来自键盘的数。

$S2$:表示缓冲器中是否存有从磁盘上读取的数。

例3-9 四个进程可如下协调工作。

```
int Buf;
Semaphore S, S1, S2;
S = 1; S1 = 0; S2 = 0;
void R1()
{
    int x;
    while (true) {
        [接收来自键盘的数];
        x = 接收的数;
        P(S);
        Buf = x;
        V(S1);
    }
}
void R2()
```

```
{
    int y;
    while (true) {
        [从磁盘上读一个数];
        y = 读入的数;
        P(S);
        Buf = y;
        V(S2);
    }
}
void P1()
{
    int k;
    while (true) {
        P(S1);
        k = Buf;
        V(S);
        [打印 k 的值];
    }
}
void P2()
{
    int j;
    while (true) {
        P(S2);
        j = Buf;
        V(S);
        [打印 j 的值];
    }
}
void main() {
    cobegin
        R1(); R2(); P1(); P2();
    coend
}
```

在这里,进程 R1 和进程 R2 在向缓冲器 Buf 中存数之前调用了 P(S),其有两个作用。

(1) 由于 S 的初值为 1,所以 P(S)限制了每次至多只有一个进程可以向缓冲器中存入一个数,起到了互斥地向缓冲器中存数的作用。

(2) 当缓冲器中有数且尚未被取走时 S 的值为 0,当缓冲器中数被取走后 S 的值又为 1,因此 P(S)起到了测试"允许存入一个新数"的消息是否到达的同步作用。

进程 P1 和进程 P2 把需要的数取走后,都调用 V(S)发出可以存放一个新数的消息。可见,在这个问题中信号量 S 既被作为互斥的信号量,又被作为同步的信号量。

在操作系统中进程同步问题是非常重要的,通过对一些例子的分析大家应该学会怎样区别进程的互斥和进程的同步。PV 操作是实现进程互斥和进程同步的有效工具,但若使用不得当则不仅会降低系统效率而且仍会产生错误,希望读者在弄清 PV 操作作用的基础上,体会在各个例子中调用不同信号量上的 P 操作和 V 操作的目的,从而正确掌握对各类问题的解决方法。

3.3.4 读者-写者问题

读者-写者问题也是一个经典的并发程序设计问题。有两组并发进程：读者和写者共享一个文件F,要求：①允许多个读者同时对文件执行读操作；②只允许一个写者往文件中写信息；③任一写者在完成写操作之前不允许其他读者或写者工作；④写者执行写操作前,应让已有的写者和读者全部退出。

读者-写者问题

单纯使用信号量不能解决读者-写者问题,必须引入计数器 rc 记录读进程数,rmutex 是用于对计数器 rc 操作的互斥信号量,*W* 表示是否允许写的信号量,于是管理该文件的同步工作描述如下。

例 3-10 读者-写者进程同步操作。

```
Semaphore rmutex, W;
int rc;
rmutex = 1; rc = 0; W = 1;
void Reader_i() ( i = 1, 2, … )
{
   P (rmutex);
   rc = rc + 1;
   if (rc == 1) P (W);
   V (rmutex);
   [读文件];
   P (rmutex);
   rc = rc - 1;
   if (rc == 0) V (W);
   V (rmutex);
}
void Writer_j() ( j = 1, 2, … )
{
   P (W);
   [写文件];
   V (W);
}
void main() {
   cobegin
      Reader_i() ( i = 1, 2, … ); Writer_j() ( j = 1, 2, … );
   coend
}
```

在上面的方法中,读者是优先的。当存在读者时,写操作将被延迟,并且只要有一个读者在访问文件,随后而来的读者都将被允许访问文件。从而导致了写进程长时间等待,并有可能出现写进程被"饿死"。增加信号量并修改上述程序可以得到写进程具有优先权的解决方案能保证当一个写进程声明想写时,不允许新的读进程再访问共享文件。

对于写进程在已有定义的基础上还必须增加下列信号量和变量,引入计数器 wc 记录写进程数,wmutex 是用于对计数器 wc 操作的互斥信号量。*R* 表示是否允许读的信号,当至少有一个写进程准备访问文件时,用于禁止所有的读进程。

对于读进程还需要一个额外的信号量。在 *R* 上不允许建造长队列,否则写进程将不能跳过这个队列,因此,只允许一个读进程在 *R* 上排队,而所有其他读进程在等待 *R* 之前,在信号量 rlist 上排队。

例 3-11 写者优先,读者-写者进程同步操作。

```
Semaphore rmutex, wmutex, rlist, W, R;
int rc, wc;
rmutex = 1; wmutex = 1; rlist = 1; W = 1; R = 1; rc = 0; wc = 0;
void Reader_i() ( i = 1, 2, … )
{
   P (rlist);
   P (R);
   P (rmutex);
   rc = rc + 1;
   if (rc == 1) P (W);
   V (rmutex);
   V (R);
   V (rlist);
   [读文件];
   P (rmutex);
   rc = rc - 1;
   if (rc == 0) V (W);
   V (rmutex);
}
void Writer_j() ( j = 1, 2, … )
{
   P (wmutex);
   wc = wc + 1;
   if (wc == 1) P(R);
   V(wmutex);
   P (W);
   [写文件];
   V (W);
   P (wmutex);
   wc = wc - 1;
   if (wc == 0) V(R);
   V(wmutex);
}
void main() {
   cobegin
      Reader_i() ( i = 1, 2, … ); Writer_j() ( j = 1, 2, … );
   coend
}
```

3.3.5 时间同步问题

前面讲到的进程同步都属于空间上的同步问题,其实进程同步还有个时间上的同步问题。当一组有关的并发进程在执行时间上有严格的先后顺序时,就会出现时间上的进程同步问题。例如,有 7 个进程,它们的执行顺序如图 3-6 所示。

时间同步问题

为了保证这 7 个进程严格按照顺序执行,可定义 6 个信号量,其物理含义如下。

S2:表示进程 P2 能否执行。

S3:表示进程 P3 能否执行。

S4:表示进程 P4 能否执行。

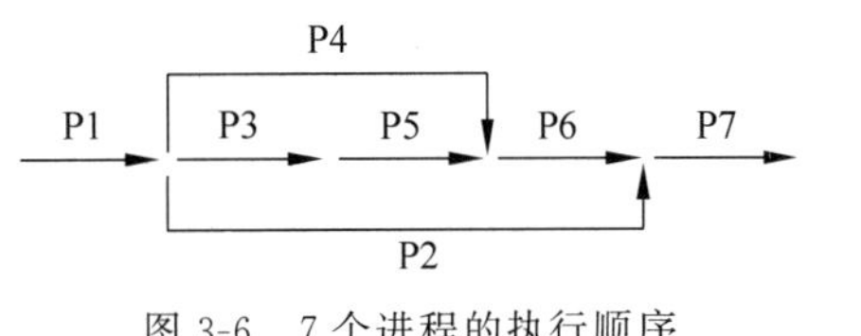

图 3-6 7 个进程的执行顺序

S5：表示进程P5能否执行。

S6：表示进程P6能否执行。

S7：表示进程P7能否执行。

进程P1不需定义信号量，可随时执行。这些信号量的初值为0，表示不可执行，而当信号量大于或等于1时，表示可执行。

例3-12 进程执行顺序同步工作描述如下。

```
Semaphore S2, S3, S4, S5, S6, S7;
S2 = 0; S3 = 0; S4 = 0;
S5 = 0; S6 = 0; S7 = 0;
void P1()
{
   …
   V (S2);
   V (S3);
   V (S4);
}
void P2()
{
   P (S2);
   …
   V (S7);
}
void P3()
{
   P (S3);
   …
   V (S5);
}
void P4()
{
   P (S4);
   …
   V (S6);
}
void P5()
{
   P (S5);
   …
   V (S6);
}
void P6()
{
   P (S6);
   P (S6);
   …
   V (S7);
}
void P7()
{
   P (S7);
   P (S7);
   …
}
void main() {
   cobegin
      P1(); P2(); P3(); P4();
      P5(); P6(); P7();
   coend
}
```

当P1执行完后，执行了V(S2)、V(S3)和V(S4)三个V操作，使P2、P3和P4在P1后可并发执行。P3执行完后，执行了V(S5)操作，则可启动P5执行。而P6要等P4与P5两个进程全部执行完，执行了两个V(S6)操作后，才能启动执行。P7要等P2与P6两个进程全部执行完，执行了两个V(S7)操作后才能启动执行。这样，就可以保证7个进程在时间上的同步。

3.4 管　　程

3.4.1 什么是管程

信号量机制为实现进程的同步与互斥提供一种原始、功能强大且灵活的工具，然而在使用信号量和PV操作实现进程同步时，对共享资源的管理分散于各个进程中，进程能够直接对共享变量进行处理，这样不利于系统对临界资源的管理，难以防止进程有意或无意地违反同步操作，且容易造成程序设计错误。因此，在进程共享主存的前提下，如果能集中和封装针对一个共享资源的所有访问并包括所需的同步操作，即把相关的共享变量及其操作集中在一起统一控制和管理，就可以方便地管理和使用共享资源，使并发进程之间的相互作用更为清晰，也更易于编写正确的并发程序。

1973年，Hansen和Hoare正式提出了管程(monitor)的概念，并对其做了如下的定义：关于共享资源的数据及在其上操作的一组过程或共享数据结构及其规定的所有操作。管程的引入可以让我们按资源管理的观点，将共享资源和一般资源管理区分开来，使进程同步机制的操作相对集中。采用这种方法，对共享资源的管理可借助数据结构及其上所实施操作的若干进程来进行；对共享资源的申请和释放可通过进程在数据结构上的操作来实现。管程被请求和释放资源的进程所调用，管程实质上是把临界区集中到抽象数据类型模板中，可作为程序设计语言的一种结构成分。对于同步问题的解决，管程和信号量具有同等的表达能力。

3.4.2 使用信号量的管程

管程是由一个或多个过程、一个初始化序列和局部数据组成的软件模块，其主要特点如下。

(1) 局部数据变量只能被管程的过程访问，任何外部过程都不能访问。

使用信号量的管程

(2) 一个进程通过调用管程的一个过程进入管程。

(3) 在任何时候，只能有一个进程在管程中执行，调用管程的任何其他进程都被阻塞，以等待管程可用。

前两个特点让人联想到面向对象软件中对象的特点。的确，面向对象操作系统或程序设计语言可以很容易地把管程作为一种具有特殊特征的对象来实现。

通过给进程强加规定，管程可以提供一种互斥机制：管程中的数据变量每次只能被一个进程访问到。因此，可以把一个共享数据结构放在管程中，从而提供对它的保护。如果管程中的数据代表某些资源，那么管程为访问这些资源提供了互斥机制。

为进行并发处理，管程必须包含同步工具。例如，假设一个进程调用了管程，并且当它在管程中时必须被阻塞，直到满足某些条件。这就需要一种机制，使得该进程不仅被阻塞，而且能释放这个管程，以便某些其他的进程可以进入。以后，当条件满足且管程再次可用时需要恢复该进程并允许它在阻塞点重新进入管程。

管程通过使用条件变量提供对同步的支持，这些条件变量包含在管程中，并且只有在管程中才能被访问。有以下两个函数可以操作条件变量。

(1) cwait(c)。调用进程的执行在条件 c 上阻塞，管程现在可被另一个进程使用。

(2) csignal(c)。恢复执行在cwait之后因为某些条件而阻塞的进程。如果有多个这样的进程，选择其中一个；如果没有这样的进程，什么也不做。

注意，管程的wait和signal操作与信号量不同。如果在管程中的一个进程发信号，但没有在这个条件变量上等待的任务，则丢弃这个信号。

图3-7给出了一个管程的结构。尽管一个进程可以通过调用管程的任何一个过程进入管程，但我们仍可以把管程想象成具有一个入口点，并保证一次只有一个进程可以进入。其他试图进入管程的进程被阻塞并加入等待管程可用的进程队列中。当一个进程在管程中

时,它可能会通过发送 cwait(x)把自己暂时阻塞在条件 x 上,随后它被放入等待条件改变以重新进入管程的进程队列中,在 cwait(x)调用的下一条指令开始恢复执行。

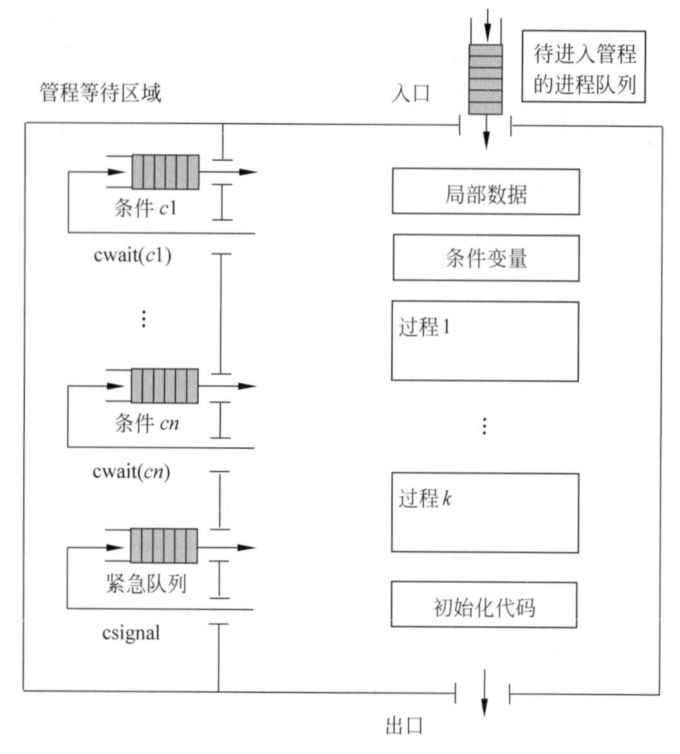

图 3-7　管程的结构

如果在管程中执行的一个进程发现条件变量 x 发生了变化,它将发送 csignal(x),通知相应的条件队列条件已改变。

为给出一个使用管程的例子,我们再次考虑有界缓冲区的生产者/消费者问题。例 3-13 给出了使用管程的一种解决方案,管程模块 PC 控制着用于保存和取回物品的缓冲区,管程中有两个条件变量(使用结构 condition 声明):当缓冲区中至少有增加一个物品的空间时,notFull 为真;当缓冲区中到少有一个物品时,notEmpty 为真。

生产者可以通过管程中的过程 put 往缓冲区中存放物品,它不能直接访问 buffer。该过程首先检查条件 notFull,以确定缓冲区是否还有可用空间。如果没有,执行管程的进程在这个条件上被阻塞。其他某个进程(生产者或消费者)现在可以进入管程。后来,当缓冲区不再满时,被阻塞进程可以从队列中移出,重新被激活,并恢复处理。在往缓冲区中放置一个物品后,该进程发送 notEmpty 条件信号。对消费者函数也可以进行类似的描述。

这个例子指出,与信号量相比较,管程担负的责任不同。对于管程,它构造了自己的互斥机制:生产者和消费者不可能同时访问缓冲区;但是,程序员必须把适当的 cwait 和 csignal 原语放在管程中,用于防止进程往一个满缓冲区中存放数据项,或者从一个空缓冲区中取数据项。而在使用信号量的情况下,执行互斥和同步都属于程序员的责任。

例 3-13　PC 管程可描述如下。

```
Monitor producer - consumer{
  char buffer[ n ];                              /* 分配 n 个字符型数据空间 */
```

```
    int nextIn, nextOut;                         /* 缓冲区指针 */
    int count;                                   /* 缓冲区中数据项的个数 */
    condition notFull, notEmpty;                 /* 为同步设置的条件变量 */
    void put (char x)
    {
        if (count >= n) cwait(notFull);          /* 缓冲区满,防止溢出 */
        buffer[nextIn] = x;
        nextIn = (nextIn + 1) % n;
        count++;                                 /* 缓冲区中数据项个数增一 */
        csignal(notEmpty);                       /* 释放任何一个等待的进程 */
    }
    void take (char x)
    {
        if (count <= 0) cwait(notEmpty);         /* 缓冲区空,防止下溢 */
        x = buffer[nextOut];
        nextOut = (nextOut + 1) % n;
        count--;                                 /* 缓冲区中数据项个数减一 */
        csignal (notFull);                       /* 释放任何一个等待的进程 */
    }
    {   nextIn = 0; nextOut = 0; count = 0; }    /* 缓冲区初始化为空 */
}PC
```

在利用管程解决生产者-消费者问题时,其中的生产者和消费者可描述如下。

```
void Producer()
{
    char x;
    while (true) {
        produce(x);
        PC.put(x); }
}
void Consumer()
{
    char x;
    while (true) {
        PC.take(x);
        consume (x); }
}
void main() {
   parbegin (Producer, Consumer);
}
```

注意,在上述程序中,进程在执行 csignal 函数后立即退出管程,如果在过程最后没有发生 csignal,Hoare 建议发送该信号的进程被阻塞,从而使管程可用,并被放入队列中直到管程空闲。此时一种可能是把阻塞进程放置到入口队列中,这样它就必须与其他还没有进入管程的进程竞争。但是,由于在 csignal 函数上阻塞的进程已经在管程中执行了部分任务,因此使它们优先于新进入的进程是很有意义的,这可以通过建立一条独立的紧急队列来实现,如图 3-7 所示。

如果没有进程在条件 x 上等待,那么 csignal(x)的执行将不会产生任何效果。而对于信号量,在管程的同步函数中可能会产生错误。例如,如果省略掉 PC 管程中的任何一个 csignal 函数,那么进入相应条件队列的进程将被永久阻塞。管程优于信号量之处在于,所有的同步机制都被限制在管程内部,因此,不但易于验证同步的正确性,而且易于检测出错误。此外,如果一个管程被正确地编写,则所有进程对受保护资源的访问都是正确的;而对于信号量,只有当所有访问资源的进程都被正确地编写时,资源访问才是正确的。

3.4.3 使用通知和广播的管程

Hoare关于管程的定义要求在条件队列中至少有一个进程,当另一个进程为该条件产生csignal时,该队列中的一个进程立即运行。因此产生csignal的进程必须立即退出管程,或者阻塞在管程上。

使用通知和广播的管程

这种方法有两个缺陷。

(1) 如果产生csignal的进程在管程内还未结束,则需要两个额外的进程切换:阻塞这个进程需要一次切换,当管程可用时恢复这个进程又需要一次切换。

(2) 与信号相关的进程调度必须非常可靠。产生一个csignal时,来自相应条件队列中的一个进程必须立即被激活,调度程序必须确保在激活前没有其他进程进入管程,否则,进程被激活的条件又会改变。例如,在例3-13中,当产一个csignal(notEmpty)时,来自notEmpty队列中的一个进程必须在一个新消费者进入管程之前被激活。另一个例子是,生产者进程可能往一个空缓冲区中添加一个字符,并在发信号之前失败,那么在notEmpty队列中的任何进程都将被永久阻塞。

Lampson和Redell为Mesa语言开发了一种不同的管程,他们的方法克服了上面列出的问题,并支持许多有用的扩展,Mesa管理结构还可以用于Modula-3系统程序设计语言。在Mesa中,csignal原语被cnotify取代,cnotify可解释如下:当一个正在管程中的进程执行cnotify(x)时,它使得x条件队列得到通知,但发信号的进程继续执行。通知的结果是使得位于条件队列头的进程在将来合适的时候且当处理器可用时被恢复执行。但是,由于不能保证在它之前没有其他进程进入管程,因而这个等待进程必须重新检查条件。例如,PC管程中的过程现在采用如例3-14所示的代码。

例3-14 使用通知和广播的PC管程描述如下。

```
void put (char x)
{
    while (count >= n) cwait (notFull);          /*缓冲区满,防止溢出*/
    buffer[nextIn] = x;
    nextIn = (nextIn +1) % n;
    count++;                                      /*缓冲区中数据项个数增一*/
    cnotify(notEmpty);                            /*通知正在等待的进程*/
}
void take (char x)
{
    while (count <= 0) cwait(notEmpty);           /*缓冲区空,防止下溢*/
    x = buffer[nextOut];
    nextOut = (nextOut + 1) % n;
    count--;                                      /*缓冲区中数据项个数减一*/
    cnotify(notFull);                             /*通知正在等待的进程*/
}
```

if语句被while循环取代,因此,这个方案导致对条件变量至少多一次额外的检测。作为回报,它不再有额外的进程切换,并且对等待进程在cnotify之后什么时候运行没有任何限制。

与 cnotify 原语相关的一个很有用的改进是，给每个条件原语关联一个监视计时器，不论条件是否被通知，一个等待时间超时的进程将被设置为就绪态。当被激活后，该进程检查相关条件，如果条件满足则继续执行。超时可以防止如下情况的发生：当某些其他进程在产生相关条件的信号之前失败时，等待该条件的进程被无限制地推迟执行而处于“饥饿”状态。

由于进程是接到通知而不是强制激活的，因此就可以给指令表中增加一条 cbroadcast 原语。广播可以使所有的该条件上等待的进程都被置于就绪态，当一个进程不知道有多少进程将被激活时，这种方式是非常方便的。例如，在生产者、消费者问题中，假设 put 和 take 函数都适用于可变长度的字符块，此时，如果一个生产者往缓冲区中添加一批字符，它不需要知道每个正在等待的消费者准备消耗多少字符，而仅仅产生一个 cbroadcast，所有正在等待的进程都得到通知并再次尝试运行。

此外，当一个进程难以准确地判定将激活哪个进程时，也可使用广播。存储管理程序就是一个很好的例子。管理程序有 j 个空闲字节，一个进程释放了额外的 k 个字节，但它不知道哪个等待进程一共需要 $k+j$ 个字节，因此它使用广播，所有进程都检测是否有足够的存储空间。

Lampson/Redell 管程优于 Hoare 管程之处在于，Lampson/Redell 方法的错误比较少。在 Lampson/Redell 方法中，由于每个过程在收到信号后都检查管程变量，且由于使用了 while 结构，一个进程不正确的广播会发信号，不会导致收到信号的程序出错。收到信号的程序将检查相关的变量，如果期望的条件不满足，它会继续等待。

Lampson/Redell 管程的另一个优点是，它有助于在程序结构中采用更模块化的方法。例如，考虑一个缓冲区分配程序的实现，为了在顺序的进程间合作，必须满足以下两级条件。

(1) 保持一致的数据结构。管程强制实施互斥，并允许对缓冲区的另一个操作之前完成一个输入或输出操作。

(2) 在 1 级条件的基础上，加上完成该进程请求，分配给该进程所需的足够存储空间。

在 Hoare 管程中，每个信号传达 1 级条件，同时也携带一个隐含消息，“我现在有足够的空闲字节，能够满足特定的分配请求”，因此该信号隐式携带 2 级条件。如果后来程序员改变了 2 级条件的定义，则需要重新编写所有发信号的进程；如果程序员改变了对任何特定等待进程的假设(也就是说，等待一个稍微不同的 2 级不变量)，则可能需要重新编写所有发信号的进程。这样就不是模块化的结构，并且当代码被修改后可能会引发同步错误(如被错误条件唤醒)。每当对 2 级条件做很小的改动时，程序员必须记得去修改所有的进程。而对于 Lampson/Redell 管程，一次广播可以确保 1 级条件并携带 2 级条件的线索，每个进程将自己检查 2 级条件。不论是等待者还是发信号者对 2 级条件进行了改动，由于每个过程都会检查自己的 2 级条件，故不会产生错误的唤醒。因此，2 级条件可以隐藏在每个过程中。而对 Hoare 管程，2 级条件必须由等待者带到每个发信号的进程的代码中，这违反了数据抽象和进程间的模块化原则。

3.4.4 用管程解决哲学家进餐问题

现在介绍如何用管程来解决哲学家进餐问题。在这里，认为哲学家可以处在这样三种状态之一：即进餐、饥饿和思考。相应地，引入数据结构：

```
(thinking, hungry, eating) state[5];
```

为每一位哲学家设置一个条件变量 self(*i*)，每当哲学家饥饿但又不能获得进餐所需的筷子时，他可以执行 cwait(self(*i*))操作，来推迟自己进餐。条件变量可描述为：

```
condition self[5];
```

在管程中还设置了以下三个过程。

(1) pickup(*i*:0..4)过程。在哲学家进程中，可利用该过程去进餐。如某哲学家是处于饥饿状态，且他的左、右两个哲学家都未进餐时，便允许这位哲学家进餐，因为他此时可以拿到左、右两根筷子；但只要其左、右两位哲学家中有一位正在进餐时，便不允许该哲学家进餐，此时将执行 cwait(self(*i*))操作来推迟进餐。

(2) putdown(*i*:0..4)过程。当哲学家进餐完毕，再看他左、右两边的哲学家，如果他们都处于饥饿且他们左、右两边的哲学家都未进餐时，便可让他们进餐。

(3) test(*i*:0..4)过程。该过程为测试过程，用它去测试哲学家是否已具备用餐条件，即 state $[(k+4)\%5] \neq$ eating and state $[k]=$ hungry and state $[(k+1)\%5] \neq$ eating 条件为真。若为真，方允许该哲学家进餐。该过程将被 pickup 和 putdown 两个过程调用。

用管程解决哲学家进餐问题

例 3-15 用于解决哲学家进餐问题的管程描述如下。

```
Monitor dining - philosophers{
    (thinking, hungry, eating) state[5];
    condition self[5];
    void pickup() (i : 0 . . 4)
    {
       state[ i ] = hungry;
       test( i );
       if (state[ i ] != eating) cwait(self[ i ]);
    }
    void putdown() (i : 0 . . 4)
    {
       state[ i ] = thinking;
       test((i + 4) % 5);
       test((i + 1) % 5);
    }
    void test() (k : 0 . . 4);
    {
       if (state[(k + 4) % 5]!= eating && state[k] == hungry && state[(k + 1) % 5]!= eating)
       {
          state[ k ] = eating;
          csignal(self[ k ]);
       }
    }
    {
       for (i = 0; i<= 4; i++)
          state[ i ] = thinking; }
}
```

3.5 进程间消息传递

在计算机系统中，并发进程之间经常要交换一些信息。例如，并发进程间用 PV 操作交换信息实现进程的同步与互斥，保证安全地共享资源和协调地完成任务。因此，PV 操作可看作是进程间的一种通信方式，但这种通信只交换了少量的信号，属于一种低级通信方式。有时进程间要交换大量的信息，这种大量信息的传递要有专门的消息传递机制来实现，这是一种高级的通信方式，也称为“进程通信”。

3.5.1 消息传递的类型

随着操作系统的发展，进程通信机制也在发展，由早期的低级进程通信机制发展为能传送大量数据的高级通信机制。目前，高级通信机制可归结为三大类：共享存储器系统、消息传递系统以及管道通信系统。

1. 共享存储器系统

在共享存储器系统中，相互通信的进程共享某些数据结构或共享存储区，进程之间能够通过它们进行通信。由此，又可把它们进一步分成如下两种类型。

1）基于共享数据结构的通信方式

在这种通信方式中，要求诸进程公用某些数据结构，进程通过它们交换信息。如在生产者-消费者问题中，就是把有界缓冲区这种数据结构用来实现通信。这里，公用数据结构的设置及对进程间同步的处理都是程序员的职责，这无疑增加了程序员的负担，而操作系统却只需提供共享存储器。因此，这种通信方式是低效的，只适于传递少量数据。

2）基于共享存储区的通信方式

为了传输大量数据，在存储器中划出了一块共享存储区，诸进程可通过对共享存储区中的数据进行读或写来实现通信。这种通信方式属于高级通信。进程在通信前向系统申请共享存储区中的一个分区，并指定该分区的关键字；若系统已经给其他进程分配了这样的分区，则将该分区的描述符返回给申请者。接着，申请者把获得的共享存储分区连接到本进程上，此后便可像读/写普通存储器一样地读/写公用存储分区。

2. 消息传递系统

在消息传递系统中，进程间的数据交换以消息为单位，程序员直接利用系统提供的一组通信命令(原语)来实现通信。操作系统隐藏了通信的实现细节，这大大简化了通信程序编制的复杂性，因而获得广泛的应用，并已成为目前单机系统、多机系统及计算机网络中的主要进程通信方式。消息传递系统的通信方式属于高级通信方式。根据实现方式的不同可分为直接传递方式和间接传递方式。

3. 管道通信系统

所谓管道，是指用于连接一个读进程和一个写进程，以实现它们之间通信的共享文件，又称为 pipe 文件。向管道(共享文件)提供输入的发送进程(即写进程)，以字符流形式将大量的数据送入管道；而接收管道输出的接收进程(即读进程)，可从管道中接收数据。由于发送进程和接收进程是利用管道进行通信的，故又称为管道通信。这种方式首创于 UNIX 操作系统，因它能传送大量的数据且很有效，故又被引入许多其他操作系统中。

为了协调双方的通信,管道通信机制必须提供以下三方面的协调能力。

(1) 互斥。当一个进程正对pipe进行读/写操作时,另一个进程必须等待。

(2) 同步。当写(输入)进程把一定数量数据写满pipe时,应睡眠等待,直到读(输出)进程取走数据后,再把它唤醒。当读进程读一空pipe时,也应睡眠等待,直至写进程将数据写入管道后,才将它唤醒。

(3) 判断对方是否存在。只有确定对方已存在时,方能进行通信。

3.5.2 直接传递

直接传递是指发送进程利用操作系统所提供的发送命令直接把消息发送给接收进程,而接收进程则利用接收命令直接从发送进程接收消息。在直接通信方式下,企图发送或接收消息的每个进程必须指出信件发给谁或从谁那里接收消息,可用send原语和receive原语来实现进程之间的通信,这两个原语定义如下。

(1) send(P,消息)。把一个消息发送给进程P。

(2) receive(Q,消息)。从进程Q接收一个消息。

这样,进程P和Q通过执行这两个操作而自动建立了一种联系,并且这种联系仅仅发生在这一对进程之间。消息可以有固定长度和可变长度两种。固定长度便于物理实现,但使程序设计增加困难;而消息长度可变使程序设计变得简单,但使消息传递机制的实现复杂化。

我们还可以利用直接进程通信原语来解决生产者-消费者问题。当生产者生产出一个消息后,send原语将消息发送给消费者进程;而消费者进程则利用receive原语来得到一个消息。如果消息尚未生产出来,消费者必须等待,直到生产者进程将消息发送过来。

3.5.3 间接传递

采用间接传递方式时,进程间发送或接收消息通过一个共享的数据结构——信箱来进行,消息可以被理解成信件,每个信箱有一个唯一的标识符。当两个以上的进程有一个共享的信箱时,它们就能进行通信。间接通信方式解除了发送进程和接收进程之间的直接联系,在消息的使用上灵活性较大。间接通信方式中“发送”和“接收”原语的形式如下。

(1) send(A,消息)。把一个消息发送给信箱A。

(2) receive(A,消息)。从信箱A接收一个消息。

信箱是存放消息的存储区域,每个信箱可以分成信箱头和信箱体两部分。信箱头指出信箱容量、消息格式、存放消息位置的指针等;信箱体用来存放消息,信箱体分成若干个区,每个区可容纳一个消息。

“发送”和“接收”两条原语的功能如下:

(1) 发送消息。如果指定的信箱未满,则将消息送入信箱中由指针所指示的位置,并释放等待该信箱中消息的等待者;否则,发送消息者被置成等待信箱状态。

(2) 接收消息。如果指定信箱中有消息,则取出一个消息,并释放等待信箱的等待者;否则,接收消息者被置成等待信箱中消息的状态。

两个原语的算法描述如下,其中,W()和R()是让进程进入等待队列和出队列的两个过程。

```
typedef struct box {
    int size;                          {信箱大小}
    int count;                         {现有消息数}
    message letter[n];                 {信箱}
    semaphore s1, s2;                  {等信箱和等消息信号量}
}
void send (box B, message M)
{
    int i;
    if (B.count == B.size) W(B.s1);
    i = B.count + 1;
    B.letter[ i ] = M;
    B.count = i;
    R(B.s2);
}
void receive (box B, message X)
{
   int i;
   if (B.count == 0) W(B.s2);
   B.count = B.count - 1;
   X = B.letter[ 1 ];
   if (B.count≠0)
      for (i = 1; i<=B.count; i++)
         B.letter[ i ] = B.letter[ i + 1 ];
   R(B.s1);
}
```

信箱可由操作系统创建,也可由用户进程创建,创建者是信箱的拥有者。据此,可把信箱分为以下三类。

(1) 私用信箱。用户进程可为自己建立一个新信箱,并作为该进程的一部分。信箱的拥有者有权从信箱中读取信息,其他用户则只能将自己构成的消息发送到该信箱中。这种私用信箱可采用单向通信链路信箱实现。当拥有该信箱的进程结束时,信箱也随之消失。

(2) 公用信箱。它由操作系统创建,并提供给系统中的所有核准进程使用。核准进程既可把消息发送到该信箱中,也可从信箱中取出发送给自己的消息。显然,公用信箱应采用双向通信链路的信箱来实现。通常,公用信箱在系统运行期间始终存在。

(3) 共享信箱。它由某进程创建,在创建时或创建后指明它是可共享的,同时需指出共享进程(用户)的名字。信箱的拥有者和共享者都有权从信箱中取走发送给自己的消息。

在利用信箱通信时,在发送进程和接收进程之间存在着下述的 4 种关系。

(1) 一对一关系。即可以为发送进程和接收进程建立一条专用的通信链路,使它们之间的交互不受其他进程的影响。

(2) 多对一关系。允许提供服务的进程与多个用户进程之间进行交互,也称为客户/服务器交互。

(3) 一对多关系。允许一个发送进程与多个接收进程进行交互,使发送进程可用广播形式向接收者发送消息。

(4) 多对多关系。允许建立一个公用信箱,让多个进程都能向信箱中投递消息,也可从信箱中取走属于自己的消息。

3.5.4 消息格式

消息的格式取决于消息机制的目标及该机制是运行在一台计算机上还是运行在分布式系统中。对于某些操作系统,设计者优先选用短的、固定长度的消息,以减小处理和存储的开销。如果需要传递大量的数据,数据可以放置到一个文件中,消息可以简单地引用该文件。一种更为灵活的方法是允许可变长度的消息。

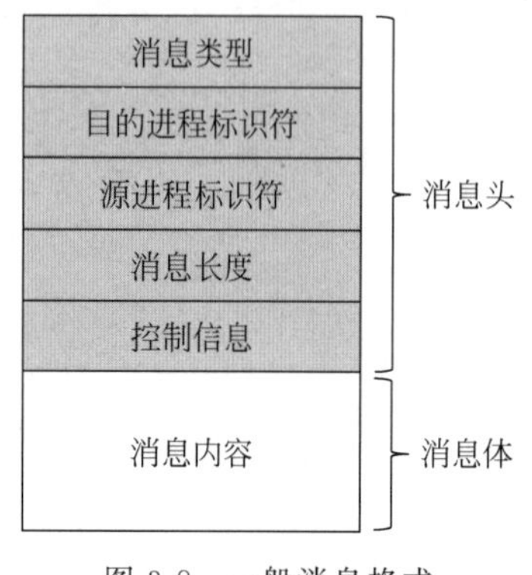

图 3-8 一般消息格式

图 3-8 给出了一种操作系统中支持可变长度消息的典型消息格式。该消息被划分成两部分:包含相关信息的消息头和包含实际内容的消息体。消息头可以包含消息的源和目标的标识符、长度域,以及判定各种消息类型的类型域,还可能含有一些额外的控制信息,例如用于创建消息链表的指针域、记录源和目标之间传递消息的数目、顺序与序号,以及一个优先级域。

3.5.5 解决生产者-消费者问题

作为使用消息传递的一个例子,例 3-16 是解决有界缓冲区生产者-消费者问题的一种方法。该例利用了消息传递的能力,除了传递信号之外还传递数据。它使用了两个信箱。当生产者产生了数据后,它作为消息被发送到信箱 mayConsume,只要该信箱中有一条消息,消费者就可以开始消费。此后 mayConsume 用作缓冲区,缓冲区中的数据被组织成消息队列,缓冲区的大小由全变局变量 capacity 确定。信箱 mayProduce 最初填满了空消息,空消息的数量等于信箱的容量,每次生产使得 mayProduce 中的消息数减少,每次消费使得 mayProduce 中的消息数增长。

这种方法非常灵活,可以有多个生产者和消费者,只要它们都访问这两个信箱即可。系统甚至可以是分布式系统,所有生产者进程和 mayProduce 信箱在一个站点上,所有消费者进程和 mayConsume 信箱在另一个站点上。

例 3-16 使用消息解决有界缓冲区生产者-消费者问题。

```
const int
   capacity = / * 缓冲区容量 * / ;
   null = /* 空消息 */ ;
int i;
void Producer()
{
   message pmsg;
   while (true) {
      receive (mayProduce, pmsg) ;
      pmsg = produce() ;
      send (mayConsume, pmsg) ;
   }
}
void Consumer()
{
   message cmsg;
```

```
    while (true) {
        receive (mayConsume, cmsg);
        consume (cmsg);
        send (mayProduce, null);
    }
}
void main()
{
    create_mailbox (mayProduce);
    create_mailbox (mayConsume);
    for (int i = 1; i <= capacity; i++) send (mayProduce, null);
    parbegin (Producer, Consumer);
}
```

小　　结

现代操作系统的核心是多道程序设计、多处理器和分布式处理器，这些方案的基础及操作系统设计技术的基础是并发。当多个进程并发执行时，无论是在多处理器系统的情况下，还是在单处理器多道程序系统中，都会产生冲突和合作的问题。

由于相关并发进程在执行过程中共享了资源，可能会出现与时间有关的错误，对涉及共享资源的若干并发进程的相关临界区互斥执行，就不会出现与时间有关的错误。可以采用PV操作及管程的方法来解决临界区的互斥问题。

相互合作的一组并发进程，其中每一个进程都以各自独立的、不可预知的速度向前推进，但它们又需要密切合作以实现一个共同的任务，就需要解决进程同步问题。仍可以采用PV操作及管程的方法来解决进程同步问题。各并发进程在执行过程中经常要交换一些信息，我们把通过专门的通信机制实现进程间交换大量信息的通信方式称为“消息传递”，也称为“进程通信”。

第4章 死锁

在计算机系统中有很多独占性的资源，如打印机、磁带机等。在多道程序环境中，若干进程要共用这类资源，而且一个进程所需的资源往往不止一个。这样就会出现若干进程竞争有限的资源，又加上推进顺序不当，从而导致进程无限循环等待的局面，即死锁状态。

死锁是多道程序并发执行带来的又一严重问题，它是操作系统乃至并发程序设计中最难处理的问题之一。处理不好会导致整个系统运行效率下降，甚至不能正常运行。

本章主要讲解死锁的原理、处理死锁的方法，学完本章，会发现死锁普遍存在，对于死锁不存在完美的、彻底的解决方案。所以本章将会从不同的角度给出处理死锁的策略，即死锁的检测和恢复、避免和预防，最后介绍了和死锁相近的概念：活锁和饥饿。

4.0 问题导入

假设系统中有P1、P2两个进程并发执行，P1和P2在执行中同时需要资源R1和R2，R1和R2都是一次只能给一个进程使用的临界资源，如下所示。

```
P1()                          P2()
{                             {
 申请 R1;                       申请 R2;
 …;                             …;
 申请 R2;                       申请 R1;
 使用 R1 和 R2;                 使用 R1 和 R2;
 释放 R1 和 R2;                 释放 R1 和 R2;
}                             }
```

如果系统对资源的分配采用的是动态分配且先申请者先获得，就有可能出现以下的运行过程：

- P1申请并获得R1。
- P2申请并获得R2。
- P1申请R2，因得不到而阻塞。
- P2申请R1，因得不到而阻塞。

此时，系统中仅有的两个进程都处于阻塞态，而且它们都在等待对方释放它们所需要的资源。显然，这种等待是没有止境的。这就是死锁。

死锁是指系统中一部分并发进程彼此相互等待对方所拥有的资源，而且这些并发进程在没有得到对方占有的资源之前又不会释放自己拥有的资源，从而导致参与的进程都不能继续向前推进的一种系统状态。

到底是什么导致了死锁，又如何解决死锁，将在本章的后面几节加以详细的介绍。

4.1 死锁原理

死锁是多个进程的永久性阻塞态，产生的原因主要有两个：进程间竞争资源和进程推进顺序非法。所有的死锁都涉及两个或更多的进程由于竞争资源引起的冲突，所以在本节中将从资源的分类开始介绍，最后介绍死锁产生的必要条件。

4.1.1 资源分类

大部分死锁都和资源有关，资源是指系统能够提供给用户进程使用的全部硬件、软件和数据。通常一个系统拥有一定数量的资源，分布在若干竞争进程之间。这些资源可分成多种类型，如内存空间、文件、I/O 设备等。每种类型有一定数量的实例，如系统有两个 CPU，那么资源类型 CPU 就有两个实例。当某一资源类型有若干个实例时，其中任何一个都可以满足对资源的请求。

系统中的资源类型通常可分为两大类：可抢占资源和不可抢占资源。

1. 可抢占资源

所谓"可抢占资源"，是指可以从拥有它的进程手中抢夺过来而不会产生副作用的那些资源。例如，内存储器就是一种可抢占资源。内存区可由存储器管理程序把一个进程从一个存储区移至另一个存储区，即剥夺该进程原来占有的存储区，甚至可将一进程从内存调到外存上。可见，内存属于可抢占资源。

2. 不可抢占资源

所谓"不可抢占资源"，是指在不引起相关的计算失败的情况下，无法把它从占有它的进程处抢占过来。例如，一个进程已经开始刻盘，突然将 CD 刻录机分配给另一个进程，那么将划坏 CD 盘，所以在任何时刻 CD 刻录机都是不可抢占的。

一般来说，死锁和不可抢占资源有关，有关可抢占资源的潜在死锁通常可以通过在进程之间重新分配资源而化解。所以本节的重点是考虑不可抢占资源。

在正常的操作模式下，进程按如下顺序使用资源：

(1) 申请。如果申请不能立即被允许，则申请进程必须等待，直到它获得该资源为止。

(2) 使用。进程对资源进行操作。

(3) 释放。进程释放资源。

当一组进程中的每个进程都在等待一个事件，而这一事件只能由这一组进程的另一进程引起，那么这组进程就处于死锁状态。而这里所关心的主要事件就是资源获取与释放。例如，某一系统有一台打印机和一台 DVD 驱动器。假如进程 Pi 占有 DVD 驱动器而 Pj 占有打印机，如果 Pi 申请打印机而 Pj 申请 DVD 驱动器，由于打印机和 DVD 驱动器是不可抢占资源，那么就会出现死锁。

4.1.2 资源分配图

死锁问题可用称为系统资源分配图的有向图进行更为精确的描述。其用来勾勒系统中各个进程的资源分配情况，从中反映哪个进程已经分配了什么资源，哪个进程由于等候什么资源而处于阻塞态。这种图由一个节点集合 V 和一个边集合 E 组成。节点集合 V 分为两种类型的节点：$P=\{$P1，P2，…，P$n\}$（系统活动进程的集合）和 $R=\{$R1，R2，…，R$m\}$（系统所有资源类型的集合)。

由进程 Pi 到资源类型 Rj 的有向边记为 < Pi,Rj >,表示进程 Pi 已经申请资源类型 Rj 的一个实例,并正在等待该资源,由资源类型 Rj 到进程 Pi 的有向边记为 < Rj,Pi >,表示资源类型 Rj 的一个实例已经分配给进程 Pi。有向边 < Pi,Rj > 称为申请边,有向边 < Rj,Pi > 称为分配边。

通常,用圆形表示进程 Pi,用矩形表示资源类型 Rj。由于资源类型 Rj 可能有多个实例,所以在矩形中用圆点表示实例。注意请求边只能指向矩形 Rj,而分配边必须指向矩形内的某个圆点。

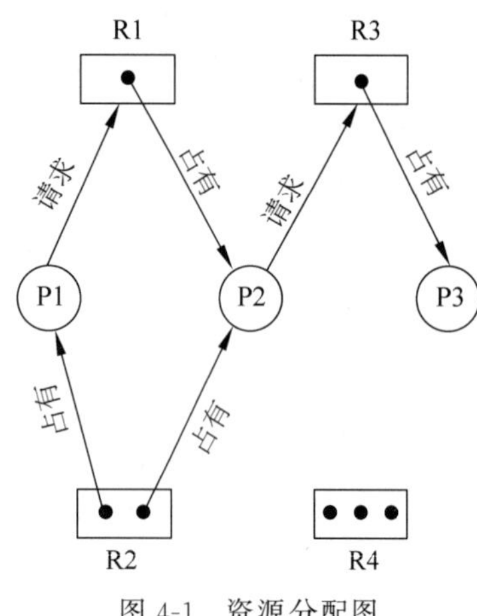

图 4-1　资源分配图

例如,有 3 个进程 P1、P2、P3 和 4 个资源 R1、R2、R3、R4,其对应的实例个数分别是 1、2、1、3。目前进程的状态为进程 P1 占有资源类型 R2 的 1 个实例,等待资源类型 R1 的一个实例;进程 P2 占有资源类型 R1 和 R2 各一个实例,等待资源类型 R3 的一个实例;进程 P3 占有资源类型 R3 的一个实例,那么集合 P={P1,P2,P3},R={R1,R2,R3,R4} 和 E = {< P1,R1 >,< P2,R3 >,< R1,P2 >,< R2,P2 >,< R2,P1 >,< R3,P3 >} 构成的资源分配图如图 4-1 所示。

根据资源分配图的定义,可以证明如果分配图没有环,那么系统就没有进程死锁。如果分配图有环,那么可能存在死锁。

如果资源分配图中出现了环,且处于此环中的每个资源类型均只有一个实例,则有环就出现了死锁。此时,环是系统存在死锁的充要条件。

如果资源分配图中出现了环,但是处于此环中的资源类型有多个实例,那么有环并不意味着已经出现了死锁,在这种情况下,环就是死锁存在的必要条件而不是充分条件。

例如,图 4-2 和图 4-3 中,都存在环 P1→R1→P2→R2→P1,图 4-2 中进程 P1 和 P2 是死锁,进程 P1 等待资源类型 R1,而它又被进程 P2 占有,进程 P2 等待进程 P1 释放的资源类型 R2,构成了死锁,然而,图 4-3 的进程却没有死锁,因为 P2 可以请求到资源类型 R2 的实例,以打破环。

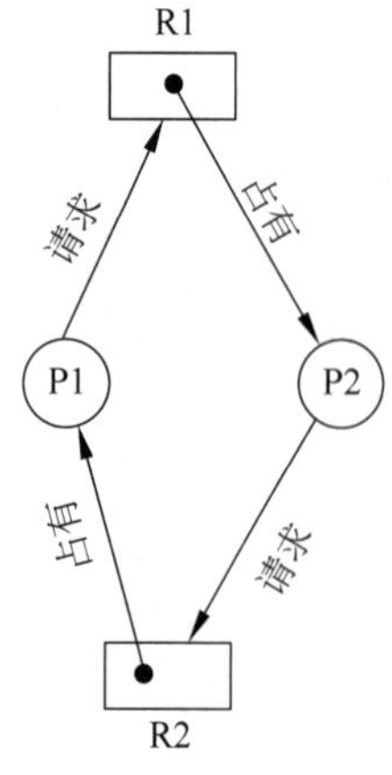

图 4-2　存在死锁的资源分配图

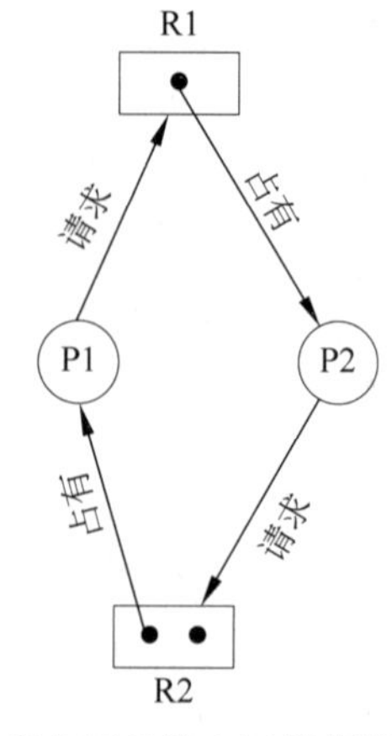

图 4-3　存在环但没有死锁的资源分配图

总之，如果资源分配图没有环，那么系统就不处于死锁状态，另一方面，如果有环，那么系统可能处于死锁状态，这也是 4.1.3 节将要介绍的必要条件之一。

4.1.3 死锁的必要条件

如果在系统中同时满足下面四个条件，那么会引起死锁。

(1) 互斥条件。指进程对所分配到的资源进行排他性使用，即一个资源每次只能被一个进程使用。

(2) 占有且等待条件。一个进程在请求新资源而阻塞时，对已获得资源又保持不放。也就是说，进程并不是一次性得到所需要的所有资源，而是在占有一部分资源的情况下仍允许继续申请新的资源。

(3) 不可抢占条件。已经分配的资源不能从相应的进程中被强制抢占，即资源只能在进程完成任务后自动释放。

(4) 环路等待条件。在发生死锁时，必然存在一个进程-资源的环形链。即进程集合{P1，P2，…，Pn}中的 P1 正在等待 P2 占用的资源，P2 正在等待 P3 占用的资源，…，Pn 正在等待 P1 占用的资源。也就是说，在多个进程之间，由于对资源的占用和请求关系而形成了一个循环等待的态势。

上述的前三个条件的存在起到决定的作用，第 4 个条件实际上是前三个条件的潜在结果，它取决于所涉及的进程请求和释放资源的顺序。

为了解决死锁问题，可使用下面几种对策。

(1) 死锁的预防。破坏产生死锁的 4 个必要条件中的一个或多个，使系统不会进入死锁状态。

(2) 死锁的避免。在资源动态分配过程中使用某种算法防止系统进入不安全状态，从而避免死锁的发生。

(3) 死锁的检测。通过系统所设置的检测机构，及时地检测出死锁的发生，并精确地确定与死锁有关的进程和资源，然后，采取适当措施，从系统中将已发生的死锁清除掉。

(4) 死锁的解除。撤销或挂起一些进程，以便回收一些资源，再将这些资源分配给已处于阻塞态的进程，使之转为就绪态，以继续运行。

接下来将在 4.2 节～4.4 节详细讨论每种处理方法。

4.2 死锁检测

死锁检测

所谓"死锁检测(Deadlock Detection)"，即系统允许产生死锁，操作系统周期性地在进程和资源之间检测是否出现了循环等待的情形。若检测到死锁则采取相应的办法解除死锁，以尽可能小的代价恢复死锁进程的运行。系统为了提供检测和解除死锁，必须做到保存有关资源的请求和分配信息，并提供一种算法，以利用这些信息来检测系统是否进入死锁状态。下面将重点介绍死锁检测的算法，以及如何进行死锁的修复。

4.2.1 死锁检测算法

1. 死锁定理

在介绍具体的死锁检测算法之前，先来学习一下死锁定理。在前面介绍的资源分配图中已经了解资源分配图和死锁的关系,那么可以利用下述步骤运行一个"死锁检测"程序,对资源分配图进行分析和简化,以此方法来检测系统是否处于死锁状态。

(1) 如果能在资源分配图中找出一个既不阻塞又非独立的进程,它在有限的时间内有可能获得所需资源类中的资源继续执行,直到运行结束,再释放其占有的全部资源。相当于消去了图中此进程的所有请求边和分配边,使之成为孤立节点,如将图4-4(a)所示的进程P1的所有请求边和分配边消去,使得进程P1成为孤立节点。

(2) 可使资源分配图中另一个进程获得前面进程释放的资源继续执行,直到完成后释放出它所占用的所有资源,相当于又消去了图中若干请求边和分配边。如将图4-4(b)所示的进程P2的所有请求边和分配边消去,使得进程P2成为孤立节点。

(3) 如此下去,经过一系列简化后,若能消去图中所有边,使所有进程成为孤立节点,则该图是可完全简化的,如图4-4(c)所示;否则称该图是不可完全简化的。

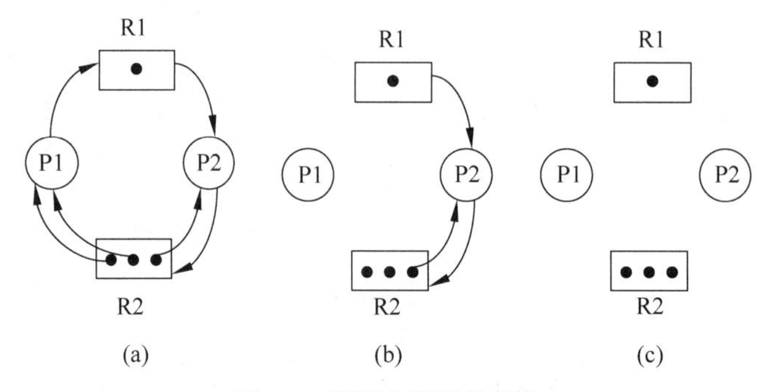

图4-4 资源分配图的简化

系统处于死锁的充分条件是:当且仅当此状态资源分配图是不可完全简化的,这一充分条件称为死锁定理。

2. 检测算法

下面介绍一种具体的死锁检测方法,该算法由Shoshani和Coffman提出,采用的数据结构如下。

(1) 当前可分配的空闲资源向量Available,其为长度为m的向量。m是系统中的资源类型数。Available[i]表示系统中现有的i类资源数量。

(2) 资源分配矩阵Allocation,其为$n\times m$矩阵。Allocation[i,j]表示进程i已占有的j类资源的数量。

(3) 需求矩阵Request,其为$n\times m$矩阵。Request [i,j]表示进程i还需申请j类资源的数量。

死锁检测算法如下。

(1) 令Work和Finish分别表示长度为m和n的向量,初始化Work=Available,对于所有$i=1,\cdots,n$,如果Allocation [i, *]≠0,则Finish[i]=false,否则Finish[i]=true。

(2) 寻找一个下标i,它满足条件:Finish[i]=false且Request[i, *]≤Work[*],如果找不到这样的i,则转向(4)。

(3) Work[*]=Work[*]+Allocation[i, *];Finish[i]=true;转向(2)。

(4) 如果存在i($1\leqslant i\leqslant n$),Finish[i]=false,则系统处于死锁状态。若Finish[i]=false,则进程Pi处于死锁环中。

在上面的算法中，如果一个进程所申请的资源能够满足，就假定该进程能得到所需资源，向前推进，直至结束.释放所占有的全部资源。接着查找是否有另外的进程也满足这种条件。如果某进程在以后还要不断申请资源，则它还可能会被检测出死锁。

例如，设系统中有三类资源{R1，R2，R3}和 5 个并发执行进程{P1，P2，P3，P4，P5}，其中 R1 有 7 个，R2 有 3 个，R3 有 6 个。在 T_0 时刻各进程分配资源和申请情况如表 4-1 所示。

表 4-1　5 个并发进程的资源分配情况

	Allocation			Request			Available		
	R1	R2	R3	R1	R2	R3	R1	R2	R3
P1	0	1	0	0	0	0			
P2	2	0	0	2	0	2			
P3	3	0	3	0	0	0	0	1	0
P4	2	1	1	1	0	0			
P5	0	0	2	0	0	2			

此时，系统不处于死锁状态，运行上述死锁检测算法可以得到一个进程序列< P1，P3，P2，P4，P5 >，对于所有的 i 都有 Finish[i]=true，如表 4-2 所示。

表 4-2　死锁检测算法得到的进程序列

	Work			Allocation			Request			Work+Allocation			Finish
	R1	R2	R3	R1	R2	R3	R1	R2	R3	R1	R2	R3	
P1	0	1	0	0	1	0	0	0	0	0	2	0	true
P3	0	2	0	3	0	3	0	0	0	3	2	3	true
P2	3	2	3	2	0	0	2	0	2	5	2	3	true
P4	5	2	3	2	1	1	1	0	0	7	3	4	true
P5	7	3	4	0	0	2	0	0	2	7	3	6	true

假定，进程 P3 现在申请一个单位的 R3 资源，则系统资源分配情况如表 4-3 所示，此时，系统处于死锁状态，参与死锁的进程集合为{P2，P3，P4，P5}，如表 4-4 所示。

表 4-3　满足进程 P3 申请后的资源分配情况

	Allocation			Request			Available		
	R1	R2	R3	R1	R2	R3	R1	R2	R3
P1	0	1	0	0	0	0			
P2	2	0	0	2	0	2			
P3	3	0	3	0	0	1	0	1	0
P4	2	1	1	1	0	0			
P5	0	0	2	0	0	2			

表 4-4　死锁检测算法得到的进程序列

	Work			Allocation			Request			Work+Allocation			Finish
	R1	R2	R3	R1	R2	R3	R1	R2	R3	R1	R2	R3	
P1	0	1	0	0	1	0	0	0	0	0	2	0	true

系统何时进行死锁检测呢？这取决于死锁出现的频度和当死锁出现时影响进程数量等

因素。若死锁经常出现,检测算法应经常被调用。一种常用的方法是当进程申请资源不能满足就进行检测。死锁检测过于频繁,系统开销大;如检测时间间隔过长,卷入死锁的进程又会增多,使得系统资源及 CPU 利用率大为下降,一个折中的办法就是定期检测,如每一小时检测一次,或在 CPU 的利用率低于 40%时检测。

4.2.2 从死锁中恢复

当发现有进程死锁时,便应立即把它们从死锁状态中恢复出来。恢复死锁常采用的两种措施是:一是通知操作员死锁发生,以便操作人员人工处理死锁;另一种方法是让系统从死锁状态中自动恢复过来。死锁状态的恢复常采用下述两种方法。

1. 撤销进程

解除死锁最直接的方法是终止一个或若干个进程,系统会回收分配给被终止进程的所有资源。撤销进程可以按照某种顺序逐步撤销已死锁的进程,直到获得为解除死锁所需要的足够可用的资源为止。在极端情况下,这种方法可能造成除一个死锁进程外,其余的死锁进程全部被撤销。

在撤销进程中需要考虑按照什么原则撤销进程,目前比较实用而简单的方法是撤销那些代价最小的进程,或者使撤销进程的数目最小,以下几点作为衡量撤销代价的标准。

(1) 进程的优先级,即被撤销进程的优先级。

(2) 作业类的外部代价,规定各类作业各自的撤销代价,系统可以根据这些规定撤销代价最小的进程,达到解除死锁的目的。

(3) 运行代价,即重新启动它并运行到当前撤销点所需要的代价,可由系统记账程序给出。

2. 剥夺资源

由于死锁是由进程竞争资源而引起的,所以可通过剥夺资源以取消死锁,逐步从进程中剥夺资源给其他进程使用,直到死锁环路被破坏为止。剥夺的顺序可以是以花费最小资源数为依据。每次剥夺后,需要再次调用检测算法。资源被剥夺的进程为了再次得到该资源,必须重新申请。

利用剥夺资源的方法处理死锁,需要考虑以下几点。

(1) 选择剥夺哪些进程的哪些资源。与撤销进程相同,必须确定剥夺顺序确保代价最小化。代价因素包括进程所拥有的资源数量,死锁进程到现在为止在执行过程中所消耗的时间等。

(2) 对被剥夺资源的进程的安排。显然被剥夺资源的进程缺少所需要的资源,不能正常执行。建立检查点,必须将进程回滚到某个安全状态,以便从该状态重启进程。

(3) 保证资源不会总是从同一个进程中被剥夺。这就需要确保一个进程只能有限次地被剥夺资源,最常用的方法是在代价因素中加上回滚次数。

4.3 死锁避免

死锁避免的方法是控制系统状态的变化,在满足资源请求条件下系统作出判断确定不会有死锁发生时才会把资源真正分配给进程。因此首先需要分析预期的状态,即在进入状态之前，要分析是否存在某一状态变换序列，能从进入的状态中安全退出，保证其中每个进程都可以执行。在4.3.1节里首先对状态进行介绍，然后介绍一个死锁避免的具体方法，即银行家算法。

4.3.1 安全状态与不安全状态

所谓安全状态是指如果系统能按照某个顺序，如< P1,P2,…,P*n* >，为每个进程分配资源（不超过其最大值）使得每个进程都能执行完毕，此时称系统处于安全状态。进程执行序列< P1,P2,…,P*n* >为当前系统的一个安全序列，安全序列是不唯一的。具体来说，在当前分配状态下，进程的安全序列< P1,P2,…,P*n* >是这样组成的：若对于每一个进程 P*i*($1\leqslant i\leqslant n$)，它需要的附加资源可被系统中当前可用资源与所有进程 P*j*($j < i$)当前占有资源之和所满足，则< P1,P2,…,P*n* >为一个安全序列。如果不存在这样的顺序，那么系统状态就处于不安全状态。

由安全状态定义可知，处于安全状态的系统一定不会产生死锁。即使某个进程 P*i* 所需的资源总数超过系统当前可用空闭的资源总数，P*i* 可以等待其他进程执行完毕后释放资源，系统把释放的资源分配给进程 P*i*，P*i* 最终能获得所需的资源，从而执行完毕。

并非所有的不安全状态都会导致死锁状态。但当系统进入不安全状态时，便有了导致死锁状态的可能。如果能保证每次资源分配后，系统都处于安全状态，则不会发生死锁。

例如，考虑某一系统，共有10台打印机，在 T_0 时刻三个进程 P1、P2、P3 分别最多需要8台、7台和4台打印机。假定 P1、P2、P3 已分别申请到4台、2台和2台打印机。当前系统情况如表4-5所示。

表4-5 T_0 时刻系统当前状态

进程	最大需求	当前已分配	当前需求
P1	8	4	4
P2	7	2	5
P3	4	2	2

由于系统共有10台打印机，T_0 时刻 P1、P2、P3 已申请到4台、2台和2台打印机，因此系统中还有2台空闲打印机。进程 P3 可立即得到需要的所有打印机并在完成工作后归还它们（系统会有4台打印机空闲），接着进程 P1 可得到需要的所有打印机并在完成工作后归还它们（系统会有8台打印机空闲），最后进程 P2 得到需要的打印机并执行完成后归还它们（系统会有10台打印机空闭）。所以可以找到一个安全序列< P3,P1,P2 >，因此在 T_0 时刻系统处于安全状态。

假定在时刻 T_1，进程 P2 申请并又得到一台打印机，那么系统状态见表4-6。此时系统处于不安全状态。系统中只有一台空闲打印机可用，这一台打印机无法满足任何一个进程的请求，因此也无法找到一个安全序列，可见系统是有可能从安全状态转到不安全状态的。

表4-6 T_1 时刻系统当前状态

进程	最大需求	当前已分配	当前需求
P1	8	4	4
P2	7	3	4
P3	4	2	2

从以上介绍可以看出以下几点。

(1) 死锁状态是不安全状态。

(2) 如果处于不安全状态,并不意味着它就在死锁状态,而是表示存在导致死锁的危险。

(3) 如果一个进程申请的资源当前是可用的,但采用死锁避免的方法,该进程也可能需要等待,这和进程的检查与恢复比,资源的利用率会有所下降。

4.3.2 银行家算法

最著名的死锁避免的算法叫做“银行家算法”(Banker's Algorithm),是由 Dijkstra 首先提出并加以解决的。该算法如此命名是因为它可用于银行系统,假定小镇银行家拥有资金,被多个客户共享,银行家对客户提出以下约束条件。

(1) 每个客户必须预先说明所要的最大资金量;

(2) 每个客户每次提出部分资金量的请求并获得分配;

(3) 如果银行满足客户对资金的最大需求量,那么客户在资金运作后,应在有限的时间内全部归还银行。

只要客户遵守上述约束条件,银行家保证如果客户所要的最大资金量不超过银行家现有资金,银行一定会接纳该客户,并满足其资金需求;银行家在收到一个客户的资金申请后,可能会因资金不足或者如果把资金分配给申请的客户后,导致所有客户都不能将资金归还,那么银行家不会满足客户的申请,但保证在有限的时间内让客户获得资金。在银行家算法中,客户可看作进程,资金可看作资源,银行家可看作操作系统。银行家算法虽然能避免死锁,但实现时受到种种限制,要求所涉及的进程不相交,即不能有同步要求,事先要知道进程的总数和每个进程请求的最大资源数,这些都很难办到。

在银行家的例子中可以看到资源只有一个,其实银行家算法可以处理多个资源。为了实现银行家算法,先介绍几个数据结构,这些数据结构对资源分配系统的状态进行了记录。设 n 为系统进程的个数,m 为资源类型的种类。需要如下数据结构。

(1) 当前可分配的空闲资源向量 Available,其为长度为 m 的向量。如果 Available[i]=k,那么表示系统中 Ri 类型资源可用的数量是 k。

(2) 最大需求矩阵 Max,其为 $n \times m$ 矩阵。Max[i,j]=k 表示进程 Pi 至多可申请 k 个 Rj 类资源。

(3) 资源分配矩阵 Allocation,其为 $n \times m$ 矩阵。Allocation[i,j]=k 表示进程 Pi 当前分到 k 个 Rj 类资源。

(4) 需求矩阵 Need,其为 $n \times m$ 矩阵。Need[i,j]表示进程 Pi 尚需 k 个 Rj 类资源才能完成其任务。

上述三个矩阵的关系为 Need[i,j]= Max[i,j]−Allocation[i,j]。

为了简化起见,可以把矩阵 Allocation 和 Need 矩阵中的每一行当中一个向量,针对进程 Pi 已分配和还需要的向量分别写成 Allocationi 和 Needi。

设 Requesti 为进程 Pi 的请求向量,如果 Requesti[j]=k,那么进程 Pi 申请 k 个 Rj 类资源。银行家算法如下。

(1) 申请量超过最大需求量时出错,否则转步骤(2)。

(2) 当申请量超过当前系统所拥有的可分配量时,挂起进程,该进程处于阻塞态,否则转步骤(3)。

(3) 系统对进程 Pi 请求的资源进行试探性分配,执行

```
Allocation[i, * ] = Allocation[i, * ] + Requesti[ * ]
Available[ * ] = Available[ * ] - Requesti[ * ]
Need[i, * ] = Need[i, * ] - Requesti[ * ]
```

(4) 执行(5)安全性测试算法,如果状态安全则承认该试探性分配,否则抛弃该试探性分配,进程 Pi 阻塞。

银行家算法(安全性测试)

(5) 安全性测试算法

① 定义工作向量 Work 和布尔型标志 Finish,即 Work 和 Finish 分别是长度为 m 和 n 的向量。按照如下方式进行初始化:Work[*]=Available[*],Finish[*]=false。

② 查找这样的 i,使其满足 Finish[i]=false,并且 Need[i, *]≤Work[*]。如果没有这样的 i 存在,转步骤④。

③ 执行

```
Work[ * ] = Work[ * ] + Allocation[i, * ]
Finish[i] = true
```

返回步骤②。

④ 如果对于所有的 i,Finish[i]=true,那么系统处于安全状态,返回安全标记,否则返回不安全标记。

银行家算法(死锁避免)

下面从单资源到多资源,由浅到深举例子来说明银行家算法。

例 4-1 系统中有一种资源总量为 10。3 个进程 A、B、C 的最大资源需求量分别是 9、4、7,目前已得到的分配量是 3、2、2,如表 4-7 所示。

表 4-7 系统资源分配情况

进程	最大需求	已有量
A	9	3
B	4	2
C	7	2

(1) 此状态是否是安全状态?

(2) 现在进程 B 提出一个资源请求,系统应该接受该请求吗?

(3) 在表 4-7 的基础上进程 A 提出一个请求,系统应该接受该请求吗?

解:

(1) 根据题意,系统的资源分配情况如表 4-8 所示。

表 4-8 (1)的系统资源分配情况

进程	Max	Allocation	Need	Available
A	9	3	6	3
B	4	2	2	
C	7	2	5	

此时存在一个安全序列< B,C,A >,系统处于安全状态,如表 4-9 所示。

表 4-9　安全状态分析

进程	Work	Need	Allocation	Work+Allocation	Finish
B	3	2	2	5	true
C	5	5	2	7	true
A	7	6	3	10	true

(2) 当B提出一个资源请求,其提出的请求既没超过自己的最大需求量,也没有超过可用资源数量,即

```
RequestB(1)≤NeedB(2)
RequestB(1)≤Available(3)
```

系统假定接受它,资源分配如表 4-10 所示。

表 4-10　(2)的系统资源分配情况

进程	Max	Allocation	Need	Available
A	9	3	6	2
B	4	3	1	
C	7	2	5	

再用安全性测试算法检查系统此时的状态是否安全,得到如表 4-11 所示的安全状态分析表。

表 4-11　B 申请资源时的安全状态分析

进程	Work	Need	Allocation	Work+Allocation	Finish
B	2	1	3	5	true
C	5	5	2	7	true
A	7	6	3	10	true

此时存在一个安全序列< B,C,A >,系统处于安全状态,可以正式把资源分配给 B。

(3) 当A提出一个资源请求,其提出的请求既没超过自己的最大需求量,也没有超过可用资源数量,即

```
RequestA(1)≤NeedA(6)
RequestA(1)≤Available(3)
```

系统假定接受它,资源分配如表 4-12 所示。

表 4-12　(3)的系统资源分配情况

进程	Max	Allocation	Need	Available
A	9	4	5	2
B	4	2	2	
C	7	2	5	

再用安全性测试算法检查系统此时的状态是否安全,得到如表 4-13 所示的安全状态分析表。

表 4-13　A 申请资源时的安全状态分析

进程	Work	Need	Allocation	Work+Allocation	Finish
B	2	2	2	4	true

此时系统不存在一个安全序列，系统处于不安全状态，在进程 B 执行完后，系统无法满足其余进程的需求，不能为 A 分配资源。

例 4-2 假设系统中共有 5 个进程{P0，P1，P2，P3，P4}和 A、B、C 三类资源；A 类资源共有 10 个，B 类资源共有 5 个，C 类资源共有 7 个。在时刻 T_0，系统资源分配情况如表 4-14 所示。

表 4-14 系统资源分配情况

进程	Allocation			Max			Available		
	A	B	C	A	B	C	A	B	C
P0	0	1	0	7	5	3	3	3	2
P1	2	0	0	3	2	2			
P2	3	0	2	9	0	2			
P3	2	1	1	2	2	2			
P4	0	0	2	4	3	3			

(1) T_0 时刻是否安全？

(2) P1 又要请求一个 A 类资源和两个 C 类资源，系统应该接受该请求吗？

(3) 在(2)的基础上，P4 请求三个 A 类资源和三个 B 类资源，系统应该接受该请求吗？

(4) 在(2)的基础上，P0 请求两个 B 类资源，系统应该接受该请求吗？

解：

(1) 根据题意，系统的资源分配情况如表 4-15 所示。

表 4-15 (1)的系统资源分配情况

进程	Allocation			Max			Need			Available		
	A	B	C	A	B	C	A	B	C	A	B	C
P0	0	1	0	7	5	3	7	4	3	3	3	2
P1	2	0	0	3	2	2	1	2	2			
P2	3	0	2	9	0	2	6	0	0			
P3	2	1	1	2	2	2	0	1	1			
P4	0	0	2	4	3	3	4	3	1			

此时存在一个安全序列< P1，P3，P4，P2，P0 >，系统处于安全状态，如表 4-16 所示。

表 4-16 安全状态分析

进程	资源												Finish
	Work			Need			Allocation			Work+Allocation			
	A	B	C	A	B	C	A	B	C	A	B	C	
P1	3	3	2	1	2	2	2	0	0	5	3	2	true
P3	5	3	2	0	1	1	2	1	1	7	4	2	true
P4	7	4	3	4	3	1	0	0	2	7	4	5	true
P2	7	4	5	6	0	0	3	0	2	10	4	7	true
P0	10	4	7	7	4	3	0	1	0	10	5	7	true

(2) 按照银行家算法进行检测:

```
Request1(1,0,2)≤Need1(1,2,2)
Request1(1,0,2)≤Available(3,3,2)
```

系统尝试先为P1分配资源,修改Allocation、Need和Available,得到如表4-17所示的新状态。

表4-17 (2)的系统资源分配情况

进程	Allocation			Max			Need			Available		
	A	B	C	A	B	C	A	B	C	A	B	C
P0	0	1	0	7	5	3	7	4	3	2	3	0
P1	3	0	2	3	2	2	0	2	0			
P2	3	0	2	9	0	2	6	0	0			
P3	2	1	1	2	2	2	0	1	1			
P4	0	0	2	4	3	3	4	3	1			

再用安全性测试算法检查系统此时的状态是否安全,得到如表4-18所示的安全状态分析表。

表4-18 P1申请资源时的安全状态分析

进程	资源				Finish
	Work	Need	Allocation	Work+Allocation	
	A B C	A B C	A B C	A B C	
P1	2 3 0	0 2 0	3 0 2	5 3 2	true
P3	5 3 2	0 1 1	2 1 1	7 4 2	true
P4	7 4 3	4 3 1	0 0 2	7 4 5	true
P0	7 4 5	7 4 3	0 1 0	7 5 5	true
P2	7 5 5	6 0 0	3 0 2	10 5 7	true

可见能够找到一个安全序列< P1,P3,P4,P0,P2 >,因此,系统此时处于安全状态,可以把资源分配给P1。

(3) 按照银行家算法进行检测:

```
Request4(3,3,0)≤Need4(4,3,1)
Request4(3,3,0)≤Available(2,3,0)不成立
```

由于这时可用系统资源不足,申请被系统拒绝,令进程P4阻塞。

(4) 按照银行家算法进行检测:

```
Request0(0,2,0)≤Need0(7,4,3)
Request0(0,2,0)≤Available(2,3,0)
```

系统尝试先为P0分配资源,修改Allocation、Need和Available,得到如表4-19所示的新状态。

表 4-19 (4)的系统资源分配情况

进程	Allocation			Max			Need			Available		
	A	B	C	A	B	C	A	B	C	A	B	C
P0	0	3	0	7	5	3	7	2	3	2	1	0
P1	3	0	2	3	2	2	0	2	0			
P2	3	0	2	9	0	2	6	0	0			
P3	2	1	1	2	2	2	0	1	1			
P4	0	0	2	4	3	3	4	3	1			

此时,利用安全性测试算法检查发现,剩余资源已不能满足任何进程的新需求,故系统已处于不安全状态,不能为 P0 分配资源。

4.4 死锁预防

死锁预防

前面介绍了出现死锁的情况有四个必要条件,如果能对进程施加适当的限制,只要确保至少一个必要条件不成立,就能预防死锁的发生。

4.4.1 破坏互斥

如果允许系统中的所有资源都能共享使用,即破坏死锁的"互斥"使用条件,系统将不会发生死锁。但是,临界资源本身的性质决定其不能共享使用,否则无法保证正确性。打印机就是一个典型代表,如进程能共享使用打印机,则打印出的结果没有任何意义。系统可以通过借助 SPOOLing 技术允许多个进程同时产生打印数据。该模型中唯一真正申请物理打印机的进程是打印管理进程,由于它决不会申请别的设备,所以不会因打印机而发生死锁,但 SPOOLing 技术并非适用于所有的设备(如进程表),而且在 SPOOLing 对磁盘空间本身进行竞争时也可能导致死锁。所以这种做法在许多场合行不通。系统不但不能破坏"互斥"条件,还要采取各种办法保证独占资源的互斥使用。

因此,死锁预防策略主要集中针对其他三个条件来进行。

4.4.2 破坏占有且等待

破坏这个条件的办法很简单,可采用静态分配资源方法。所谓静态分配策略也称为资源的一次性分配法。进程运行前,系统一次性地分配其运行所需的所有资源,而不是随着进程的推进陆续分配。由于进程运行前一次性地获得了所需的所有资源,该进程可顺利执行完毕,不会发生死锁。

这种预防死锁的方法其优点是简单、易于实现且很安全。但这种策略严重地降低了资源利用率。因为,在每个进程所占有的资源中,有些资源在进程执行后期才使用,甚至有些资源在例外的情况下被使用。因此就可能造成一个进程占有了一些几乎不用的资源而使其他想用这些资源的进程产生等待。

例如,一个进程需要将数据从 DVD 驱动器复制到磁盘文件,并对磁盘文件进行排序,再将结果打印。如果所有资源必须在进程运行之前申请,那么进程必须一开始就申请 DVD 驱动器、磁盘文件和打印机。在整个执行期间. 进程会一直占用驱动器、磁盘文件和打印机,直到运行结束才释放。打印机是在进程运行结束时才完成打印工作的,因此该设备在整个分配过程中很长时期都处于空闲状态。

4.4.3 破坏不可抢占

抢占调度能够防止死锁,但一般只适用于主存和处理器资源。方法一是占有资源的进程若要申请新的资源,必须主动放弃已占用资源(抢占式),若仍需占有此资源,应该向系统重新提出申请,从而破坏了不抢占条件,但会造成进程重复的申请和释放资源,一般不采用此方法;方法二是资源管理程序为进程分配新资源时,若有则分配之,否则将抢占此进程所占有的全部资源,并让进程进入等待资源的状态,资源充足后再唤醒它重新申请所需资源。

破坏不可抢占实现复杂,开销较大。因为一个资源在使用一段时间后,它的被迫释放可能会造成前段时间工作的失效,即使采取了某些防范措施,也还会使进程前后两次运行的信息不连续。例如,进程在运行过程中已用打印机输出信息,但中途又因申请另一资源未果而被迫暂停运行并释放打印机,后来系统又把打印机分配给其他进程使用。当进程再次恢复运行并再次获得打印机继续打印时,这前后两次打印输出的数据并不连续,即打印输出的信息中间有一段是另一进程的。此外该策略还可能由于反复地申请和释放资源,使进程的执行无限推迟,延长了进程的周转时间,增加了系统开销,降低了系统吞吐量。因此可以看出破坏不可抢占的主要缺点是系统代价较大,即在剥夺用户资源时,要保存进程的上下文现场,在进程重新获得资源时,要恢复进程上下文现场,系统开销较大,程序执行延迟。同时临界资源不可抢占。如果强行抢占,会产生不良后果。

4.4.4 破坏环路等待

环路等待出现的根本原因是并发执行进程请求资源的顺序是随机的。假如有两个进程,一个进程先申请资源A再申请资源B,另一个进程先申请资源B再申请资源A。这两个进程随机推进时,就可能产生死锁。如果系统事先对所有资源类型进行排序,且要求每个进程按照递增顺序来申请资源,这样一来,进程在申请、占用资源时就不会形成资源申请环路,也就不会发生环路等待。

例如,某系统规定磁带机的整数编号为1,磁盘机的编号为6,打印机的编号为16。按照上述规定,一个进程在执行过程中要使用磁带机和打印机,进程必须先申请磁带机,然后再申请打印机,不能颠倒次序,就可以防止系统发生死锁,因此采用有序使用资源的方法能够有效地破坏环路等待条件。

一般情况下,系统给资源进行编号时要充分考虑资源的一般使用顺序。例如:输入设备通常在输出设备之前被使用,因此磁盘机的编号通常比打印机的编号小。

将系统中所有资源按类型编号、进程按照资源编号递增顺序申请资源的办法消除了死锁产生的必要条件,同时提高了系统资源利用率和系统吞吐量。但此方法也存在着不足,一方面用户进程必须知道资源的请求顺序,不方便用户使用;另一方面,如果进程当前不使用某个资源Ri,但是由于要请求序号比资源Ri大的资源Rj而要先请求资源Ri,这就会导致资源Ri分配给进程后要隔很久才会被用到,从而导致资源Ri利用率的降低。此外,给系统中所有资源合理地编号也非易事。资源编号一旦确定就需相对稳定,这在某种程度上限制了新类型资源的增加。

4.5 活锁与饥饿

1. 活锁

解决进程互斥地进入临界区或存取资源时可以利用锁原语实现，但是这种机制存在忙等问题。例如，进程 A 和 B 都要使用临界资源 R 和 S，它们的执行流程如下所示。

```
进程 A:                    进程 B:
{lock(R);                  {lock(S);
{lock(S);                  {lock(R);
使用资源 R 和 S;           使用资源 R 和 S;
释放资源 R 和 S;           释放资源 R 和 S;
unlock(S);}                unlock(R);}
unlock(R);}                unlock(S);}
```

如果进程 A 先运行并得到资源 R，接着进程 B 运行并得到资源 S，那么下面不管哪个程序运行都不会有任何进展。其结果是：A 轮询，消耗完分给它的时间片，切换到 B，B 轮询，消耗完分给它的时间片，再切换到 A，如此往复。从表面上看，好像发生死锁了，但是它们都没有被阻塞，都可以活动，这种现象就是活锁(Livelock)。

活锁也经常出人意料地产生，可以通过限制进程对资源的申请数量或规定申请顺序等办法来解决。其实比起限制用户去使用一个进程、一个打开的文件或任意一种资源来说，大多数用户可能更愿意选择一次偶然的活锁(或者甚至是死锁)。所以在解决活锁或死锁的过程中，要考虑效率和便捷性等问题。

2. 饥饿

与死锁和活锁非常相似的一个问题是饥饿。进程在其生命周期中需要很多不同类型的资源。由于进程往往是动态创建的，这样在任何时候系统中都会出现资源申请，合适为哪个进程分配资源，以及分配多少资源都是系统分配资源的策略问题。在某些策略下，系统会出现这样一种状态：在可预计的时间内，某个或某些进程永远得不到完成工作的机会，因为它们所需的资源总是被别的进程占有或抢占，即进程被无限制地推后，尽管它可能没有被阻塞，这种状态称作“饥饿”。

例如，考虑打印机分配。现在假设若干个进程同时请求打印机，究竟哪一个进程能获得打印机呢？系统可能采用的一种方案：优先把打印机分配给打印的文件最小的那个(假设这个信息可知)。这个方法让尽量多的用户满意，并看起来公平，但存在这样一个可能性：在一个繁忙的系统中，某个进程要打印的文件很大，每当打印机空闲，系统纵观所有进程，并把打印机分配给打印最小文件的进程。如果在一个稳定的进程流中，其中的进程都是只打印小文件，那么要打印大文件的进程永远也得不到打印机，导致它会饥饿而死。

饥饿虽然与死锁相近，但不同于死锁，死锁的进程都必定处于阻塞态，而饥饿的进程不一定被阻塞，可以在就绪态。

饥饿可以通过先来先服务资源分配策略来避免，采用这种方法等待最久的进程可以成为下一个被服务的进程，从而获得所需资源完成自己的工作。

小　　结

死锁是所有操作系统都面临的潜在问题。在一组进程中,每个进程都因等待由该组进程中的另一进程所占有的资源而导致阻塞,死锁就发生了。死锁产生的根本原因有两个:一是系统中的资源数目不能满足多个并发进程的全部资源需求,各进程竞争资源,如系统对资源分配不合理就会产生死锁,简记为资源竞争;二是并发执行进程间的推进顺序不合理也可能产生死锁,简记为推进顺序非法。

系统产生死锁有四个必要条件:互斥条件、占有且等待条件、不抢占条件和环路等待条件。解决死锁的方法有:死锁检测和恢复、避免死锁、预防死锁。死锁的检测和恢复表示对资源的申请和分配不施加任何限制,但必须建立检测机制,周期性地检测是否发生死锁,如果检测发现死锁则采取措施恢复死锁。避免死锁采用动态分析和检测新的资源请求和资源的分配情况,以确保系统始终处于安全状态,其中最著名的算法是银行家算法。预防死锁包括使用假脱机技术(破坏互斥条件)、资源一次性分配(破坏占有且等待条件)、抢占资源(破坏不抢占条件)、资源有序分配法(破坏环路等待条件)。

活锁和饥饿是同死锁非常相似的问题,但在技术上不同,活锁包含的是实际并没有被锁住的进程,而饥饿可以通过先来先服务的分配策略来避免。

第5章 内存管理

内存是计算机中一种需要认真管理的重要资源。就目前来说，虽然一台普通家用计算机的内存容量已经是20世纪60年代早期全球最大的计算机IBM 7094的内存容量一万倍以上，但是程序大小的增长速度比内存容量的增长速度要快得多。正如帕金森定律所指出的："不管存储器有多大，程序都可以把它填满"。

每个程序员都梦想拥有这样的内存：它是私有的、容量无限大的、速度无限快的、价格低廉的，并且是永久性的存储器。遗憾的是，目前的技术还不能为我们提供这样的内存。

除此之外的选择是什么呢？经过多年探索，人们提出了"分层存储器体系"的概念，即在这个体系中，计算机有若干兆字节(MB)快速、昂贵且易失性的高速缓存，若干吉字节(GB)速度与价格适中且同样易失性的内存，以及若干太字节(TB)低速、廉价、非易失性的磁盘存储，另外还有诸如DVD和U盘等可移动存储装置。操作系统的工作是将这个存储体系抽象为一个有用的模型并管理这个抽象模型。

操作系统中管理分层存储体系的部分称为存储管理器。它的任务是有效地管理内存，即记录哪些内存是正在使用的，哪些内存是空闲的；在进程需要时为其分配内存，在进程使用完后释放内存。

5.0 问题导入

在现代操作系统中同时有多个进程在运行，每个进程的程序和数据都需要放在内存中，那么程序员在编写程序时是否需要知道程序和数据的存放位置呢？如果不知道，那么多个进程同时在内存中运行，每个进程应占用哪些空间呢，如何保证各个进程占用的空间不冲突呢？内存空间如何进行分配和管理呢？

5.1 内存管理概述

5.1.1 存储结构

在现代计算机系统中，存储部件通常是采用层次结构来组织，以便在成本、速度和规模等诸因素中获得较好的性价比。现代通用计算机的存储层次至少应具有三级：最高层为CPU寄存器，中间层为主存，最底层为辅存。在较高档的计算机中，还可以根据具体的功能分工细化为寄存器、高速缓存、主存储器、磁盘缓存、磁盘、可移动存储介质等。如图5-1所示，在存储层次中越往上，存储介质的访问速度越快，价格越高，相对存储容量越小。对于不同层次的存储介质，由操作系统进行统一的管理。其中，寄存器、高速缓存、主存储器和磁盘缓存均属于操作系统存储管理的管辖范畴,掉电后它们存储的信息不再存在。固定磁盘和可移动存储介质属于设备管理的管辖范畴,它们存储的信息将被长期保存。而磁盘缓存本身并不是一种实际存在的存储介质,它依托于固定磁盘,提供对主存储器存储空间的扩充。

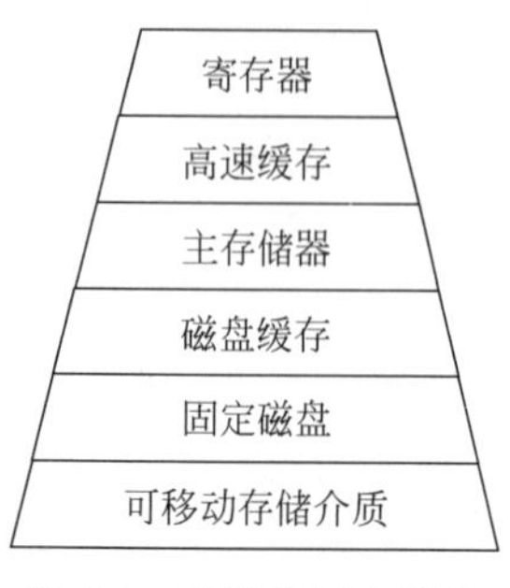

图 5-1　存储器层次结构

主存储器(简称内存或主存)是计算机系统中的一个主要部件,用于保存进程运行时的程序和数据,也称为可执行存储器,目前其容量一般为数十 MB 到数 GB,而且容量还在不断增加,而嵌入式计算机系统一般仅有几十 KB 到几 MB。CPU 的控制部件只能从主存中取得指令和数据,数据能够从主存读取并将它们装入到寄存器中,或者从寄存器存入到主存中。CPU 与外围设备之间交换的信息一般也依托主存地址空间。由于主存的访问速度远远低于 CPU 的执行速度,为缓和这一矛盾,计算机系统引入了寄存器和高速缓存。

寄存器访问速度最快,完全能与 CPU 协调工作,但价格昂贵、容量小,一般以字(Word)为单位。一个计算机系统可能包括几十个甚至上百个寄存器,而嵌入式计算机系统一般仅有几个到几十个寄存器,其用于加速存储访问速度,如用寄存器存放操作数,或用作地址寄存器加快地址转换速度。

高速缓存(Cache)是现代计算机结构中的一个主要部件,其容量大于寄存器,从几十 KB 到几 MB,访问速度快于主存。

5.1.2　内存管理的目标

对于管理来说,我们要问的第一个问题当然是内存管理要达到的目标或目的。

内存管理就是要提供一个虚幻的景象,就像钱,虚的东西,实际上一文不名,但是大家认为它有这个价值。一个东西的价值在于能否满足我们的渴望和需要。如果能,这个东西就有价值。那么内存管理就是要提供一个有价值的虚幻。用术语来说就是抽象。那么内存管理要提供哪些抽象呢?或者说,内存管理要达到什么目标呢?

首先,由于多道程序同时存放在内存中,操作系统要保证它们之间互不干扰。所谓的互不干扰就是一个进程不能随便访问另一个进程的地址空间。这是内存管理要达到的第一个目标。

那还有没有别的目标呢?我们看一下程序指令执行的过程。程序指令在执行前加载到内存,然后从内存中将一条条指令读出,执行相应的操作(从硬件层来看,指令的"读取-执行"循环是计算机的基本操作)。每条指令在执行时需要读取操作数和写入运算结果。要读取操作数,就需要给出操作数所在的内存地址,这个地址不能是物理主存地址。这是因为该程序在何种硬件配置的机器上运行并不能事先确定,操作系统自然不可能对症下药地发出对应于某台机器的物理主存地址。因此,指令里面的地址是程序空间(虚拟空间)的虚拟地址(程序地址)。即程序发出的地址与具体机器的物理主存地址是独立的。这是内存管理要达到的另外一个目标。

综上所述,内存管理要达到如下两个目标。

(1) 地址保护。一个程序不能访问另一个程序的地址空间。

(2) 地址独立。程序发出的地址应与物理主存地址无关。

这两个目标就是衡量一个内存管理系统是否完善的标准。它是所有内存管理系统必须提供的基本抽象。当然,不同的内存管理系统在此二者之上还提供了许多其他抽象。本书将在后面论及这些抽象时逐一说明。

5.1.3 操作系统在内存中的位置

操作系统在内存中的位置

从根本上来说,计算机里面运转的程序有两种:管理计算机的程序和使用计算机的程序。正如本书前面多次提到,操作系统就是管理计算机的程序。而管理者本身也需要使用资源。其中的一个资源就是内存空间。内存管理的第一个问题是操作系统本身在内存中的存放位置。应该将哪一部分的内存空间用来存放操作系统呢?或者说,如何将内存空间在操作系统和用户程序之间进行分配呢?

最简单的方式就是将内存划分为上下两个区域,操作系统和用户程序各占用一个区域,如图 5-2 所示。

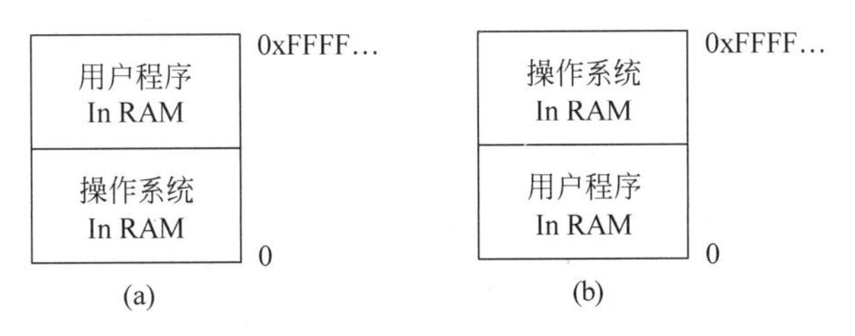

图 5-2　仅有 RAM 时操作系统与用户程序的内存分配

比较起来图 5-2(a)的构造最容易理解。因为操作系统是为用户提供服务的,在逻辑上处于用户程序之下。将其置于地址空间的下面,符合人们的惯性思维。另外,操作系统处于地址空间下面还有一个实际好处:就是在复位、中断、陷入等操作时,控制移交给操作系统更方便,因为操纵系统的起始地址为 0,无须另行记录操作系统所处的位置,程序计数器清零就可以了。清零操作对于硬件来说非常简单,无须从总线或寄存器读取任何数据;而图 5-2(b)的布置虽然也可以工作,但显然与人们习惯中操作系统在下的惯性思维不符。

当然,除了上述两种分配方式外,如果愿意,也可以将操作系统和用户程序分拆,形成穿插的分配方式。只不过这样做没有半点好处,白白增加管理的复杂性。

由于现代的计算机内存除了 RAM 之外,可能还备有 ROM。而操作系统既可以全部存放在 ROM 里,也可以部分存放在 ROM 里,这样又多出了两种分配方式,如图 5-3 所示。

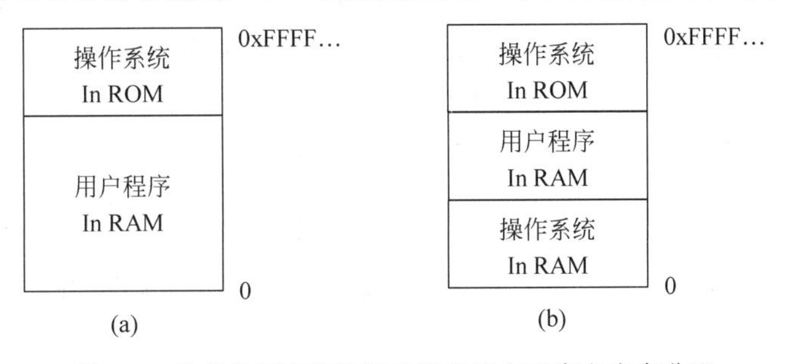

图 5-3　备有 ROM 时操作系统和用户程序之内存分配

图 5-3(a)模式下操作系统放在 ROM 里面的好处是不容易被破坏,缺点是 ROM 要做得大,能够容纳整个操作系统。由于 ROM 比较贵,通常情况下是备有少量的 ROM,只将操

作系统的一部分放在 ROM 里,其余部分放在 RAM 里,因此,这两种分配模式以图 5-3(b)为佳。

图 5-3(b)分配模式还有另外一个好处:可以将输入/输出和内存访问统一起来。即将输入/输出设备里面的寄存器或其他存储媒介编入内存地址(在用户程序地址之上),使得访问输入/输出设备如同访问内存一样。这种输入/输出称为内存映射的输入/输出。如果要访问的地址高于 RAM 的最高地址,则属于 I/O 操作,否则属于正常内存操作。

这样,根据操作系统是否占用 ROM 或是否采用内存映射的输入/输出来分,存在以下两种模式。

(1) 操作系统占用 RAM 的底层,用户程序占用 RAM 的上层。

(2) 操作系统占用 RAM 的底层和位于用户程序地址空间上面的 ROM,用户程序位于中间。

第二种模式又分为以下三种情况。

(1) 没有使用内存映射的输入/输出,ROM 里面全部是操作系统。

(2) 使用了内存映射的输入/输出,ROM 的一部分是操作系统,另一部分属于 I/O 设备。

(3) 使用了内存映射的输入/输出,ROM 全部属于 I/O 设备。

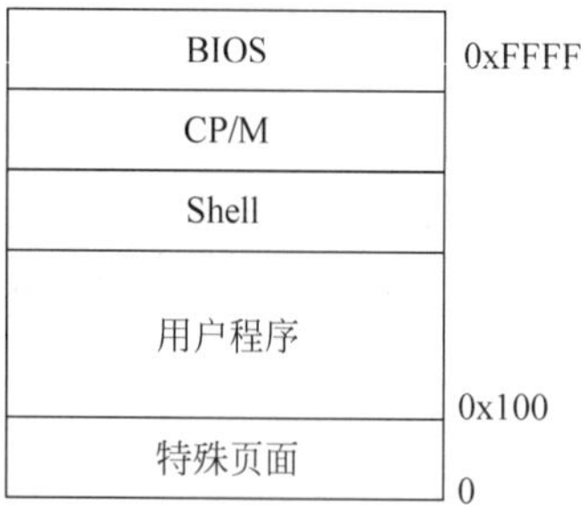

BIOS	0xFFFF
CP/M	
Shell	
用户程序	0x100
特殊页面	0

图 5-4 CP/M 操作系统内存布局

例如,CP/M 操作系统的内存布局模式就是上述第一种情况,其 BIOS 和 CP/M 内核均处于 ROM 里面,而 Shell 和用户程序处于 RAM 里,如图 5-4 所示。

CP/M 是微计算机控制程序(Control Program for Microcomputers)的缩写,它是一个运行在 Intel 8080 和 Intel 8085 微机上的早期操作系统。

多数现代操作系统采用的是第二种模式:即 ROM 里面包括操作系统一部分和 I/O,RAM 里面则包括操作系统的其他部分和用户程序。Solaris 10 操作系统采用的则是图 5-3(b)模式,即操作系统在上面,用户程序在下面。

5.1.4 虚拟内存的概念

虚拟内存的概念听上去有点太虚拟,但其实质则并不难理解。我们知道,一个程序如果要运行,必须加载到物理主存中。但是,物理主存的容量非常有限。因此,如果要把一个程序全部加载到物理主存,则我们所能编写的程序将是很小的程序。它的最大容量受制于主存容量(还要减去操作系统所占的空间和一些临时缓存空间)。另外,即使我们编写的每个程序的尺寸都小于物理主存容量,但还是存在一个问题:主存能够存放的程序数量将是很有限的,而这将极大地限制多道编程的发展。

如何解决物理主存容量偏小的缺陷呢?最简单的办法就是购买更大的物理主存。而这将造成计算机成本的大幅飙升,可能很多人都会买不起计算机。

有没有办法在不增加成本的情况下扩大内存容量呢?有,这就是虚拟内存。

虚拟内存的中心思想是将物理主存扩大到便宜、大容量的磁盘上,即将磁盘空间看作主存空间的一部分。用户程序存放在磁盘上就相当于存放在主存内。用户程序既可以完全存放在主存，也可以完全存放在磁盘上，当然也可以部分存放在主存、部分存放在磁盘。而在程序执行时，程序发出的地址到底是在主存还是在磁盘则由操作系统的内存管理模块负责判断，并到相应的地方进行读写操作。事实上，可以更进一步，将缓存和磁带也包括进来，构成一个效率、价格、容量错落有致的存储架构。即虚拟内存要提供的就是一个空间像磁盘那样大、速度像缓存那样高的主存储系统，如图 5-5 所示。而对程序地址所在位置（缓存、主存和磁盘）的判断则是内存管理系统的一个中心功能。

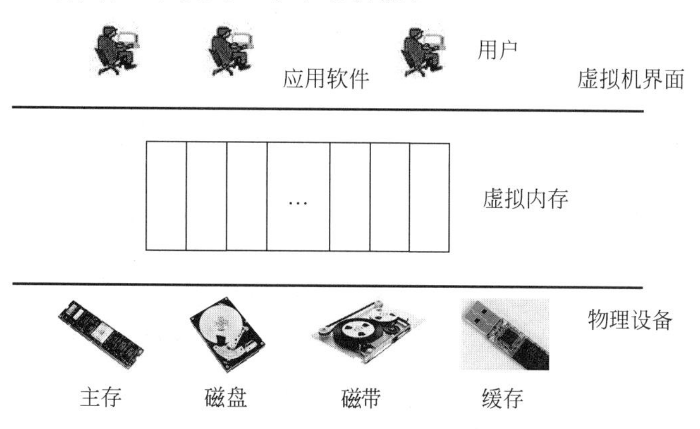

图 5-5　虚拟内存所提供的抽象

值得特别指出的是，虚拟内存是操作系统发展史上的一个革命性突破（当然，它也是使操作系统变得更加复杂的一个主要因素）。因为有了虚拟内存，我们编写的程序从此不再受尺寸的限制（当然还受制于虚地址空间大小的限制）。

虚拟内存除了让程序员感觉到内存容量大大增加之外，还让程序员感觉到内存速度也加快了。这是因为虚拟内存将尽可能从缓存满足用户访问请求，从而给人以速度提升了的感觉。从这个角度来看，虚拟内存就是实际存储架构与程序员对内存的要求之间的一座桥梁。

当然，容量增大也好，速度提升也好，都是虚拟内存提供的一个幻象，实际上并不是这么回事儿，但用户感觉到是真的，这就是魔术。操作系统的一个角色就是魔术师。

5.2　内存管理的基础

当研究与内存管理相关的各种机制和策略时，清楚内存管理的基础内容是非常有用的。内存管理的基础需求如下。

（1）重定位。

（2）保护。

（3）共享。

（4）逻辑组织。

（5）物理组织。

重定位、保护与共享

5.2.1　重定位

在多道程序设计系统中，可用的内存空间通常被多个进程共享。通常情况下，程序员并不能事先知道在某个程序执行期间会有其他哪些程序驻留在内存中。此外还希望通过提供一个巨大的就绪进程池,能够把活动进程换入或换出内存,以便使处理器的利用率最大化。一旦程序被换出到磁盘,当下一次被换入时,如果必须放在和被换入前相同的内存区域,那么这将会是一个很大的限制。为了避免这种限制,需要把进程重定位到内存的不同区域。

因此,事先不知道程序将会被放置到哪个区域,并且必须允许程序通过交换技术(Swapping)在内存中移动。这关系到一些与寻址相关的技术问题,如图5-6所示。该图描述了一个进程映像。为简单起见,假设该进程映像占据了内存中一段相邻的区域。显然,操作系统需要知道进程控制信息和执行栈的位置,以及该进程开始执行程序的入口点。由于操作系统管理内存并负责把进程放入内存,因此可以很容易地访问到这些地址。此外,处理器必须处理程序内部的内存访问。跳转指令包含下一步将要执行的指令的地址,数据访问指令包含被访问数据的字节或字的地址。处理器硬件和操作系统软件必须能够通过某种方式把程序代码中的内存访问转换成实际的物理内存地址,并反映程序在内存中的当前位置。

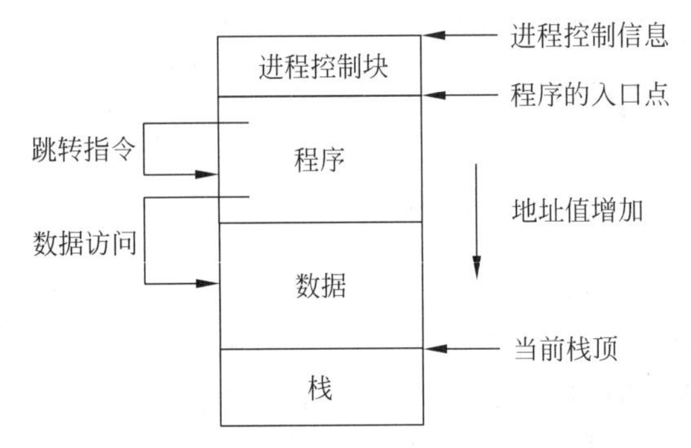

图5-6 进程在寻址方面的需求

5.2.2 保护与共享

每个进程都应该受到保护,以免被其他进程有意或无意地干涉。因此,该进程以外的其他进程中的程序不能未经授权地访问(进行读操作或写操作)该进程的内存单元。在某种意义上,要满足重定位的需求增加了满足保护需求的难度。由于程序在内存中的位置是不可预测的,因而在编译时不可能检查绝对地址来确保保护。并且,大多数程序设计语言允许在运行时进行地址的动态计算(例如,计算数组下标或数据结构中的指针)。因此,必须在运行时检查进程产生的所有内存访问,以确保它们只访问了分配给该进程的内存空间。幸运的是,既支持重定位也支持保护需求的机制已经存在。

通常,用户进程不能访问操作系统的任何部分,不论是程序还是数据。并且,一个进程中的程序通常不能跳转到另一个进程中的指令。如果没有特别的许可,一个进程中的程序不能访问其他进程的数据区。处理器必须能够在执行时终止这样的指令。

注意,内存保护的需求必须由处理器(硬件)来满足,而不是由操作系统(软件)来满足。这是因为操作系统不能预测程序可能产生的所有内存访问;即使可以预测,提前审查每个进程中可能存在的内存违法访问也是非常费时的。因此,只能在指令访问内存时来判断这个内存访问是否违法(存取数据或跳转)。为实现这一点,处理器硬件必须具有这个能力。

任何保护机制都必须具有一定的灵活性,以允许多个进程访问内存的同一部分。例如,如果多个进程正在执行同一个程序，则允许每个进程访问该程序的同一个副本要比让每个进程有自己单独的副本更有优势。合作完成同一个任务的进程可能需要共享访问相同的数据结构。因此内存管理系统必须允许对内存共享区域进行受控访问，而不会损害基本的保护。我们将会看到用于支持重定位的机制也支持共享。

5.2.3 逻辑组织

逻辑组织、物理组织

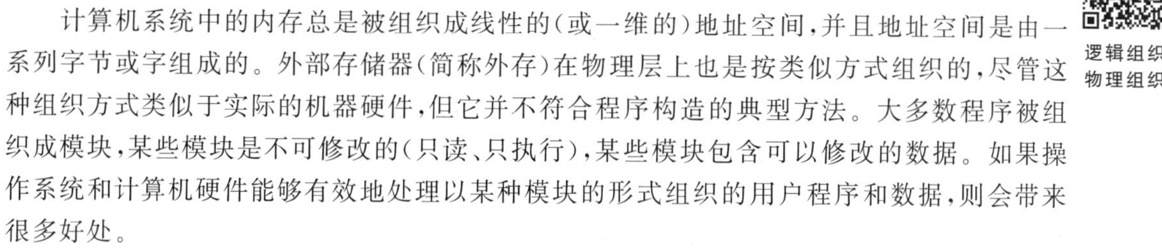

计算机系统中的内存总是被组织成线性的(或一维的)地址空间，并且地址空间是由一系列字节或字组成的。外部存储器(简称外存)在物理层上也是按类似方式组织的，尽管这种组织方式类似于实际的机器硬件，但它并不符合程序构造的典型方法。大多数程序被组织成模块，某些模块是不可修改的(只读、只执行)，某些模块包含可以修改的数据。如果操作系统和计算机硬件能够有效地处理以某种模块的形式组织的用户程序和数据，则会带来很多好处。

(1) 可以独立地编写和编译模块，系统在运行时解析从一个模块到其他模块的所有引用。

(2) 通过适度的额外开销，可以给不同的模块以不同的保护级别(只读、只执行)。

(3) 可以引入某种机制，使得模块可以被多个进程共享。在模块级提供共享的优点在于，它符合用户看待问题的方式，因此用户也可以很容易地指定需要的共享。

最易于满足这些需求的工具是分段，这也是第6章要探讨的一种内存管理技术。

5.2.4 物理组织

正如5.1.1节所论述的，计算机存储器至少要被组织成两级，称为内存和外存。内存提供快速的访问，成本也相对比较高，并且内存是易失性的，即它不能提供永久存储。外存比内存慢而且便宜，它通常是非易失性的。因此，大容量的外存可以用于长期存储程序和数据，而较小的内存则用于保存当前使用的程序和数据。

在这种两级方案中，系统主要关注的是内存和外存之间信息流的组织。可以让程序员负责组织这个信息流，但由于以下两方面的原因，这种方式是不切实际的，也是不合乎要求的。

(1) 可供程序和数据使用的内存可能不足。在这种情况下，程序员必须采用覆盖(Overlaying)技术来组织程序和数据。不同的模块被分配到内存中的同一块区域，主程序负责在需要时换入或换出模块。即使有编译工具的帮助，覆盖技术的实现仍然非常浪费程序员的时间。

(2) 在多道程序设计环境中，程序员在编写代码时并不能知道可用空间的大小及位置。

显然，在两级存储器间移动信息的任务应该是一种系统责任，而该任务恰恰就是存储管理的本质所在。

5.3 单道编程中的内存管理

最简单的内存管理是单道程序下的内存管理。在单道编程环境下，整个内存里面只有两个程序：一个是用户程序，另一个是操作系统。由于只有一个用户程序，而操作系统所占用的内存空间是恒定的，可以将用户程序总是加载到同一个内存地址上，即用户程序永远从同一个地方开始执行。在这种管理方式下,操作系统永远跳转到同一个地方来启动用户程序。这样,用户程序里面的地址都可以事先计算出来,即在程序运行前就计算出所有的物理地址。这种在运行前即将物理地址计算好的方式叫做静态地址翻译。

这种内存管理方式是如何达到内存管理的两个目的的呢?首先看地址独立。固定地址的内存管理达到地址独立了吗?那就看看用户在编写程序时是否需要知道该程序将要运行的物理内存地址。显然不需要,因而用户在编程时用的虚地址无须考虑具体的物理内存,即该管理模式达到了地址独立。那么它是如何达到目的的呢?办法就是将用户程序加载到同一个物理地址上。通过静态编译即可完成虚地址到物理地址的映射,而这个静态翻译工作可以由编译器或者加载器来实现。

那么内存管理的另一抽象,即地址保护,达到了吗?那要看该进程是否会访问到别的用户进程空间,或者别的用户进程是否会访问该进程地址。答案是不会,因为整个系统里面只有一个用户程序。因此,固定地址的内存管理因为只运行一个用户程序而达到地址保护。

固定地址的内存管理单元非常简单,实际上并不需要任何内存管理单元。因为程序发出的地址已经是物理地址,在执行过程中无须进行任何地址翻译。而这种情况的直接结果就是程序运行速度快,因为越过了地址翻译这个步骤。

当然,固定地址的内存管理其缺点也很明显:①整个程序要加载到内存空间中去。这样将导致比物理内存大的程序无法运行。②只运行一个程序造成资源浪费。如果一个程序很小,虽然所用内存空间小,但剩下的内存空间也无法使用。③可能无法在不同的操作系统下运行,因为不同操作系统占用的内存空间大小可能不一样,使得用户程序的起始地址可能不一样。这样在一个系统环境下编译出来的程序很可能无法在另一个系统环境下执行。

5.4 多道编程中的内存管理

单道编程的缺点前面已阐述过,为了克服单道编程的缺点,发明了多道编程。随着多道编程度数的增加,CPU和内存的利用效率也随着增加。当然,这种增加有个限度,超过这个限度,则因为多道程序之间的资源竞争反而造成系统效率下降。

虽然多道编程可以极大地改善CPU和内存的效率,改善用户响应时间,但是天下没有免费的午餐,这种效率和响应时间的改善是需要付出代价的。

这个代价是什么呢?当然是操作系统的复杂性。因为多道编程的情况下,无法将程序总是加到固定的内存地址上,也就是无法使用静态地址翻译。这样就必须在程序加载完毕后才能计算物理地址,也就是在程序运行时进行地址翻译,这种翻译称为动态地址翻译。图5-7描述的就是动态地址翻译的示意图。

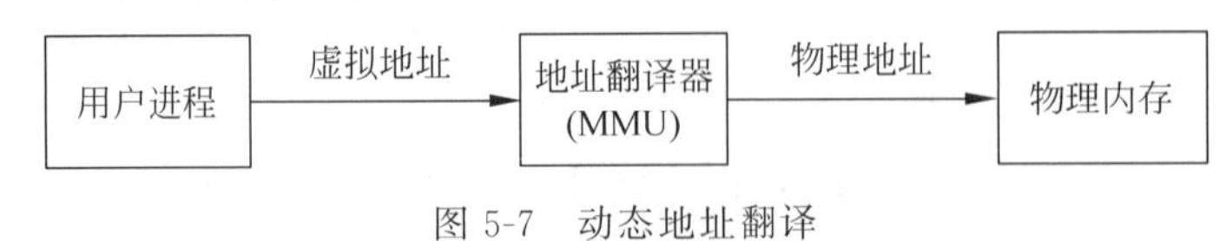

图5-7 动态地址翻译

也许有读者会想,可以在内存固定几个地址出来,比如说4个。这样可以同时加载4个程序到内存,而这4个程序分别加到这4个固定的地址,不就可以进行静态地址翻译了吗?但是谁能提前知道某个特定的程序将加载到4个固定地址的哪一个呢?而且,这样做还将带来地址保护上的困难。既然所有的程序皆发出物理地址，该地址是否属于该程序可以访问的空间将无法确认。这样，程序之间的互相保护就成了问题。

那么多道编程的内存管理是如何进行动态地址翻译的呢？那得看内存管理的策略。多道编程下的内存管理策略有两种：固定分区和非固定分区。

5.4.1 固定分区的多道编程内存管理

固定分区的多道编程内存管理

顾名思义，固定分区的管理就是将内存分为固定的几个区域，每个区域的大小固定。最下面的分区为操作系统占用，其他分区由用户程序使用。这些分区大小可以一样，也可以不一样。考虑到程序大小不一的实际情况，分区的大小通常也各不相同。当需要加载程序时，选择一个当前闲置且容量够大的分区进行加载，如图 5-8 所示。

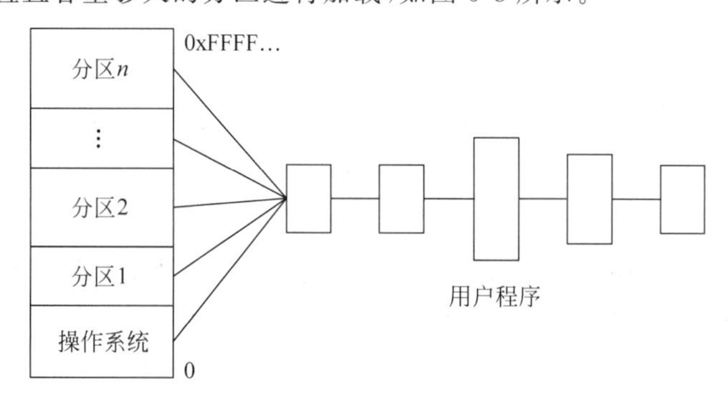

图 5-8 共享队列的固定分区

在这种模式下，当一个新的程序想要运行，必须排在一个共同的队列里等待。当有空闲分区时，才能进行加载。由于程序大小和分区大小不一定匹配，有可能形成一个小程序占用一个大分区的情况，从而造成内存里虽然有小分区闲置，但无法加载大程序的情况。如果在前面加载小程序时考虑到这一点，可以将小程序加载到小分区里，就不会出现这种情况(或者说至少降低这种情况发生的概率)。这样，我们就会想到也许可以采用多个队列，即给每个分区一个队列。程序按大小排在相应的队列里，如图 5-9 所示。

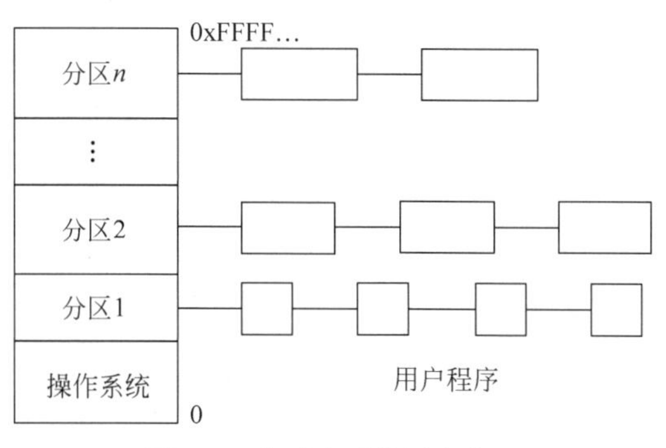

图 5-9 分开队列的固定分区

这样不同的程序有不同的队列，就像在社会中不同的社会阶层有不同的待遇一样。当然，这种方式也有缺点，就是如果还有空闲分区，但等待的程序不在该分区的等待队列上，就将造成有空间而不能运行程序的尴尬处境。

5.4.2 地址翻译的方法

在多道编程环境下,由于程序加载到内存的地址不是固定的(有多个地方可加载),必须对地址进行翻译。那么如何来翻译呢?

地址翻译的方法、动态翻译的优点

我们看到一个程序是加载到内存里事先划分好的某片区域,而且该程序是整个加载进去。该程序里面的虚地址只要加上其所占区域的起始地址即可获得物理地址。因此,翻译过程非常简单:

物理地址=虚拟地址+程序所在区域的起始地址

程序所在区域的起始地址称为(程序)基址。

另外,由于有多个程序在内存空间中,需要进行地址保护。由于每个程序占用连续的一片内存空间,因此只要其访问的地址不超出该片连续空间,则为合法访问。因此,地址保护也变得非常简单,只要访问的地址满足下面的条件即为合法访问。

程序所在区域的起始地址≤有效地址≤程序所在区域的起始地址+程序长度

由此可见,只需要设置两个端值:基址和极限,即可达到地址翻译和地址保护的目的。这两个端值可以由两个寄存器来存放,分别称为基址寄存器和极限寄存器。在固定分区下,基址就是固定内存分区中各个区域的起始内存地址,而极限则是所加载程序的长度(记住,不是内存各个分区的上限)。

这样,每次程序发出的地址需要跟极限比较大小;如果大于极限,则属非法访问。在这个时候将陷入内核,终止进程(在个别操作系统上,也可能进入一个异常处理的过程);否则将基址加上偏移获得物理地址,就可以合法地访问这个物理地址。

```
if (虚拟地址>极限) {
    陷入内核
    终止进程(core dump)
} else {
    物理地址 = 虚拟地址 + 基址
}
```

由此可见,实现基址极限管理的硬件也很简单:一个加法器和一个比较器即可。这样,对每个程序来说,它仿佛独占了一个内存空间从0到极限的计算机,如图5-10所示。

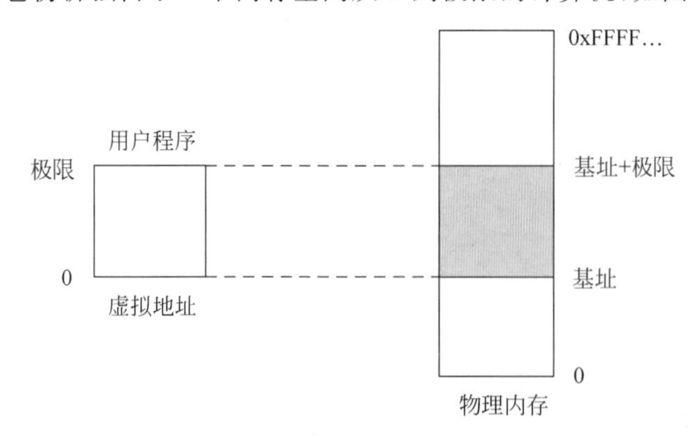

图5-10 基址极限的概念

那么怎么知道一个程序有多大呢?编译过后,就可以得到这个程序的大小。基址和极限是很重要的两个参数,只有内核能够改变它们。如果要切换程序,只需将保存基址和极限寄存器的值按照新程序的情况重新设置即可。

5.4.3 动态地址翻译的优点

动态地址翻译虽然增加了系统消耗,不如静态地址翻译效率高,但其带来的优点远远超过静态地址翻译。第一个优点是灵活。因为实施了动态地址翻译,就无须依赖编译器或加载器来进行静态地址翻译,可以将程序随便加载到任何地方,极大地提高操作系统操作的灵活性。第二个优点是,它是实施地址保护的“不二法门”。要想进行地址保护,就必须对每个访问地址进行检查,而动态地址翻译恰恰就能做到这一点。第三个优点则更为重要,它使虚拟内存的概念得以实现。虚拟内存就是子虚乌有的内存,这个内存的空间可以非常大,比物理空间大很多。那么虚拟内存的根本是将内存扩展到磁盘上,就是将磁盘也当成内存的一部分。从这里可以获得一个重要的推论,就是一个程序可以一半放在磁盘上,一半放在内存上。这样,从物理上讲,一个程序发出的访问地址有可能在内存,也有可能在磁盘。

计算机怎么能知道这个地址所指向的数据在内存还是在磁盘上呢?这无法在静态地址编译时就知道。唯一的方法就是动态地址翻译。在每次内存访问的时候,虚拟地址就是用户每次看到的地址,这个地址只是一个抽象,它需要由内存管理单元进行翻译,变成物理内存地址才能使用。由于这个翻译是在程序执行过程中发生,因此称为动态地址翻译。有了动态地址翻译,编译器和用户进程就再也不用考虑物理地址了。

在动态地址翻译环境下,一个虚拟地址仅在被访问的时候才需要放在内存里,在其他时候并不需要占用内存。由于动态地址翻译可以动态地改变翻译参数或过程,因此可以在程序加载到不同的物理位置时,或不同的虚拟地址占用同一物理地址时,做出正确翻译。在使用基址和极限管理模式下,不同程序进入物理内存时,只需要变更基址和极限寄存器的内容即可。

5.4.4 非固定分区的内存管理

非固定分区的内存管理

前面说过固定分区的内存管理优点就是,直截了当。最大的分区就是能容纳你这个程序的分区。其缺点:一是程序大小和分区大小的匹配不容易令人满意;二是很僵硬,如果有个程序比最大的分区大怎么办呢?三是地址空间无法增长,如果程序在运行时内存需求增长怎么办?很容易想到固定分区为什么有这个缺陷,因为分区是固定大小。这样,我们自然想到用非固定分区的方式来管理多道编程的内存空间。

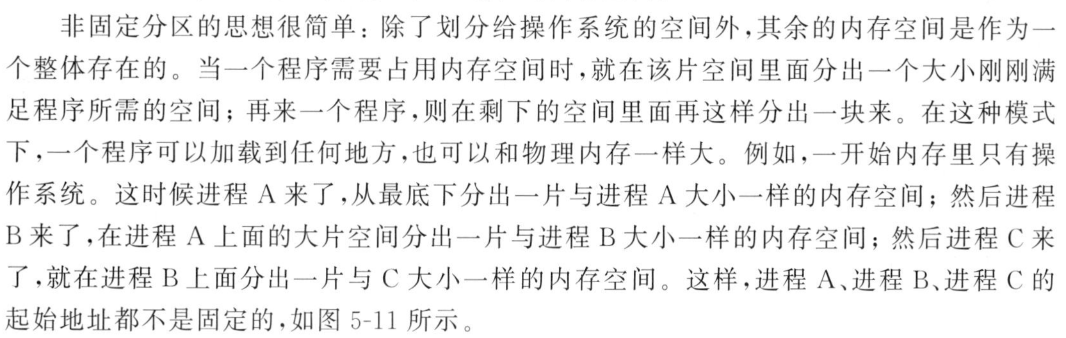
非固定分区的思想很简单:除了划分给操作系统的空间外,其余的内存空间是作为一个整体存在的。当一个程序需要占用内存空间时,就在该片空间里面分出一个大小刚刚满足程序所需的空间;再来一个程序,则在剩下的空间里面再这样分出一块来。在这种模式下,一个程序可以加载到任何地方,也可以和物理内存一样大。例如,一开始内存里只有操作系统。这时候进程 A 来了,从最底下分出一片与进程 A 大小一样的内存空间;然后进程 B 来了,在进程 A 上面的大片空间分出一片与进程 B 大小一样的内存空间;然后进程 C 来了,就在进程 B 上面分出一片与 C 大小一样的内存空间。这样,进程 A、进程 B、进程 C 的起始地址都不是固定的,如图 5-11 所示。

这种非固定分区内存管理的机制也很简单,就是在 5.6.3 节中讲过的基址和极限。对

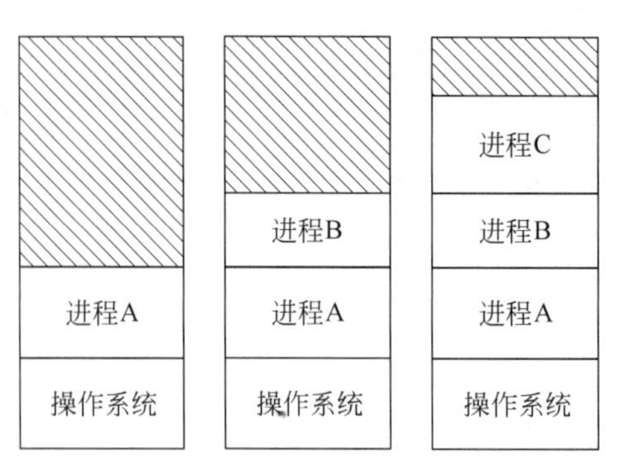

图 5-11　非固定分区的多道编程的内存管理

每一个程序配备两个寄存器：基址寄存器和极限寄存器。所有访问地址都必须在这两个寄存器值框定的空间里，否则就算非法访问。

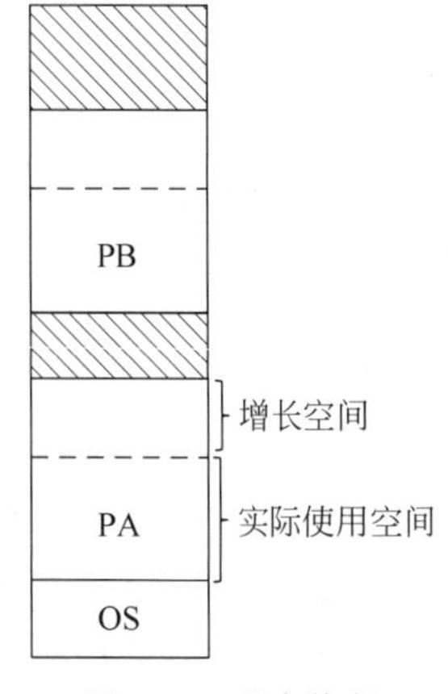

图 5-12　程序执行

仔细的读者可能已经看出，非固定分区这种管理方式存在一个重大问题：每个程序像叠罗汉一样累积，如果程序B在执行过程中需要更多空间，怎么办？例如，一个程序在执行过程中不断产生新的数据从而造成数据所需空间的增长，而不断进行嵌套函数调用的时候又会造成所需栈空间的增长。解决的办法当然是在一开始给程序分配空间时就分配足够大的空间，留有一片闲置空间供程序增长用，如图5-12所示。

图5-12中A、B两个程序分到的空间都大于其实际使用的空间。因此，程序的扩展得到支持。只要程序增长不超过所分配的空间，程序的增长将不受羁绊。

不过，在分配增长空间后需要考虑一个问题。一个程序的空间增长通常有两个来源：数据和栈。如何处理这两种空间增长的关系会对整个程序的扩展性产生影响。

最简单的方式是数据和栈往一个方向增长。这种模式下，事先给数据部分和栈部分分别留下增长空间。这样的优点是两者独立性高，缺点是空间利用率可能较低。例如，如果数据在下，栈在上，当栈长到程序所分配空间的顶时，就无法再长了。即使下面的数据部分还有闲置空间也不能利用。反之，如果数据部分长到了栈的底后也无法再增长，即使栈的上方还有空间。这种情况如图5-13所示。

当然，可以通过移动栈底来解决上述问题。但这样成本就高了，而且十分复杂，容易出错。一个更简单的办法是让数据和栈往相反方向增长。这样，只要本程序的自由空间还有多余，不仅可以进行函数调用，又可以增加新的数据，可以最大限度地利用这片自由空间。这是UNIX采取的策略，如图5-14所示。Windows内存管理则为栈限制了边界，超出该边界将造成程序错误并导致程序终止。

不过，这里还有个问题：操作系统怎么知道应该分配多少空间给一个程序呢？怎么知道该程序会进行多少层嵌套调用，产生多少新的数据呢？如果为保险起见分配一个很大的空间，就有可能造成浪费；而分配小了，则可能造成程序无法继续运行。

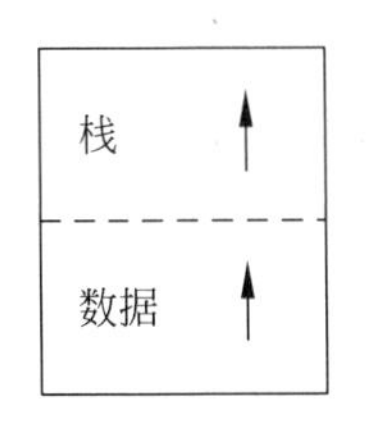

图 5-13　栈和数据同向增长

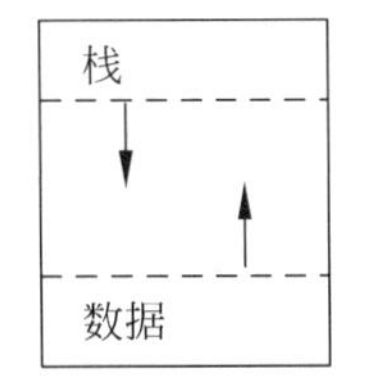

图 5-14　栈和数据逆向增长

那还有没有别的办法呢？有，给该程序换一个空间。就是当一个程序所占空间不够时，将其倒到磁盘上，再加载到一片更大的内存空间里。这种将程序倒到磁盘上，再加载进内存的管理方式称为交换(Swapping)。

5.4.5　交换

交换就是将一个进程从内存倒到磁盘上，再将其从磁盘上加载到内存中的过程。这种交换的主要目的是使程序找到一片更大的空间，从而防止一个程序因空间不够而崩溃。交换的另一目的，是实现进程切换，也就是将一个程序暂停一会儿，让另一个程序运行。不过使用交换进行进程切换的成本颇高，一般不这样做。

例如，在图 5-15(a)的状态下，进程 A 因为空间大小而无法继续执行，便将进程 A 交换到磁盘上，等待大片空间的出现(见图 5-15(b))。这时进程 D 因为占用空间小，可以执行，因此把进程 D 加载进来(见图 5-15(c))。进程 B 执行结束后空出一片空间，和本来的剩余空间合并后形成了一个可以容纳进程 A 的空间(见图 5-15(d))，这时将进程 A 再加载进来，形成图 5-15(e)的状态。

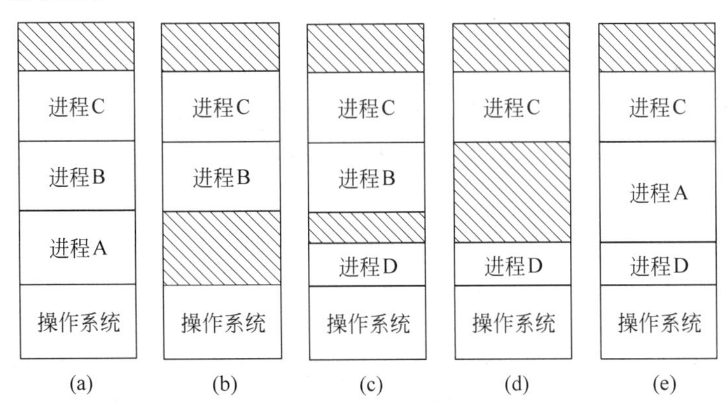

图 5-15　进程 A 因空间增长而交换到更大的空间里

交换和非固定分区一样，每个程序占用一片连续的空间，操作系统使用基址和极限来进行管理。但由于一个程序在执行中可能发生交换，其基址和极限均有可能发生变化。但这种变化对于内存管理来说，并不增加多少难度。只要每次加载程序的时候将基址和极限寄存器的内容进行重载即可。

5.4.6　重叠

前面说过，如果一个程序在执行过程中占用空间增大了，可以通过交换给它找一个更大的空间来执行。这种情况下该程序的增长无法超过物理内存空间的容量。如果一个程序超过了物理内存,还能运行吗?

答案也许出乎意料。能。这个办法就是所谓重叠(Overlay)。重叠就是将程序按照功能分成一段一段功能相对完整的单元。一个单元执行完后,再执行下一个单元,而一旦执行到下一个单元,就不会再执行前面的单元。所以可以把后面的程序单元覆盖到当前程序单元上。这样就可以执行一个比物理内存还要大的程序。

但是这相当于把内存管理的部分功能交给了用户,是个很拙劣的方法。况且也不是每个人都能够将程序分成边界清晰的一个个执行单元的。而且,从根本上说这不能算是操作系统提供的解决方案。

5.4.7 双基址

如果运行两个一样的程序,只是数据不同,我们自然想到能否让两个程序共享部分内存空间。例如,如果同时启动两个PPT演示文稿,希望PPT的程序代码部分能共享。但在基址极限这种管理模式下,这种共享无法实现,如图5-16所示。

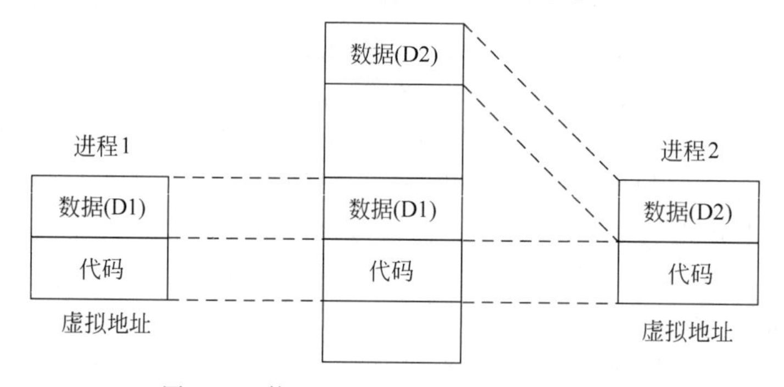

图5-16 使用基址极限难以实现程序共享

那么有什么办法共享这段代码又不容易出错呢?答案就是设定两组基址和极限。数据和代码分别用一组基址和极限表示,这就解决了问题。

5.5 空闲空间管理

在管理内存的时候,操作系统需要知道内存空间有多少空闲。如何才能知道有哪些空闲呢?这就必须跟踪内存的使用。跟踪的办法有两种:第一种办法是给每个分配单元赋予一个字位,用来记录该分配单元是否闲置。例如,字位取值0表示分配单元闲置,字位取值1表示该分配单元已被占用。这种表示法就是所谓的位图表示法,如图5-17所示。

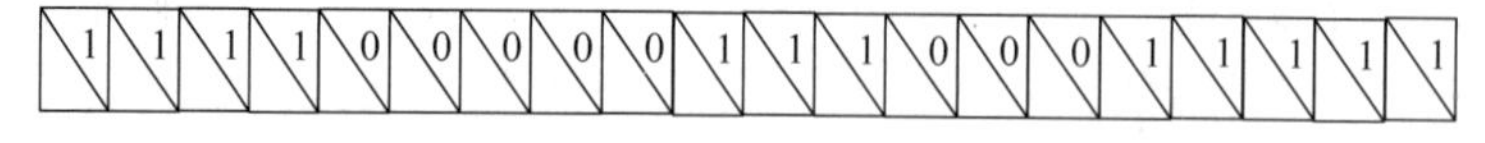

图5-17 内存分配位图

从图5-17中可以看出,内存空间最前面的4个分配单元已经被占用,接下来是5个分配单元则处于闲置状态,可以供程序使用。其他以此类推。

位图表示法的优点是直观、简单。在搜索需要的闲置空间时只需要找到一片0个数大于等于所需分配单元数即可。例如,如果需要找一片4个分配单元大的闲置空间,则通过扫描位图表，找到 4 个 0 即可。将这片空间分配给需要的程序，并将相应的位图值设置为 1。

另外一种办法是将分配单元按是否闲置链接起来，这种办法称为链表表示法。对于图 5-17 的位图所表示的内存分配状态，如果用链表表示则如图 5-18 所示。

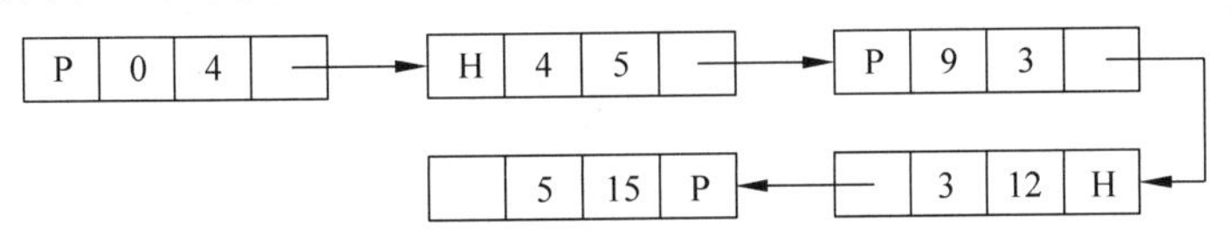

图 5-18　内存分配的链表表示

图 5-18 中的 P 代表程序，即当前这片空间由程序占用。后面的数字是本片空间的起始分配单元号和大小。H 代表的是空洞，即这是一片闲置空间。例如，图中的第 1 个链表项表示一片大小为 4 个分配单元的程序，起始地址为第 0 个分配块。第 2 个链表项表示一片大小为 5 个分配单元的闲置空间块，起始地址为第 4 个分配单元。其他以此类推。

在链表表示下，寻找一个给定大小的闲置空间意味着找到一个类型为 H 的链表项，其大小大于或等于给定的目标值。不过，扫描链表速度通常较慢。为提高查找闲置单元的速度，有人提出了将闲置空间和被占空间分开设置链表，这样就形成了两个链表的管理模式。

位图表示和链表表示各有优缺点。如果程序数量很少，那么链表比较好，因为链表的表项数量少。例如，如果只有 3 个程序在内存中，则最多只需要 7 个链表节点。但是如果程序很稠密，那么链表的节点就很多了。

位图表示法的空间成本是固定的，它不依赖于内存中程序的数量。因此，从空间成本上分析，到底使用哪种表示法得看链表表示后的空间成本是大于位图表示还是小于位图表示而定。

从可靠性上看，位图表示法没有容错能力。如果一个分配单元为 1，你并不能肯定它应该为 1，还是因为错误变成 1 的，因为链表有被占空间和闲置空间的表项，可以相互验证，具有一定的容错能力。

从时间成本上，位图表示法在修改分配单元状态时，操作很简单，直接修改其位图值即可，而链表表示法则需要对前后空间进行检查以便做出相应的合并。例如，在图 5-18 所示的情况下，如果中间的那个程序（占用位置从 9 开始，长度为 3）终止，则链表将如图 5-19 所示。如果是最前面的程序终止，则链表将如图 5-20 所示。

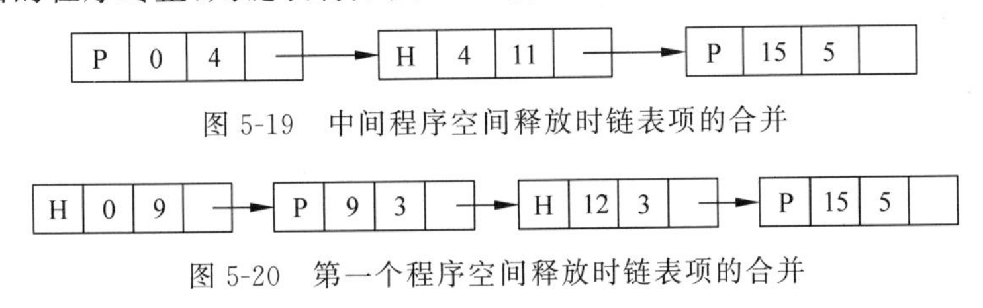

图 5-19　中间程序空间释放时链表项的合并

图 5-20　第一个程序空间释放时链表项的合并

当然，还可以从查找时间上进行分析。这个留给读者作为练习。

小　　结

存储器是计算机系统的重要组成部分。存储管理对主存中的用户区进行管理，其目的是尽可能地提高主存空间的利用率，使主存在成本、速度和规模之间获得较好的权衡。存储管理的基本功能有：主存空间的分配与回收、地址转换、主存空间的共享与保护、主存空间的扩充。

在多道程序设计系统中，为了方便程序编制，用户程序中使用的地址是逻辑地址，而CPU则是按物理地址访问主存、读取指令和数据。为了保证程序的正确执行，需要进行地址转换。地址转换又称为重定位，有静态重定位和动态重定位。采用动态重定位的系统支持程序的浮动。

早期单用户单任务操作系统中主存管理采用单用户连续存储管理方式。现代操作系统支持多道程序设计，满足多道程序设计最简单的存储管理技术是分区管理，有固定分区管理和可变分区管理。分区管理中，当主存空间不足时，交换技术和覆盖技术可以达到扩充主存的目的。

第6章 页式和段式内存管理

分区存储管理方式尽管实现较为简单，但要求把一个进程放置在一段连续的内存区域中，从而造成严重的碎片问题，导致内存的利用率较低。为了解决分区存储管理存在的问题，人们提出了页式和段式内存管理方式。

6.0 问题导入

当把程序从外存装入到内存中创建进程时需要考虑内存是否能够容纳该进程？在多任务环境下，应该把程序装入哪一个可用的存储区域？哪些内存区域是空闲的？哪些区域是已经被占用的？如何记住内存占用情况？如果内存不足以容纳程序怎么办？程序在运行过程中如果要动态申请内存空间应如何处理？一个进程如果要访问另一个进程或操作系统的存储区域，应如何处理？

6.1 页式内存管理

页式内存管理技术允许进程的物理地址空间是连续的，这样，可以把一个程序分散在各个空闲的物理块中，它既不需要移动内存中原有的信息，又解决了外部碎片的问题，从而提高了内存的利用率，因此，页式内存管理技术通常被绝大多数操作系统所采用。

6.1.1 基本原理

在页式存储管理方式中，把用户程序的地址空间划分为若干个大小相等的区域，每个区域称为页面或页。每个页面都有一个编号，称为页号。页号一般从0开始编号，如0,1,2,…。把内存空间划分成若干和页面大小相等的物理块，这些物理块称为内存块。同样，每个物理块也有一个编号，物理块的编号从0开始依次排列。

在页式内存管理系统中，页面的大小是由硬件的地址结构所决定的。只要机器确定了，页面大小即可确定。一般来说，页面的大小选择为2的若干次幂，根据地址结构的不同，其大小从512B到16MB不等。

用户程序开始执行后，会将其逻辑地址转换成物理地址。当程序的地址空间小于主存可用空间时，只要求把当前需要的一部分页面装入主存即可，这样对虚地址空间的限制就被取消了。

页式存储管理系统需要解决的几个问题是：

(1) 地址映射。

(2) 页面置换策略。

6.1.2 分页内存管理

1. 页表

分页内存管理

在分页内存管理系统中，由CPU生成的每个地址被硬件分成两个部分：页号p和页内偏移量w。通常，如果逻辑地址空间为2^m，且页面的大小为2^n单元，那么，逻辑地址的高$m-n$位表示页号，而低n位表示页内偏移量。这样，一个地址长度为20位的计算机系统，如果每页的大小为1KB(2^{10}B)，则其地址结构如图6-1所示。

19　　　　　10	9　　　　　0
页号p	页内偏移量w

图6-1　页式系统的地址结构

在分页内存管理方式中，系统以物理块为单位把内存分配给各个进程，进程的每个页面对应一个内存的物理块，并且，一个进程的若干个页面可以分别装入物理上不连续的内存物理块，如图6-2所示。当把一个进程装入内存时，首先检查它有多少页。如果它有n页，则内存里至少应该有n个空闲的物理块才能装入该进程。如果满足要求，则分配n个空闲的物理块给该进程，并将其装入，且在该进程的页表中记录各个页面对应的内存物理块的块号。从图6-2可以看出，进程1的页面是连续的，而装入内存后，内存分配给进程1的物理块是不相邻的，例如0＃页放在3＃物理块，1＃页放在5＃物理块，等等。

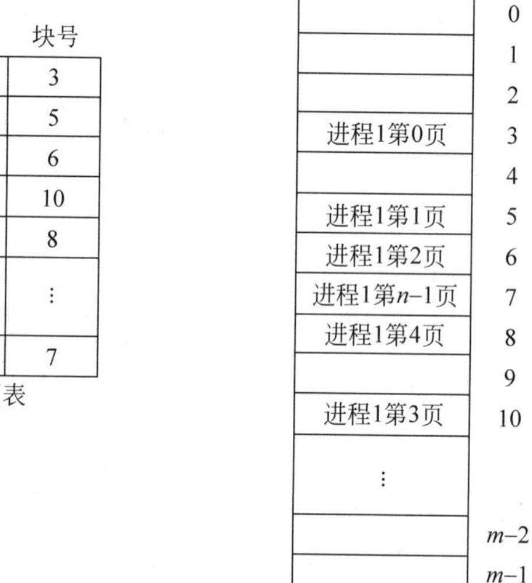

图6-2　分页内存管理系统

在分页内存管理系统中，允许将进程的各页离散地装入内存的任何空闲物理块中，这样就出现了进程页号连续，而物理块号不连续的情况。为了找到每个页面在内存中对应的物理块，系统为每个进程建立了一张页面映射表，简称页表。进程的所有页面依次在页表中有一个页表项，记载着相应页面在内存中对应的物理块号。当进程执行时，按照逻辑地址中的页号在页表中查找对应的页表项，找到该页号在内存中对应的物理块号。页表的作用就是实现页号到物理块号的地址映射，即逻辑地址到物理地址的映射。

2. 地址结构

对于某台具体的机器而言，其地址结构是一定的。如果给定的逻辑地址是 A，页面的大小是 L，则页号 p 和页内偏移量 w 可按照下列公式计算：

$$p=\mathrm{INT}\left[\frac{A}{L}\right] \quad w=A\ \mathrm{MOD}\ L$$

其中，INT 是向下整除的函数，MOD 是取余数的函数。例如，设系统页面大小是 1KB，$A=2354$，则：

$$p=\mathrm{INT}\left[\frac{2354}{1024}\right]=2 \quad w=2354\ \mathrm{MOD}\ 1024=306$$

3. 地址映射

在分页内存管理系统中，利用页表来实现用户程序的逻辑地址和实际物理地址的转换。每个作业有一个页表，页表通常存放在内存中。在系统中设置一个页表寄存器，在其中存放页表在内存中的起始地址和页表长度。作业未执行时，页表的起始地址和页表长度存放在本作业的 JCB 中。当调度程序调度到某作业时，才将这两个数据装入页表寄存器。当作业要访问某个逻辑地址中的指令或数据时，分页内存管理系统的地址变换机构自动将有效地址分为页号和页内地址（即页内偏移量）两个部分，再以页号为索引检索页表。整个查找过程由硬件执行。

在执行检索之前，先将页号和页表长度进行比较，如果页号大于或等于页表长度，则表示本次访问的地址已超出作业的地址空间。因此，系统将捕获这个错误并产生一个地址越界中断。如果没有出现地址越界错误，则从页表中得到该页号对应的物理块号，把它装入物理地址寄存器。同时，将页内地址直接送入物理寄存器的块内地址字段中。这样，物理地址寄存器中的内容就是由物理块号和块内地址拼接而成的实际物理地址，从而完成从逻辑地址到物理地址的映射。

图 6-3 描述了作业 1 程序中的一条指令的执行情况，用以说明分页内存管理系统的地址映射过程。程序地址空间的第 200 号单元处有一条指令为“mov r1,[2052]”。这条指令在主存中的实际位置为 2248 号单元，而操作数 12345 的逻辑地址为 2052 号单元，它的物理地址是 7172 号单元。

当作业 1 的相应进程在 CPU 上运行时，操作系统负责把该作业的页表在主存中的起始地址(a)送到页表地址寄存器中，以便在进程运行过程中进行地址映射时能快速地找到该作业的页表。当作业 1 的程序执行到指令“mov r1,[2052]”时，CPU 给出的操作数地址为 2052，首先由分页机构自动地把它分为两部分，得到页号 $p=2$，页内偏移 $w=4$。然后，根据页表始址寄存器指示的页表起始地址，以页号为索引，找到第 2 页所对应的物理块号为 7。最后，将物理块号 7 和页内偏移量 4 拼接在一起，就形成了访问主存的物理地址 7172。这正是所取数据 12345 所在主存的实际位置。

由上述地址映射过程可知，在分页内存管理系统环境下，程序员编制的程序，或由编译程序给出的目标程序，经装配链接后形成一个连续的地址空间，其地址空间的分页由系统自动完成，而地址映射则通过页表自动地、连续地进行，系统的这些功能对用户或程序员而言是透明的。正因为在分页系统中，地址映射过程主要是通过页表来实现的，因此，人们称页表为地址变换表，或地址映射表。

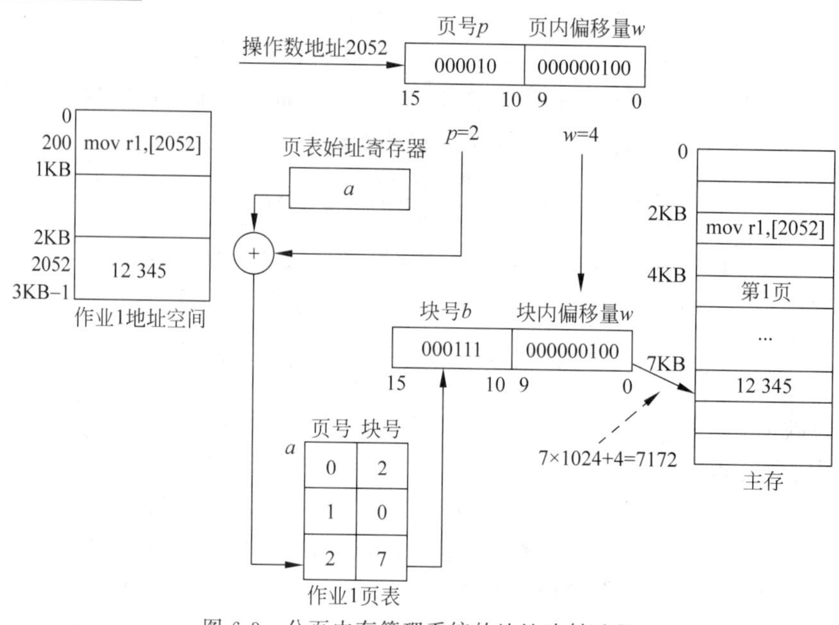

图6-3　分页内存管理系统的地址映射过程

6.1.3　分页系统的优缺点

采用分页内存管理技术不会产生外部碎片,但是可能产生内部碎片。由于分页内存管理系统的内存分配是以物理块为单位进行的,如果进程要求的内存不是页大小的整数倍,那么,最后一个物理块就用不完,从而导致页内碎片的出现。

分页系统的另一个优点是可以共享共同的代码,这一点对分时系统特别重要。

快表

6.1.4　快表

为了提高从逻辑地址向物理地址转换过程中地址的变换速度,可在地址变换机构中增设一个具有并行查询能力的特殊高速缓冲存储器,又称为"联想寄存器"(Associative Memory)或称为"快表"。在IBM系统中称为TLB(Translation Lookaside Buffer),存放当前访问的那些页表项。

具有快表的地址变换步骤如下。

(1) 在CPU给出有效地址后,地址变换机构自动将页号p送入高速缓冲寄存器中,并将此页号与高速缓存中的所有页号进行比较。

(2) 如果其中有与此页号匹配的,便表示所要访问的页表项在快表中。

(3) 直接从快表中读出该页号所对应的物理块号,并送到物理地址寄存器中。

(4) 如果在快表中未找到相同的页表号,则必须再访问内存中的页表,从页表中找到该页号所对应的页表项后,把从页表项中读出的物理块号送入地址寄存器。

(5) 同时,将此页号所对应的页表项存入快表中,即重新修改快表。

具有快表的地址变换过程,如图6-4所示。

6.1.5　页共享与保护

1. 页共享

分页系统可以共享共同的代码,这对分时系统特别重要。设想一个系统:该系统有40

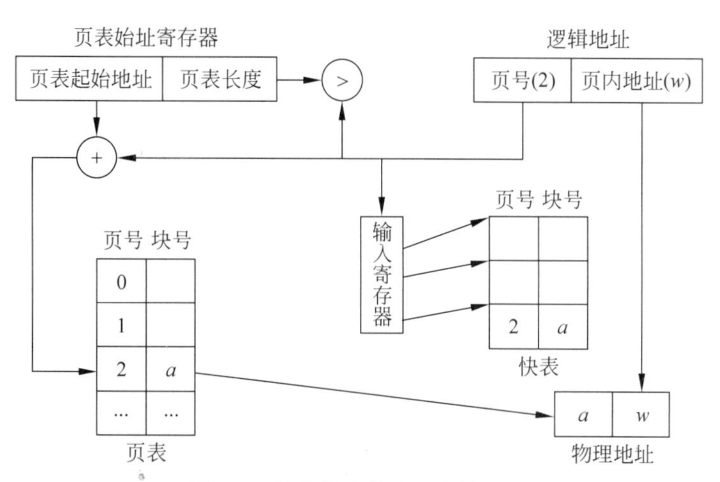

图 6-4 具有快表的地址变换过程

个用户，每个用户都执行一个文本编辑器。文本编辑器有 150KB 代码段和 50KB 数据段，需要 8000KB 来支持 40 个用户。然而，如果代码是可重入代码，则可以共享，如图 6-5 所示。

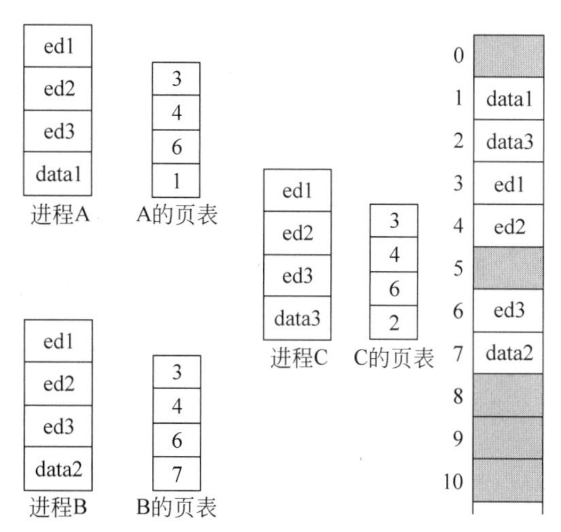

图 6-5 在分页系统中的代码共享

可重入代码(或纯代码)是在其执行过程中本身不做任何修改的代码，通常由指令和常数组成。编辑器有三页，每页的大小为 50KB，这些页只是为了说明问题而已，可为三个进程共享。每个进程都有自己的数据页。

此时，只需要在物理内存中保存一个编辑器副本。每个用户的页表映射到编辑器的同一物理副本，而数据页映射到不同的物理块。因此，为了支持 40 个用户，只需要一个编辑副本(150KB)，再加上 40 个用户空间 50KB，总的需求空间为 2150KB，而不是 8000KB，这是一个重要的节省。

2. 存储保护

现代操作系统中主存储器由多个用户程序所共享。为了保证多个应用程序之间互不影响，必须由硬件、软件配合保证每个程序只能在给定的存储区域活动，这种措施称为存储保护。存储保护在采用分页存储管理技术的系统中容易实现，且十分有效。因为，被保护的是一个程序。存储保护的目的是防止用户程序之间相互干扰。而在分页系统中,由于页的划分是物理的分割,没有逻辑含义,所以存储保护并不十分有效。

6.1.6 内存抖动

1. 抖动产生的原因

当主存空间已经装满,而又需要转入新的页面时,必须按照一定的算法把已经在内存中的一些页面调出,这个工作称为页面替换。因此,页面更新算法就是用来确定应该淘汰哪些页面的算法,也称为淘汰算法。

算法的选择很重要,如果选用了一个不合适的算法,就会出现这样的现象:刚刚被淘汰的页面又要立即使用,因此又要把它重新调入内存,而调入不久后又被淘汰,调出内存,淘汰不久后又被调入内存。如此反复,使得整个系统的页面调度非常的频繁,以至于大部分时间都花费在反复调度页面上。这种现象称为“抖动”,又称为“颠簸”,一个好的调度算法应尽可能地减少和避免内存抖动现象。

2. 防止抖动的方法

防止抖动发生或者限制抖动影响有多种方法。由于抖动产生的原因,这些方法都是基于调节多道程序的度。

1) 采用局部置换策略

如果一个进程出现抖动,它不能从另外的进程那里获取内存块,不会引发其他进程出现抖动,使抖动局限于一个小范围内。然而,这种方法并未消除抖动的发生,而且在一些进程发生抖动的情况下,等待磁盘I/O的进程增多,使得平均缺页处理时间加长,延长了有效存取时间。

2) 挂起某些进程

当出现CPU利用率很低而磁盘I/O非常频繁的情况时,可能因为多道程序度太高而造成抖动。为此,可以挂起一个或几个进程,腾出内存空间供抖动进程使用,从而消除抖动现象。被挂起进程的选择策略有多种,如选择优先权最低的进程、缺页进程、最近激活的进程、驻留集最小的进程、最大的进程。

3) 采用缺页频度法

抖动发生时,缺页率必然很高,因此可以通过控制缺页率来预防抖动。如果缺页率太高,表明进程需要更多的内存物理块;如果缺页率很低,表明进程可能占用了太多的内存物理块。这里规定一个缺页率,依次设置相应的上限和下限。如果实际缺页率超出上限值,就为该进程分配另外的内存物理块;如果实际缺页率低于下限值,就从该进程的驻留集中取走一个内存物理块。通过直接测量和控制缺页率,可以避免抖动。

6.2 页面更新算法

当程序运行中需要调入新的页面而先前分得的主存物理块已经用完的时候,需要淘汰一页。系统应提供淘汰机制和淘汰策略,包括扩充页表数据项、确定页面淘汰原则和是否需要淘汰页面的判断及处理。本节主要介绍三种常用的页面更新算法。

6.2.1 页面交换机制

页面交换,又称为页面置换、页面更新或页面淘汰。当请求调页程序需要调进一个页面，而此时该作业所分得的主存物理块已经全部用完，则必须淘汰该作业已经在主存中的一个页面。

为了给置换页面提供依据，页表中还必须包含关于页面使用情况的信息，并增设专门的硬件和软件来考查和更新这些信息。这说明页表的功能还需要进一步的扩充。于是，在页表中增加了引用位和改变位。

引用位用来表示某页最近是否被访问："0"表示没有被访问过；"1"表示已经被访问过。改变位是表示某页是否被修改："1"表示已经被修改过；"0"表示未被修改过。这一信息是为了在淘汰一页时决定是否需要写回辅存而设置的。因此，这种情况下完整的页表结构通常在逻辑上至少应包含如图 6-6 所示的各个数据项。

页号	物理块号	中断位	改变位	引用位	外存地址

图 6-6　完整的页表结构

页式系统的虚拟存储功能是由硬件和软件相配合实现的，该过程也说明了缺页处理和淘汰页面的处理。图 6-7 所示的是指令执行步骤和缺页中断处理过程。其中，虚线上面部分是由硬件实现的，而下面部分通常由软件实现。当中断位为 1 时发生缺页中断，由调页程序得到控制权。若请求新页的程序还有空闲块，即可直接调入；否则，转入页面淘汰子程序，确定应淘汰的页面。图 6-7 给出的只是粗略的框图，具体过程相当的复杂。因为作业程序是以文件形式存于外存中的，当需要从外存调入一页或需要重新写回外存时，必然会涉及文件系统和调用输入/输出过程。

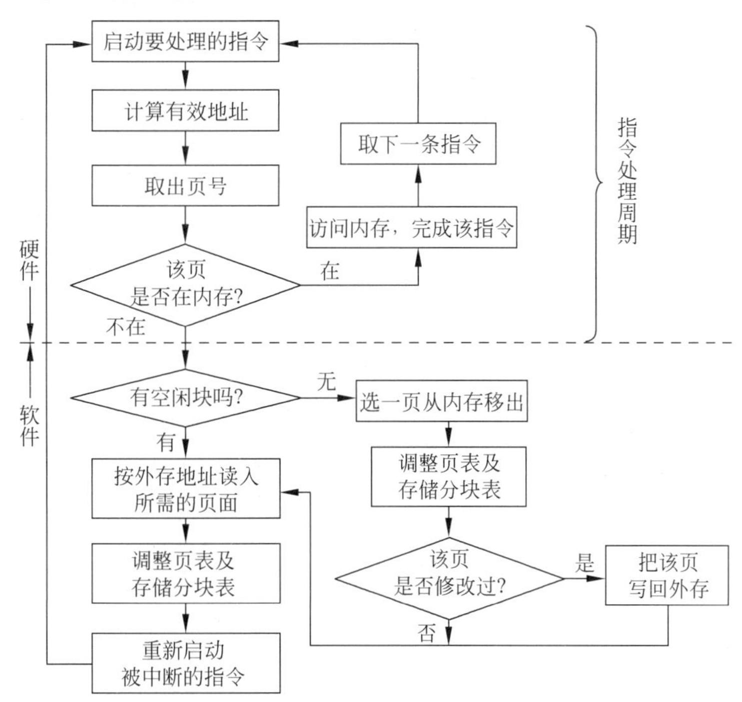

图 6-7　指令执行步骤和缺页中断处理过程

在多进程环境下，一个进程在等待传输页面时，它处于阻塞态，此时，系统可以调度另一个进程运行。当页面传输完成后，唤醒原先被阻塞的那个进程，等到下次再调度到它时，才能恢复到原来的断点继续运行下去。

6.2.2 最优更新算法

最优更新算法

最优(Optimal)更新算法是由 Belady 于 1966 年提出的一种理论上的页面更新算法。该算法所选择的被淘汰页面,将是以后永久不被访问,或者是在未来最长时间内不再被访问的页面。采用最优更新算法通常可以保证获得最低的缺页率。

假设系统为某个进程分配了四个物理块,并考虑有以下页面号引用串:4、3、2、1、4、3、5、4、3、2、1、5。

运行时,先将 4、3、2、1 四个页面装入内存。当进程要访问 5# 页面时,将会产生缺页中断,此时,操作系统根据最优更新算法,先找有没有未来永不被访问的页面,没有此类型页面,则再寻找未来最长时间不再被访问的页面,发现在当前四个物理块中的页面 4、3、2、1 中,1# 页是最晚被访问的,因此符合要求,则选择淘汰 1# 页,将 5# 页放入 1# 页原来所占的物理块内。如果此时找到多个符合要求的页面,则从中任意选择一个页面淘汰即可。表 6-1 给出了采用最优更新算法时页面置换情况。

表 6-1 最优更新算法页面置换表

页面走向	4	3	2	1	4	3	5	4	3	2	1	5
物理块 0#	4	4	4	4	4	4	4	4	4	4	1	1
物理块 1#		3	3	3	3	3	3	3	3	3	3	3
物理块 2#			2	2	2	2	2	2	2	2	2	2
物理块 3#				1	1	1	5	5	5	5	5	5
是否缺页	Y	Y	Y	Y			Y				Y	

从表 6-1 中可以看出,系统总共发生了 6 次页面置换,缺页率为 6/12=0.5,即 50%。

6.2.3 先进先出更新算法

先进先出更新算法

先进先出(FIFO)更新算法是最早出现的页面更新算法。该算法总是淘汰最先进入内存的页面,即选择在内存中停留时间最长的一页予以淘汰。如果同时有多个页面符合淘汰的条件,则任意选择一个予以淘汰即可。仍然用上面的例子为例,表 6-2 给出了采用先进先出更新算法的页面置换过程。

表 6-2 先进先出更新算法页面置换表

页面走向	4	3	2	1	4	3	5	4	3	2	1	5
物理块 0#	4	4	4	4	4	4	5	5	5	5	1	1
物理块 1#		3	3	3	3	3	3	4	4	4	4	5
物理块 2#			2	2	2	2	2	2	3	3	3	3
物理块 3#				1	1	1	1	1	1	2	2	2
是否缺页	Y	Y	Y	Y			Y	Y	Y	Y	Y	Y

当进程第一次访问 5# 页时,将把在内存中停留时间最长的 4# 页置换出内存。当第三次访问 4# 页时,则把当时内存中停留最长的 3# 页置换出。从表 6-2 中可以看出,系统总共发生了 10 次页面置换,缺页率为 10/12。

先进先出更新算法的优点是容易理解,且方便程序设计。然而,它的性能并不是很好。

仅当按线性顺序访问地址空间时,这种算法才是最理想的,否则,该算法效率不高,因为那些经常被访问的页面通常在内存中停留的时间最长,而它们却因为变“老”而不得不被淘汰出去。

6.2.4 最近最久未使用更新算法

最近最久未使用更新算法

最近最久未使用(Least Recently Used,LRU)更新算法以“最近的过去”作为“不久的将来”的近似,选择最近一段时间内最久没有使用的页面淘汰。它的实质是:当需要更新一页时,选择在最近一段时间内最久没有被使用的页面予以淘汰。仍然用上面的例子为例,表 6-3 给出了采用最近最久未使用更新算法的页面置换过程。

表 6-3 最近最久未使用更新算法页面置换表

页面走向	4	3	2	1	4	3	5	4	3	2	1	5
物理块 0#	4	4	4	4	4	4	4	4	4	4	4	5
物理块 1#		3	3	3	3	3	3	3	3	3	3	3
物理块 2#			2	2	2	2	5	5	5	5	1	1
物理块 3#				1	1	1	1	1	1	2	2	2
是否缺页	Y	Y	Y	Y			Y			Y	Y	Y

从表 6-3 中可以看出,此算法产生 8 次缺页,其中前 4 次的缺页情况和 OPT 算法一样,然而当第一次访问 5# 页时,此算法看当前内存中的四个页:4、3、2、1,谁是最久未被访问过的,即从当前时刻沿时间轴向后看,3# 页是刚刚被访问过的,而 2# 页是最久未被访问过的,所以 2# 页被淘汰,而不管将来是否要访问 2# 页。采用 LRU 算法时,系统总共发生了 8 次页面置换,缺页率为 8/12。

LRU 算法与每个页面最后被访问的时间有关。该算法赋予每个页面一个访问字段,用来记录一个页面自上次被访问以来所经历的时间 t,当必须淘汰一个页面时,此算法将内存中 t 值最大的页面予以淘汰。

6.3 段式内存管理

分区式管理和页式管理时的进程地址空间结构都是线性的,这就要求对源程序进行编译、链接时,把源程序中的主程序、子程序、数据区等按线性空间的一维地址顺序排列起来。这使得不同作业或进程之间共享共用子程序和数据变得非常困难。如果系统不能把用户给定的程序名和数据块名与这些被共享程序和数据在某个进程中的虚拟页面对应起来,则不可能共享这些存放在内存页面中的程序和数据。为了满足用户的需要,更好地实现共享和保护,在现代操作系统中引入了段式内存管理技术。

6.3.1 基本原理

段式内存管理是基于为用户提供一个方便灵活的程序设计环境而提出来的。段式内存管理的基本思想是:把程序按内容或过程(函数)关系分成段,每个段都有自己的名称。一个用户作业或进程所包含的段对应于一个二维线性虚拟空间,也就是一个二维虚拟存储器。段式管理程序以段为单位分配内存,然后通过地址映射机制把段式虚拟地址转换成实际的内存物理地址。

6.3.2 分段内存管理

1. 段式地址结构

分段内存管理系统把一个进程的虚拟地址空间设计成二维结构,即段号 s 和段内相对地址 d。在分页内存管理系统中,被划分的页号按顺序编号递增排列,属于一维空间,而分段内存管理系统中的段号与段号之间是没有顺序关系的。

另外,段的划分也不像页的划分那样具有相同的页长,段的长度是不固定的。每个段定义一组逻辑上完整的程序或数据。例如,一个进程中的程序和数据可被划分为主程序段、子程序段、数据段与工作区段。每个段是一个首地址为零的、连续的一维线性空间。根据需要,段长可动态增长。对段式虚拟地址空间的访问包括两部分:段名和段内地址。

2. 内存的分配

分段内存管理系统中以段为单位分配内存,每段分配一个连续的内存区。由于各段长度不等,所以这些存储区大小不等。此外,同一进程包含的各段之间不要求连续。分段内存管理的内存分配与释放在作业或进程的执行过程中动态进行。首先,分段内存管理程序为一个进入内存准备执行的进程或作业分配部分内存,以作为该进程的工作区和放置即将执行的程序段。随着进程的执行,进程根据需要随时申请调入新段和释放旧段。进程对内存区的申请和释放可分为以下两种情况。

(1) 当进程要求调入某一段时,内存中有足够的空闲区满足该段的内存要求。

系统要用相应的表格或数据结构来管理内存空闲区,以便对用户进程或作业的有关程序段进行内存分配和回收。事实上,可以采用和动态分区式管理相同的空闲区管理方法,即把内存中各个空闲区按物理地址从低到高排列或按空闲区从小到大或从大到小排列。与这几种空闲区自由链相对应,最先适应算法、最佳适应算法、最坏适应算法都可用来进行空闲区分配。分区管理时用到的内存回收方法也可以在分段内存管理中使用。

(2) 内存中没有足够的空闲区满足该段的内存要求。

此时,分段内存管理程序根据给定的置换算法淘汰内存中在今后一段时间内不再被CPU访问的段,即淘汰那些访问概率最低的段。

3. 地址映射

在分段内存管理系统中,用户虽然能够用二维地址来引用程序中的对象,但实际上,物理内存仍然是一维序列的字节,因此,必须定义一个实现方式,以便将二维的用户定义地址映射为一维物理地址。这个映射是通过段表来实现的。段表的每个条目都有段基地址和段界限。段基地址包含该段在内存中的起始物理地址,而段界限指定该段的长度。一个进程的所有段都应该在该进程的段表中登记,每个段的信息是段表中的一条记录。通常,段表存放在内存中,属于进程的现场信息。为了方便地找到运行进程的段表,系统还需要建立一个段表寄存器。段表寄存器由两部分组成:一部分指出该段表在内存中的起始地址;另一部分指出该段表的长度。

段地址的转换过程如图6-8所示。

一个逻辑地址由两部分组成:段号 s 和段内地址 d。系统根据段表地址寄存器中的起始地址找到该进程的段表,以段号为索引查找相应的段表项,得出该段的长度 limit 及该段

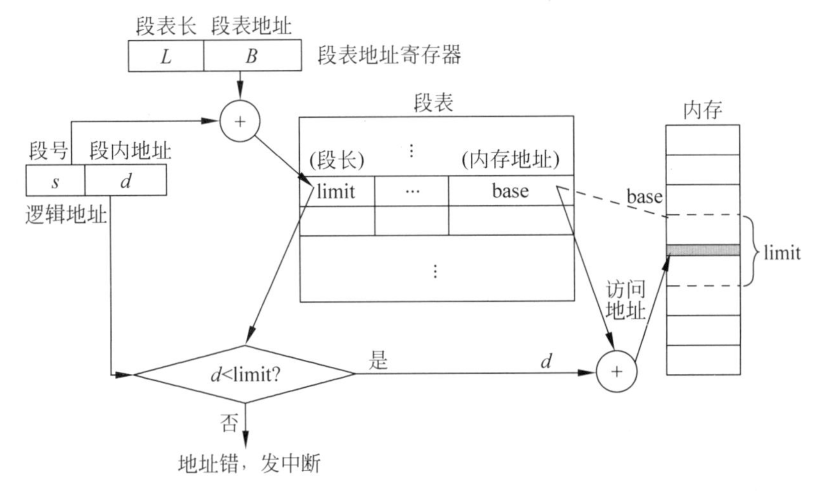

图 6-8 分段地址转换

在内存中的起始地址 base。然后，将段内地址 d 与段长 limit 进行比较。如果 $d \geqslant$ limit，则表示地址越界，系统产生地址越界中断，终止程序的执行；如果 $d<$ limit，则表示地址合法，将段内地址 d 与该段的内存起始地址 base 相加，得到所要访问单元的内存物理地址。

4. 分段系统的优缺点

分段系统为用户提供了一个二维的虚拟地址空间，反映了程序的逻辑结构，有利于段的动态增长及共享和内存保护等，这大大地方便了用户，但仍然存在碎片问题。

6.3.3 段的共享与保护

段式内存管理可以方便地实现内存信息共享和进行有效的内存保护。这是因为段是按照逻辑意义来划分的，可以按段名来访问。

在多道环境下，常常有许多子程序和应用程序是被多个用户使用的。特别是在多窗口系统中、支持工具等广泛流行的今天，被共享的程序和数据的个数和体积都在急剧增加，有时会超过用户程序长度的许多倍。在这种情况下，如果每个用户进程或作业都在内存中保留它们共享程序和数据的副本，就会极大地浪费内存空间。最好的办法是内存中只保留一个副本供多个用户使用，称为共享。

另外，由于多道环境中进程的并发执行，一段程序为多个进程共享时，有可能出现多次同时重复执行该段程序的情况。这就要求程序在执行过程中，它的指令和数据不能被修改。与一个进程中的其他程序段一样，共享段有时也要被换出内存。此时，应在段表中设立相应的共享位来判断该段是否正在被某个进程调用。一个正在被某个进程使用或即将被某个进程使用的共享段是不应该调出内存的。

6.3.4 分页与分段管理的主要区别

通过前面的介绍，可以发现分页与分段有许多相似之处，如二者在内存中都不是整体连续的，但是，二者在概念上是完全不同的，具体表现在以下三方面。

(1) 页是信息的物理单位，段是信息的逻辑单位。

分页是为了实现离散分配方式，以减少内存碎片，提高内存利用率。或者说，分页仅仅

是由于系统管理的需要,而不是用户的需要。段则是信息的逻辑单位,它含有一组意义相对完整的信息。分段的目的是更好地满足用户的需要。

(2) 页的大小是由系统确定的,而段的长度是由用户程序确定的。

系统把逻辑地址划分成页号和页内地址两部分,每个系统只能有一种大小的页面;而段的长度是不固定的,其长度取决于用户的程序。通常由编译程序在对源代码进行编译时,根据信息的性质来划分段。

(3) 分页的进程地址空间是一维的,即单一的线性空间;而分段的进程地址空间是二维的,由段号和段内地址两部分组成。

段页式内存管理

6.3.5 段页式内存管理

段式内存管理为用户提供了一个二维的虚拟地址空间,反映了程序的逻辑结构,有利于段的动态增长及共享和内存保护等,这大大地方便了用户,但是存在碎片问题。页式内存管理系统有效地克服了碎片,提高了存储器的利用率。内存管理的目的主要是方便用户的程序设计和提高内存的利用率。因此,把段式内存管理与页式内存管理两种方式结合起来使其互相取长补短是一种更好的内存管理方式,段页式内存管理方式被提出。

1. 基本原理

段页式内存管理时,一个进程仍然拥有一个自己的二维地址空间,这与段式内存管理方式相同。段页式内存管理方式将地址空间划分为三个部分:段号 s、页号 p 和页内地址 d,如图 6-9 所示。

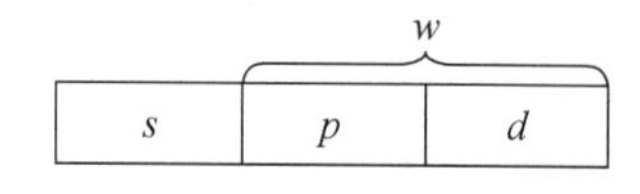

图 6-9 段页式内存管理地址结构

首先,一个进程中所包含的具有独立逻辑功能的程序或数据仍然被划分为段,并有各自的段号 s。其次,对于段 s 中的程序或数据,按照一定的大小将其划分为不同的页,最后不足一页的部分仍然占一页,这反映了段页式内存管理中的页式特点。

在由三个部分组成的逻辑地址中,程序员可见的仍然是段号 s 和段内相对地址 w。p 和 d 是由地址映射机构把 w 的高几位解释成页号 p,以及把剩余的低位解释为页内地址 d 而得到的。

由于虚拟空间的最小单位是页而不是段,所以内存可用区被划分为若干个大小相等的页面,且每段所拥有的程序和数据在内存中可以分开存放。分段的大小也不再受内存可用区的限制。

2. 段表和页表

为了实现段页式内存管理,系统将为每个作业或进程建立一个段表,管理内存的分配与释放、缺段处理、存储保护和地址映射等。另外,由于一个段又被划分为若干页,每个段又必须建立一张页表,把段中的虚页变换为内存中的实际页面。与页式内存管理相同,页表中也要有实现缺页中断处理和页面保护等功能的表项。由于在段页式内存管理中,页表不再属于进程,而是属于某个段,所以,段表中应单独指出该段所对应的页表的起始地址和页表长度。段页式内存管理中的段表、页表和内存的关系图如图 6-10 所示。

3. 动态地址转换

在使用段页式内存管理的计算机系统中,一般都在内存中开辟出一块固定的区域存放

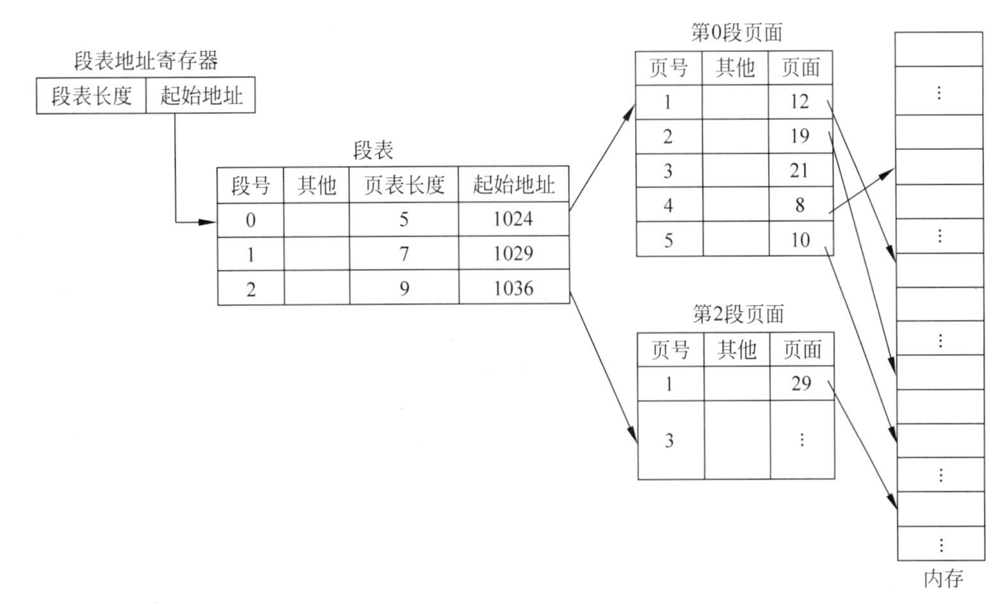

图 6-10 段页式内存管理中的段表、页表与内存的关系

进程的段表和页表。因此，在段页式内存管理系统中，要对内存中的指令或数据进行一次存取，至少需要三次以上访问内存。

第一次访问内存：由段表地址寄存器得到段表的起始地址，从而访问段表，由此取出对应段的页表起始地址。

第二次访问内存：根据页表的起始地址访问页表，得到所要访问的物理地址。

第三次访问内存：根据得到的物理地址，访问内存中真正的物理单元。

由此可知，只有在访问了段表和页表之后，才能真正访问内存中实际的物理单元，这将使 CPU 执行指令的速度大大降低。

为了提高地址转换速度，设置快速联想寄存器就显得比段式内存管理或页式内存管理时更加需要。在快速联想寄存器中，存放当前最常用的段号 s、页号 p 和对应的内存页面与其他控制信息。当要访问内存空间某一单元时，可在通过段表、页表进行内存地址查找的同时，根据快速联想寄存器查找其段号和页号。如果要访问的段或页在快速联想寄存器中，则系统不再访问内存中的段表、页表，而是直接把快速联想寄存器中的值与页内相对地址 d 拼接起来，得到相应的物理地址。段页式内存管理的地址转换机构如图 6-11 所示。

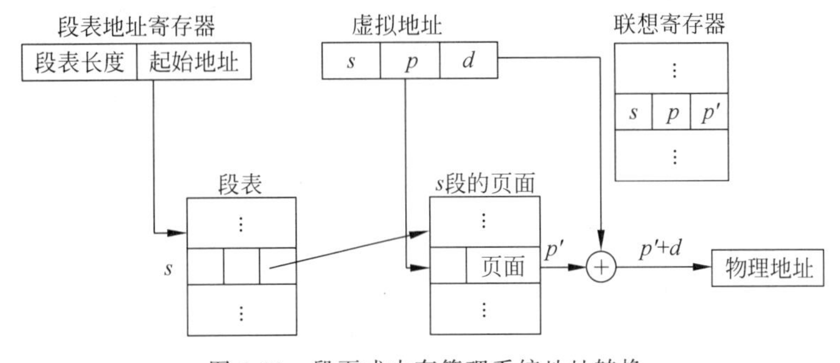

图 6-11 段页式内存管理系统地址转换

总之,因为段页式内存管理是段式内存管理和页式内存管理方案结合而成的,所以同时具有它们的优点。

6.4 虚拟内存

虚拟内存是内存管理技术的一个极其实用的创新。它是一段程序持续监控着所有物理内存中的代码段和数据段,并保证它们在运行中的效率以及可靠性,对于每个用户层的进程分配一段虚拟内存空间。当进程建立时,不需要在物理内存之间搬移数据,数据存储于磁盘内的虚拟内存空间,也不需要为该进程配置主内存空间,只有当该进程被调用的时候才会被加载到主内存。

可以想象一个很大的程序,当它执行时被操作系统调用,其运行需要的内存数据都被存放到磁盘内的虚拟内存,只有需要用到的部分才被加载到主内存内部运行。

6.4.1 虚拟内存

1. 虚拟内存的引入

1)常规存储器管理方式的特征

(1)一次性。作业全部装入内存后才能开始运行。

(2)驻留性。作业装入内存后,便一直驻留在内存中,直至作业运行结束。

2)局部性原理

程序在执行时呈现出局部性规律,即在一段时间内,整个程序的执行仅限于程序中的某一部分。相应地,执行所访问的存储空间也局限于某个内存区域。局部性原理又表现为:时间局部性和空间局部性。

(1)时间局部性。

现象:如果程序中某条指令一旦执行,则不久后该指令可能再次执行;如果某数据被访问过,则不久后该数据可能再次被访问。

原因:程序中存在大量的循环操作。

(2)空间局部性。

现象:一旦程序访问了某个存储单元,在不久之后,其附近的存储单元将被访问,即程序在一段时间内访问的地址,可能集中在一定的范围之内。

原因:程序的顺序执行。

在计算机的应用中,用户作业的地址空间或多个作业的地址空间总和超过主存可用空间时,是不是就不可以在计算机上运行呢?是不是一定要全部装入内存才能运行呢?

根据程序运行的局部性原理,答案为:不是。

鉴于局部性原理的原因,将作业的全部内容始终装入主存是对资源的极大浪费。因此,可以将作业中最近经常需要访问的某一部分代码和数据装入主存,其余部分暂不装入。这样,作业的全部内容存放在辅存上,主存只存放一部分。用户的作业大小就不受主存大小的限制了。

从效果上看,计算机系统提供了一个存储容量比实际内存大得多的存储器。用户也认为自己在一个比主存容量大的系统中运行作业,这种存储系统就是虚拟存储器。

2. 虚拟存储器的定义

虚拟存储器是指具有请求调入功能和置换功能，能从逻辑上对内存容量加以扩充的一种存储器系统。

虚拟存储器的逻辑容量是内存容量和外存容量之和，最大容量由计算机的地址结构决定。虚拟存储器的运行速度接近内存，成本接近外存。

3. 虚拟存储器的工作原理

(1) 在分页和分段系统的基础上，增加了请求调页、请求调段和页面置换、段置换功能所形成的页式和段式虚拟存储系统。

(2) 它允许只装入部分页面和段的程序或数据，便启动运行作业。如果以后需要不在内存中的程序或数据时，在通过请求调页、请求调段功能和页面置换、段置换功能，陆续把即将运行的页面、段调入内存，同时把暂不运行的页面和段置换到外存上。

(3) 置换时以页面和段为单位进行。

4. 虚拟存储器的特征

(1) 多次性。作业分多次调入内存，是虚拟存储器特有的功能。

(2) 对换性。允许作业在执行的过程中换入、换出，从而提高内存的利用率。

(3) 虚拟性。从逻辑上扩大内存容量，使用户看到的内存容量远大于实际的内存容量。

6.4.2 请求分页式内存管理

请求分页式内存管理

在页式内存管理系统中，允许一个作业程序只装入部分页面即可投入运行，需要信息时动态调入，这种装入信息的策略称为请调策略，实现这种策略的系统称为请求分页式内存管理系统。

进程在运行过程中必然会遇到所需要的代码或数据不在主存的情况，因此，系统必须解决以下两个问题。

问题1：怎样确定所访问的页面在不在内存？

问题2：如果确认所要访问的页面不在主存时如何处理？

1. 页表机制

请求分页式内存管理方式中的页表的作用是将用户地址空间的逻辑地址转换为内存空间的物理地址。由于请求分页的特殊性，即将程序的一部分调入内存，另一部分仍在外存，因此页表的结构有所不同，如图6-12所示。

页号	物理块号	状态位 P	访问字段 A	修改位 M	外存地址

图6-12 请求分页式内存管理方式的页表项字段

(1) 状态位 P。指示本页是否已经调入内存。

(2) 访问字段 A。记录本页在一段时间内被访问的次数或最近未被访问的时间。

(3) 修改位 M。表示本页在调入内存后是否被修改过。如果被修改过，则在换出时需要重新写到外存上。

(4) 外存地址。指出本页在外存上的存储地址。

2. 缺页中断机构

在请求分页式内存管理系统中，每当所要访问的页不在内存时，便产生一次缺页中断，请求操作系统将所缺之页调入内存。执行过程如图6-13所示。

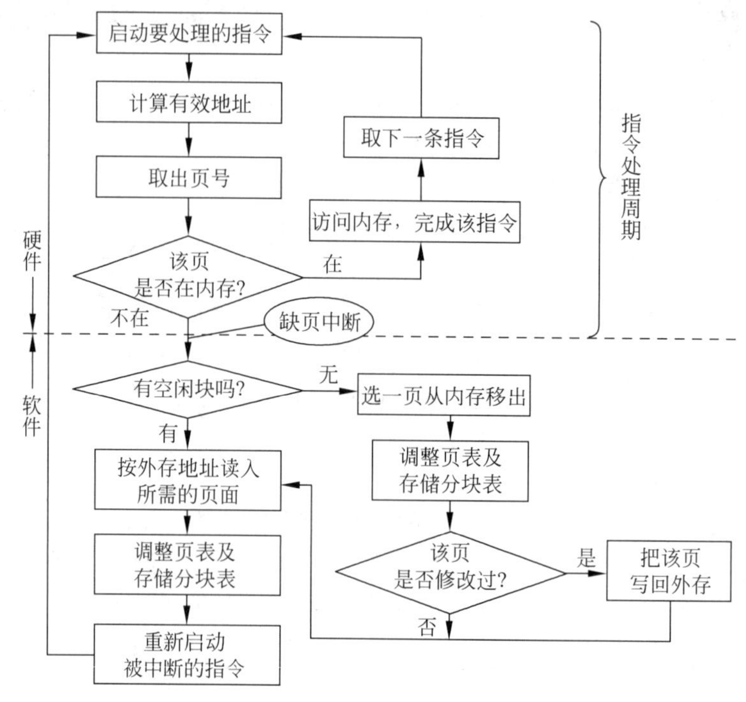

图6-13 指令执行步骤与缺页中断处理过程

3. 地址转换机构

在分页系统地址转换的基础上,为了实现虚拟存储器而增加了产生和处理缺页中断、内存页的换出等功能。转换过程如下。

1）检索快表试图找到所要访问的页

若在快表中找到欲访问的页号,修改页表项中的访问位 A。对于写指令,将修改位置1。然后利用页表项中给出的物理块号和页内地址,形成物理地址。地址转换结束。若在快表中未找到欲访问的页号,则转至2),到页表中查找。

2）检索内存中的页表

从页表的始址寄存器中获取页表所在的物理块号。在内存中找到页表,检查页表项中的状态位 P,确定其是否已经装入内存。如果已经装入内存,则将该页填入快表中。若快表项已满,则选择调出的页,并修改页表项。如果没有装入内存,则产生缺页中断,请求操作系统将该页调入内存中,并加入快表中,修改页表项。修改页表项中的访问位 A。对于写指令,将修改位设置为1。然后利用页表项中给出的物理块号和页内地址,形成物理地址,地址转换结束。如图6-14所示为请求分页式地址转换过程。

6.4.3 请求分段式内存管理

在分段基础上建立的请求分段式内存管理是以分段为单位进行换入、换出的。当所访问的段不在内存中时,可请求操作系统将所缺的段调入内存中。

1. 段表机制

在请求分段式内存管理中所需要的主要数据结构是请求式段表。在该表中除了具有请

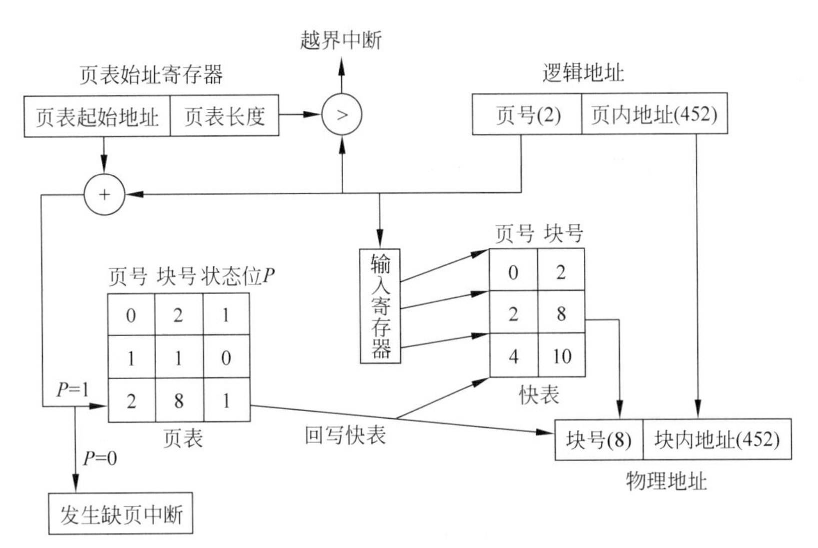

图 6-14　请求分页式地址转换过程

求分页式内存管理方式中页表中的访问字段 A、修改位 M、状态位 P 和外存地址四个字段外,还增加了存取方式字段和增补位。这些字段供程序在调进、调出时参考。如图 6-15 所示。

段号	段长	段起始地址	存取方式	状态位 P	访问字段 A	修改位 M	增补位	外存地址

图 6-15　请求分段式内存管理方式的段表项字段

在段表项中,除了段号、段长、段起始地址外,还增加了以下字段。

(1) 存取方式。由于应用程序中的段是信息的逻辑单位,可根据该信息的属性对它实施保护,因此在段表中增设了存取方式字段。如果该字段为两位,则存取属性是只执行、只读和允许读\写。

(2) 状态位 P。指示本段是否已经调入内存。

(3) 访问字段 A。记录本段在一段时间内被访问的次数或最近未被访问的时间。

(4) 修改位 M。表示本段在调入内存后是否被修改过。如果被修改过,则在换出时需要重新写到外存上。

(5) 增补位。这是请求分段式内存管理中所特有的字段,用于表示本段在运行过程中是否做过动态增长。

(6) 外存地址。指出本页在外存上的存储地址。

2. 缺段中断机构

在请求分段式内存管理系统中采用的是请求调段策略。每当发现运行进程所要访问的段尚未调入内存时,便由缺段机构产生一个缺段中断信号,进入操作系统后,由缺段中断处理程序将所需要的段调入内存。

与缺页中断机构类似,缺段中断机构同样需要在一条指令的执行期间产生和处理中断,以及在一条指令执行期间,可能产生多次缺段中断。但是,由于分段是信息的逻辑单位,因此不可能出现一条指令被分割在两个分段中,和一组信息被分割在两个分段中的情况。

3. 地址转换机构

请求分段式内存管理系统中的地址转换机构是在分段系统地址转换机构的基础上形成的。因此被访问的段并不是全都在内存中的。因此，在地址转换时，如果发现所要访问的段不在内存中时，必须先将所缺的段调入内存，并修改段表，然后才能利用段表进行地址转换。

小　结

用户程序必须装入到内存中才能运行。页式内存管理技术允许进程的物理地址空间不连续，这样，可以把一个程序分散在各个空闲的物理块中，它既不需要移动内存中原有的信息，又解决了外部碎片的问题，从而提高了内存的利用率。

当内存的总需求超出实际内存容量时，为了释放内存块给新的页面，需要页面更新算法。最优更新算法需要知道程序未来的页面走向，这实际上不可行，因此仅有理论价值。FIFO 是最容易实现的，但性能不是很好。LRU 是 OPT 的近似算法，但实际使用时要有硬件的支持和软件的开销。

段式内存管理方式从逻辑上划分程序，从而满足了用户的需要，更好地实现了共享和保护，同时也避免了碎片的出现，更有效地利用了内存空间。

虚拟存储器技术使得请求分页式内存管理和请求分段式内存管理方式得到了广泛的应用。

第7章 I/O 管理

现代的计算机系统都连接了很多的外部设备，通常统称 I/O 设备。I/O 设备管理是操作系统中最繁杂、内容最多的部分。I/O 管理包括很多方面的问题，其中主要包括缓冲管理、设备分配、虚拟设备、磁盘管理等。我们将会看到 I/O 设备的管理既要考虑 I/O 设备的效率问题，也要考虑安全性问题。

7.0 问题导入

计算机系统中的 I/O 设备越来越多，系统如何管理这些设备呢？如何使这些设备都得到高效的利用呢？当多个进程共享设备时，如果管理不当就会造成错误。例如，如果系统中只有一台打印机，多个进程都需要打印，A 进程提交打印任务的同时 B 进程也提交打印任务，很有可能 A 进程和 B 进程的结果交叉输出，这个输出结果是混乱无序的，那么该怎么解决呢？

7.1 I/O 管理概述

计算机系统中除了 CPU 和内存之外的其他设备称为外部设备。因为外部设备的使用需要和主机系统进行数据的交互，一般以 CPU 为中心，根据数据的流动方向将设备分为输入设备和输出设备，统称 I/O 设备。I/O 设备种类繁多，从操作系统的角度出发可以进行如下的分类：按照数据的传输速率可以分为低速设备、中速设备和高速设备；按照数据传输单位可以分为块设备和字符设备；按照设备的共享情况可以分为独占设备、共享设备和虚拟设备。

由于不同 I/O 设备之间性能差别非常大，控制方式也不完全相同，所以一般 I/O 设备并不是直接与主机相连，而是通过设备控制器、通道与主机系统相连。下面分别介绍设备控制器、通道。

设备控制器是连接 I/O 设备和主机的中间接口，用来控制 I/O 和主机之间的数据交换。设备控制器可以接收主机发来的命令，从而控制外围设备，避免了主机直接处理繁杂的外围设备事务。设备控制器是可编址的设备，通常每个地址对应一个 I/O 设备。通过给设备控制器分配多个地址可以实现设备控制器对 I/O 设备的一对多控制。

由于 I/O 设备的差别很大，所以设备控制器也不完全相同。大体可以分为两类：简单的设备控制器和主要用于控制块设备的复杂控制器，通常控制器以电路模块的形式放置在微型机和 PC 的主板上，复杂控制器以印刷电路卡的形式单独存在。

设备控制器一般包括控制器与主机的接口、控制器和设备的接口和控制器本身的 I/O

部分组成。控制器和主机的数据交换主要是通过数据线、地址线和控制线来实现。控制器中包含控制寄存器、状态寄存器和数据寄存器三类寄存器,用来存储需要完成的通信类型、I/O设备的状态和通信传输的数据。设备控制器上包含一个或多个设备接口,每个接口控制一个设备,每个接口都包含数据、状态和控制三种类型的信号,设备控制器根据I/O逻辑系统确定主机发来的地址信号所对应的设备来完成通信。

设备控制器中的I/O逻辑用于实现对设备的控制。通过控制线与主机交互,主机利用该逻辑向控制器发送I/O命令;I/O逻辑对收到的命令进行译码。每当CPU要启动一个设备时,一方面将启动命令发送给控制器;另一方面通过地址线把地址发送给控制器,由控制器的I/O逻辑对收到的地址进行译码,再根据所译出的命令对所选设备进行控制。设备控制器的结构如图7-1所示。

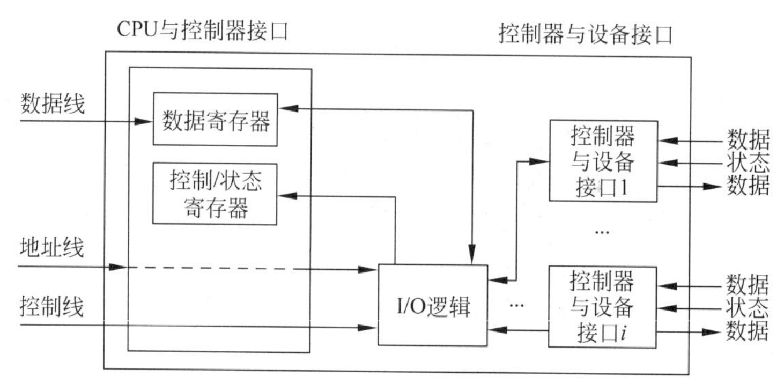

图7-1　设备控制器的结构

如上所述,设备控制器处在外部设备和主机之间完成控制功能。控制器需要完成的功能主要包括:通过I/O逻辑部分接收和识别主机发送的命令,除了需要使用命令寄存器来存储主机发送的命令之外,还需要有相应的命令译码器实现命令译码;通过数据寄存器实现主机和I/O设备之间的数据交换;使用状态寄存器的内容来标识和报告设备的状态,主机和I/O设备在通信过程中需要根据状态寄存器的内容来确定可以执行的操作;通过地址寄存器来确定I/O设备,每个控制器可以控制多个I/O设备,通过主机发送给地址寄存器的地址,设备控制器可以确定主机指定的I/O设备;通过缓冲器来提高整体数据传输的速度,I/O设备的速度一般要比处理器和内存慢,通过使用缓冲器可以提高整体数据传输的速度;实现传输过程中的差错控制,通过对差错码的设置,控制器可以向主机报告设备出错的状况,从而确保正确的数据传输。

跟设备控制器的连接需要I/O设备提供相应的接口。主要包括数据线、地址线和控制线三组信号线,另外需要相应的控制逻辑以及设备中的缓冲区和信号转换器。

使用设备控制器减少了处理器对I/O的干预,提高了系统的效率。随着外部设备的增加,处理器的负担仍然很重。为此人们又在主机和设备控制器之间增设了通道来进一步减轻处理器的负担。通常将I/O的组织、管理和结束处理以通道程序的形式存储,这样在通信的过程中,处理器只需要发出一个指令就可以完成整个的I/O过程,I/O结束后通道以中断的形式通知处理器,使得处理器可以从繁杂的I/O处理中解脱出来。

实际上,I/O通道是一种特殊的处理器。它具有执行I/O指令的能力,并通过执行通道(I/O)程序来控制I/O操作。但I/O通道又与一般的处理器不同,主要表现在以下两个方面：一是其指令类型单一，这是由于通道硬件比较简单，其所能执行的命令，主要局限于与I/O操作有关的指令；二是通道没有自己的内存，通道所执行的通道程序是放在主机的内存中的，换言之，是通道与CPU共享内存。

按通道的工作方式，通道分为选择通道、字节多路通道和数组多路通道三种类型。

（1）选择通道。这种通道可以连接多台快速I/O设备，但每次只能从中选择一台设备执行通道程序，进行主存与该设备之间的数据传送。当数据传送完后，才能选择另一台设备。在这种工作方式中，数据传送以成组方式进行，传送速率很高，多用于连接快速I/O设备。但因连接在选择通道上的多台设备，只能依次使用通道与主存传送数据，所以设备之间不能并行工作，且整个通道的利用率不高。

（2）字节多路通道。这种通道可以连接多台慢速I/O设备，以交叉方式传送数据，即各设备轮流使用通道与主存进行数据传送，且每次只传送一个字节。因为每次数据传送仅占用了不同的设备各自分得的很短的时间片，所以大大提高了通道的利用率。

（3）数组多路通道。数组多路通道综合了选择通道和字节多路通道的优点，它有多个子通道，既可以像字节多路通道那样，执行多路通道程序，使所有子通道分时共享总通道，又可以像选择通道那样进行成组数据的传送。

子通道是指实现每个通道程序所对应的硬设备。选择通道在物理上可以连接多台设备，但在一段时间内只能执行一台设备的通道程序，即在逻辑上只能连接一台设备，所以它只包含一个子通道。字节多路通道和数组多路通道在物理上可以连接多台设备，而且在一段时间内可轮流执行多台设备的通道程序，即在逻辑上也可以连接多台设备，所以它们包含若干子通道。需要注意的是，一个子通道可以连接多台设备，但子通道数并不等于物理上可连接的设备数，而是该通道中能够同时工作的设备数。

7.2 I/O系统

7.2.1 I/O系统结构

I/O系统结构

I/O系统结构是指I/O设备和主机系统的具体连接方式。不同的计算机系统使用不同的连接方式。对于微型机和PC一般使用总线结构将外部设备和主机相连；工作站和工作站以上的系统使用通道、控制器的结构连接。

总线结构如图7-2所示。早期的微型计算机系统多采用单总线结构，总线分为地址总线、数据总线和控制总线三种。CPU和内存直接连接到总线上，I/O设备是通过设备控制器连接到总线上。随着微机和PC的发展，出现了多总线结构，但是总体的连接方式没有发生变化。

目前常用的总线有：ISA总线、EISA总线、VESA总线和PCI总线。

ISA(Industrial Standard Architecture)总线标准是IBM公司1984年为推出PC/AT机而建立的系统总线标准，所以也叫AT总线。在80286至80486时代应用非常广泛，以至于奔腾机中还保留有ISA总线插槽。

EISA总线是1988年由Compaq等9家公司联合推出的总线标准。它是在两条ISA信号线之间添加一条EISA信号线。在使用中，EISA总线完全兼容ISA总线信号。

VESA总线（Video Electronics Standard Association）总线是1992年由60家附件卡制

造商联合推出的一种局部总线,简称为VL(VESA Local Bus)总线。该总线系统考虑到CPU与主存和Cache的直接相连,通常把这部分总线称为CPU总线或主总线,其他设备通过VL总线与CPU总线相连,所以VL总线被称为局部总线。

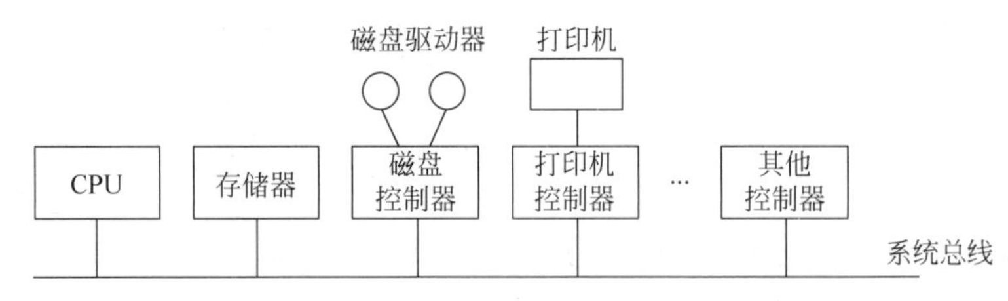

图7-2　总线I/O结构

PCI总线(Peripheral Component Interconnect)总线是当前最流行的总线之一,它是由英特尔公司推出的一种局部总线。PCI总线主板插槽的体积比原ISA总线插槽还小,其功能比VESA、ISA有极大的改善,支持突发读写操作,最大传输速率可达132MB/s,可同时支持多组外围设备。PCI局部总线不能兼容现有的ISA、EISA、MCA(Micro Channel Architecture)总线,但它不受制于处理器,是基于奔腾等微处理器而发展的总线。

使用通道的主机系统结构如图7-3所示。由于通道和控制器的价格较高,所以使用比较少的通道和控制器控制设备,这样既可以节省成本又可以提高系统的效率。但是通道和控制器虽然可以连接多个控制器和设备。但是同一时间只能使用其中的一个。另外当通道和控制器出现故障后会影响设备的使用,这就使得通道和控制器成为系统的瓶颈。解决瓶颈问题最有效的办法是增加设备到主机之间的通路而不是增加通道。

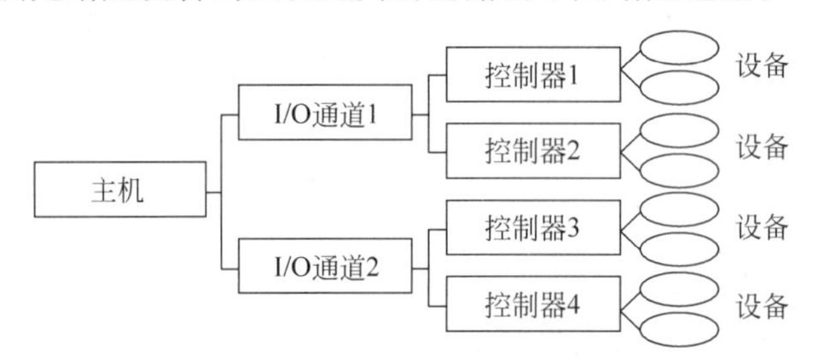

图7-3　使用通道的I/O结构

I/O控制方式

7.2.2　I/O控制方式

操作系统的I/O控制方式是指操作系统控制I/O设备执行I/O操作的方式,主要有程序直接控制方式、中断方式、DMA方式和通道控制方式。

在程序直接控制方式中,主机从外部设备每次读一个字的数据到存储器,如图7-4(a)所示。读入过程中处理器持续检测I/O控制中的状态寄存器,直到数据寄存器中的数据准备好,开始进行读入操作。由于CPU的速度和I/O设备的速度存在非常大的差别,CPU绝大多数的时间都处在状态检测过程中,造成了忙等待现象,极大地浪费了CPU资源。由于CPU一直处在忙等待的循环测试中,I/O设备无法及时更新状态位,造成了优先级反转现象。程序直接控制方式简单易于实现,但是由于CPU和I/O设备只能串行工作,导致CPU的利用率相当低。

中断方式的思想是,允许I/O设备主动打断CPU正在执行的运算并请求系统提供服务，这就使 CPU 可以从忙等待中解放出来，CPU 向 I/O 控制器发送读命令后可以继续做其他有用的工作。如图 7-4(b)所示，我们从 I/O 控制器和 CPU 两个角度分别来看中断驱动方式的工作过程。

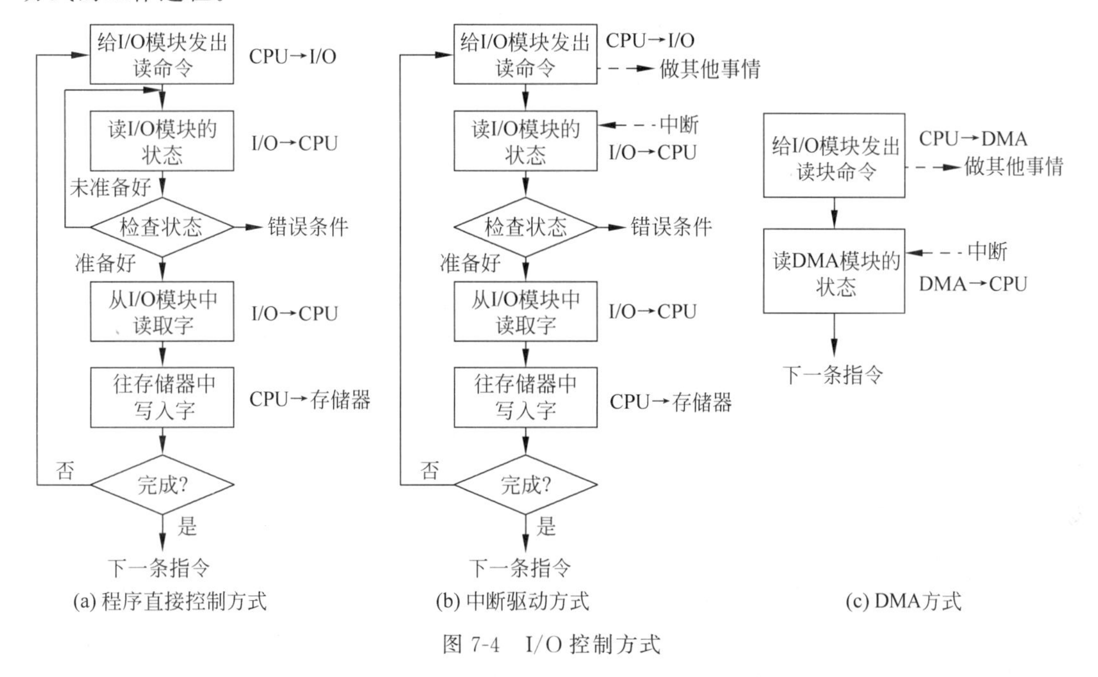

图 7-4　I/O 控制方式

从 I/O 控制器的角度来看，I/O 控制器从 CPU 接收一个读命令，然后从外围设备读数据。一旦数据读入该 I/O 控制器的数据寄存器，便通过控制线给 CPU 发出一个中断信号，表示数据已准备好，然后等待 CPU 请求该数据。I/O 控制器收到 CPU 发出的取数据请求后，将数据放到数据总线上，传到 CPU 的寄存器中。至此，本次 I/O 操作完成，I/O 控制器又可以开始 I/O 操作。

从 CPU 的角度来看，CPU 发出读命令，然后保存当前运行程序的上下文(现场，包括程序计数器及处理器寄存器)，转去执行其他程序。在每个指令周期的末尾，CPU 检查中断。当有来自 I/O 控制器的中断时，CPU 保存当前正在运行程序的上下文，转去执行中断处理程序处理该中断。这时，CPU 从 I/O 控制器读一个字的数据传送到寄存器，并存入主存。接着，CPU 恢复发出 I/O 命令的程序(或其他程序)的上下文，然后继续运行。

中断方式比程序直接控制方式有效，但由于数据中的每个字在存储器与 I/O 控制器之间的传输都必须经过 CPU，这就导致了中断驱动方式仍然会消耗较多的 CPU 时间。

DMA(直接存储器存取)方式的基本思想是在 I/O 设备和内存之间开辟直接的数据交换通路，彻底"解放" CPU。DMA 方式的特点是：基本单位是数据块。所传送的数据，是从设备直接送入内存的，或者相反。仅在传送一个或多个数据块的开始和结束时，才需 CPU 干预，整块数据的传送是在 DMA 控制器的控制下完成的。图 7-5 列出了 DMA 控制器的组成。

为了实现在主机与控制器之间成块数据的直接交换，必须在 DMA 控制器中设置如下四类寄存器。①命令/状态寄存器(CR)，用于接收从 CPU 发来的 I/O 命令或有关控制信息，或设备的状态。②内存地址寄存器(MAR)，在输入时，它存放把数据从设备传送到内存

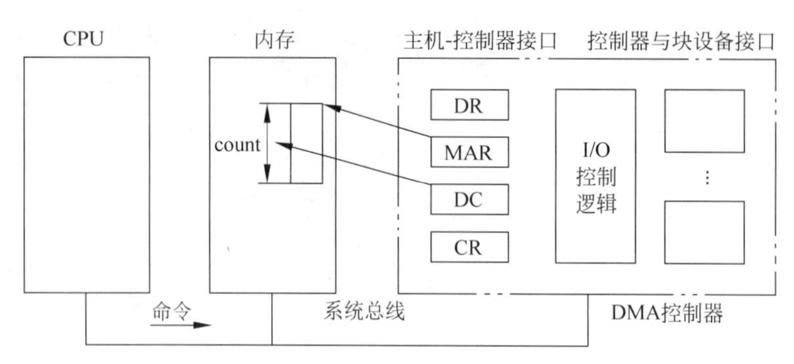

图 7-5　DMA 控制器的组成

的起始目标地址；在输出时，它存放由内存到设备的内存源地址。③数据寄存器(DR)，用于暂存从设备到内存，或从内存到设备的数据。④数据计数器(DC)，存放本次 CPU 要读或写的字(节)数。

如图 7-4(c)所示，DMA 方式的工作过程是：CPU 读写数据时，它给 I/O 控制器发出一条命令，启动 DMA 控制器，然后继续其他工作。之后 CPU 就把控制操作委托给 DMA 控制器，由该控制器负责处理。DMA 控制器直接与存储器交互，传送整个数据块，每次传送一个字，这个过程不需要 CPU 参与。当传送完成后，DMA 控制器发送一个中断信号给处理器。因此只有在传送开始和结束时才需要 CPU 的参与。DMA 控制方式与中断驱动方式的主要区别是中断驱动方式在每个数据需要传输时中断 CPU，而 DMA 控制方式则是在所要求传送的一批数据全部传送结束时才中断 CPU；此外，中断驱动方式数据传送是在中断处理时由 CPU 控制完成的，而 DMA 控制方式则是在 DMA 控制器的控制下完成的。

前面已经介绍过，I/O 通道是指专门负责输入/输出的处理器。I/O 通道方式是 DMA 方式的发展，它可以进一步减少 CPU 的干预，即把对一个数据块的读(或写)为单位的干预，减少为对一组数据块的读(或写)及有关的控制和管理为单位的干预。同时，又可以实现 CPU、通道和 I/O 设备三者的并行操作，从而更有效地提高整个系统的资源利用率。例如，当 CPU 要完成一组相关的读(或写)操作及有关控制时，只需向 I/O 通道发送一条 I/O 指令，以给出其所要执行的通道程序的首地址和要访问的 I/O 设备，通道接到该指令后，通过执行通道程序便可完成 CPU 指定的 I/O 任务，数据传送结束时向 CPU 发中断请求。I/O 通道与 DMA 方式的区别是：DMA 方式需要 CPU 来控制传输的数据块大小、传输的内存位置，而通道方式中这些信息是由通道控制的。另外，每个 DMA 控制器对应一台设备与内存传递数据，而一个通道可以控制多台设备与内存的数据交换。

I/O 缓冲

7.3　I/O 缓冲

7.3.1　缓冲的作用

由于处理器和外部设备之间存在巨大的速度差，为了提高处理器和 I/O 设备的并行性，提高系统的效率，现代操作系统在处理器和 I/O 设备交换数据的过程中几乎全都使用了缓冲区来解决速度不匹配的问题。可以说，在计算机系统中，所有数据到来和数据离开速度不匹配的地方都使用了缓冲区。缓冲主要有以下几个作用。

(1) 缓和 CPU 与 I/O 设备之间速度不匹配的矛盾。CPU 和外设之间速度差别一般很大,以打印机为例,如果没有缓冲区,在打印机打印过程中,CPU 处在忙等待状态,浪费了大量的 CPU 时间;而在 CPU 计算生成打印数据的过程中,打印机又处在空闲状态。如果在打印机和 CPU 之间设置缓冲区则可以解决这个问题,CPU 将数据写入较快的缓冲区后可以处理其他任务,而打印机可以用较低的速度实现打印。

(2) 减少对 CPU 的中断频率,放宽对 CPU 中断响应时间的限制。在远程数据通信中使用的一般是串行数据,也就是按照位(bit)进行传输,在计算机系统中一般使用的是并行数据,在没有缓冲区的情况下,CPU 需要对每一个位都进行处理,中断频率高,对中断的响应时间要求也高,增加一个缓冲器可以实现串行数据到并行数据的转换。这既方便了计算机对数据的处理,也降低了中断频率,放宽了对 CPU 中断响应时间的限制。

(3) 解决基本数据单元大小(即数据粒度)不匹配的问题。不同的 I/O 设备处理数据的基本单元也是不同的,比如磁盘和光盘一般是以块为单位处理数据,处理器一般是以字为单位处理数据。使用缓冲区可以解决这个问题,CPU 和缓冲区以字为单位处理数据,磁盘和光盘以块为单位处理数据。

(4) 提高 CPU 和 I/O 设备之间的并行性。使用缓冲可以大幅度提高 CPU 和 I/O 设备之间的并行性,提高系统的吞吐量和设备的利用率,如前面打印机例子所述。

缓冲根据位置和数量的不同可以分为单缓冲、双缓冲、多缓冲和缓冲池,下面分别介绍。

7.3.2 单缓冲

在设备和处理器之间设置一个缓冲区。设备和处理器交换数据时,先把被交换数据写入缓冲区,然后需要数据的设备或处理器从缓冲区取走数据。如图 7-6 所示,在块设备输入时,假定从磁盘把一块数据输入到缓冲区的时间为 T,操作系统将该缓冲区中的数据传送到用户区的时间为 M,而 CPU 对这一块数据处理的时间为 C。由于 T 和 C 是可以并行的,当 $T>C$ 时,系统对每一块数据的处理时间为 $M+T$,反之则为 $M+C$,故可把系统对每一块数据的处理时间表示为 $\mathrm{Max}(C,T)+M$。

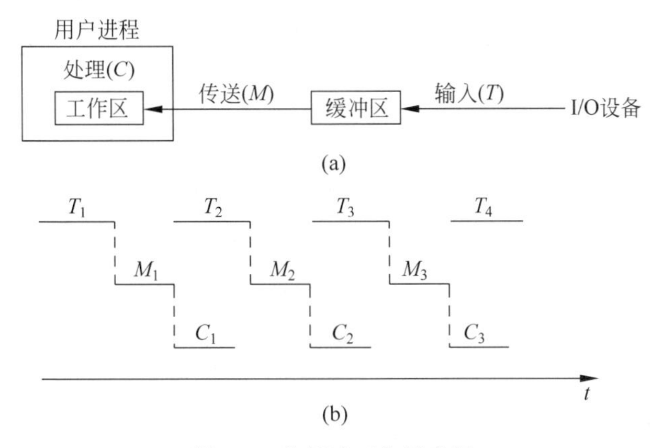

图 7-6　单缓冲工作示意图

7.3.3 双缓冲

根据单缓冲的特点,CPU 在传送时间 M 内处于空闲状态,由此引入双缓冲。I/O 设备输入数据时先装填到缓冲区1,在缓冲区1填满后才开始装填缓冲区2,与此同时处理器可以从缓冲区1中取出数据放入用户进程处理,当缓冲区1中的数据处理完后,若缓冲区2已填满,则处理器又从缓冲区2中取出数据放入用户进程处理,而I/O设备又可以装填缓冲区1。双缓冲机制提高了处理器和输入设备的并行操作的程度。

如图7-7所示,系统处理一块数据的时间可以粗略地认为是Max(C,T)。如果$C<T$,可使块设备连续输入(图中所示情况);如果$C>T$,则可使CPU不必等待设备输入。对于字符设备,若采用行输入方式,则采用双缓冲可使用户在输入完第一行之后,在CPU执行第一行中的命令的同时,用户可继续向第二缓冲区输入下一行数据。而单缓冲情况下则必须等待一行数据被提取完毕才可输入下一行的数据。如果两台机器之间通信仅配置了单缓冲,如图7-8(a)所示。那么,它们在任一时刻都只能实现单方向的数据传输。例如,只允许把数据从A机传送到B机,或者从B机传送到A机,而绝不允许双方同时向对方发送数据。为了实现双向数据传输,必须在两台机器中都设置两个缓冲区,一个用作发送缓冲区,另一个用作接收缓冲区,如图7-8(b)所示。

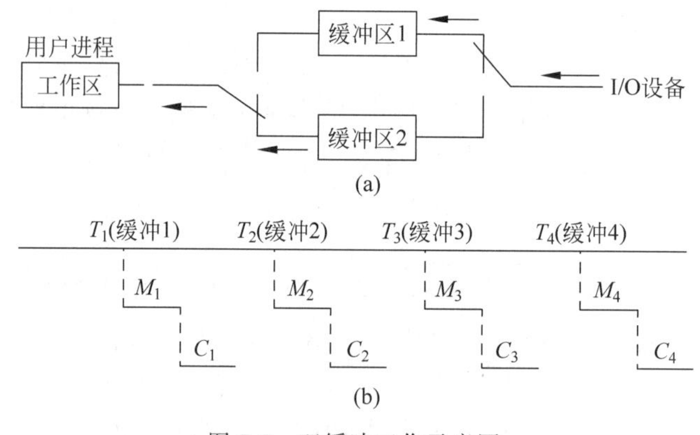

图7-7 双缓冲工作示意图

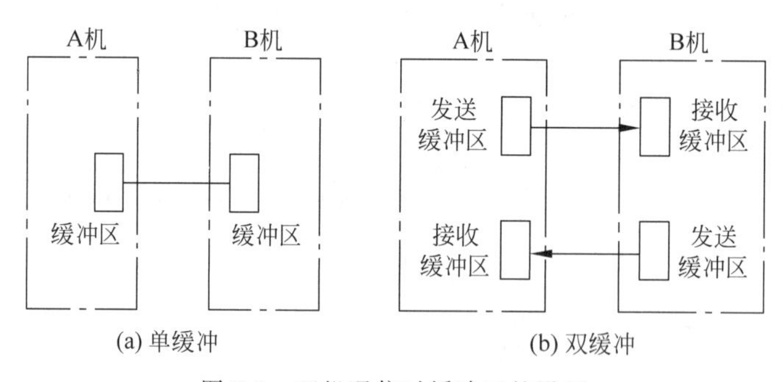

图7-8 双机通信时缓冲区的设置

7.3.4 多缓冲

多缓冲区包含多个大小相等的缓冲区,每个缓冲区中有一个链接指针指向下一个缓冲区,最后一个缓冲区指针指向第一个缓冲区,多个缓冲区构成一个环形。循环缓冲用于输入/输出时,还需要有两个指针in和out。对输入而言,首先要从设备接收数据到缓冲区中,in指针指向可以输入数据的第一个空缓冲区;当运行进程需要数据时,从循环缓冲区中取一个装满数据的缓冲区,并从此缓冲区中提取数据,out指针指向可以提取数据的第一个满缓冲区。输出则正好相反。

7.3.5 缓冲池

缓冲池由多个系统公用的缓冲区组成，缓冲区按其使用状况可以形成三个队列：空缓冲队列、装满输入数据的缓冲队列（输入队列）和装满输出数据的缓冲队列（输出队列）。还应具有四种缓冲区：用于收容输入数据的工作缓冲区、用于提取输入数据的工作缓冲区、用于收容输出数据的工作缓冲区及用于提取输出数据的工作缓冲区，如图 7-9 所示。

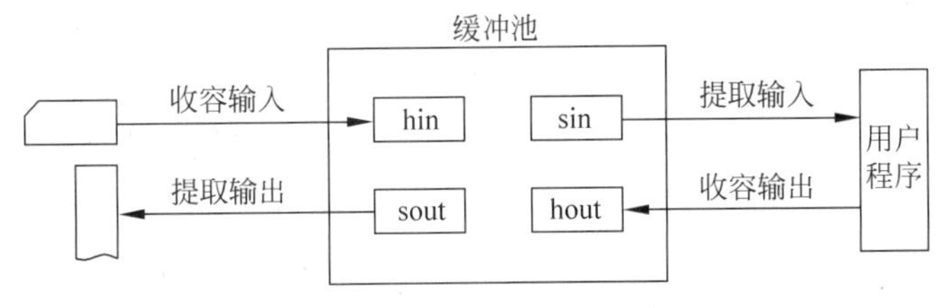

图 7-9 缓冲区的工作方式

当输入进程需要输入数据时，便从空缓冲队列的队首摘下一个空缓冲区，把它作为收容输入工作缓冲区，然后把输入数据输入其中，装满后再将它挂到输入队列队尾。当计算进程需要输入数据时，便从输入队列取得一个缓冲区作为提取输入工作缓冲区，计算进程从中提取数据，数据用完后再将它挂到空缓冲队列尾。当计算进程需要输出数据时，便从空缓冲队列的队首取得一个空缓冲区，作为收容输出工作缓冲区，当其中装满输出数据后，再将它挂到输出队列队尾。当要输出时，由输出进程从输出队列中取得一个装满输出数据的缓冲区，作为提取输出工作缓冲区，当数据提取完后，再将它挂到空缓冲队列的队尾。

7.4 独占设备的分配

I/O 管理涉及的面非常广，往下与硬件有着密切的联系，往上又与用户直接交互，它与进程管理、存储器管理、文件管理等都存在着一定的联系，即它们都可能需要 I/O 软件来实现 I/O 操作。为了使复杂的 I/O 软件具有清晰的结构、良好的可移植性和适应性，I/O 软件中普遍采用了层次式结构，将系统输入/输出功能组织成一系列的层次，每一层都利用其下层提供的服务，完成输入/输出功能中的某些子功能，并屏蔽这些功能实现的细节，向高层提供服务。在层次式结构的 I/O 软件中，只要层次间的接口不变，对某一层次中的软件的修改都不会引起其下层或高层代码的变更，仅最底层才涉及硬件的具体特性。

一个比较合理的层次划分如图 7-10 所示。整个 I/O 系统可以看成具有 4 个层次的系统结构，各层次及其功能如下。

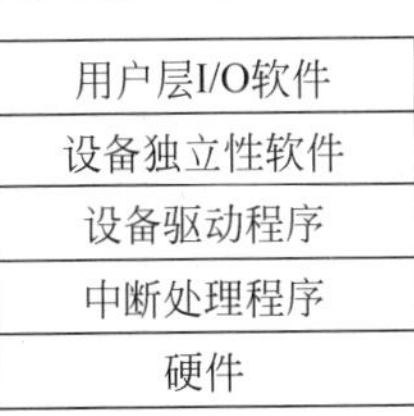

图 7-10 I/O 系统的层次和功能

用户层 I/O 软件：实现与用户交互的接口，用户可直接调用在用户层提供的、与 I/O 操作有关的库函数，对设备进行操作。

设备独立性软件：用于实现用户程序与设备驱动器的统一接口、设备命令、设备保护、已有设备分配与释放等，同时为设备管理和数据传送提供必要的存储空间。

设备驱动程序：与硬件直接相关，负责具体实现系统对设备发出的操作指令,驱动I/O设备工作的驱动程序。

中断处理程序:用于保存被中断进程的CPU环境,转入相应的中断处理程序进行处理,处理完并恢复被中断进程的现场后,返回到被中断进程。

硬件设备:I/O设备通常包括一个机械部件和一个电子部件。为了达到设计的模块性和通用性,一般将其分开:电子部件称为设备控制器(或适配器),在PC中,通常是一块插入主板扩充槽的印制电路板;机械部件则是设备本身。

7.4.1 设备的逻辑号和物理号

设备在操作系统中一般有两个标号,即逻辑设备号和物理设备号。逻辑设备号用来表明设备的类型。物理设备号用来表明具体的设备。当用户层软件需要使用I/O设备时,使用逻辑设备号即可申请设备,但是操作系统实际分配设备时需要使用设备的物理号。为了实现逻辑设备号到物理设备号的映射,需要有逻辑设备表存储二者的对应关系,逻辑设备表的结构如图7-11所示。

逻辑设备名	物理设备名
/dev/tty	4
/dev/printer	5
…	…

图7-11 逻辑设备表

逻辑设备表的设置一般有两种方式:第一种方式是整个系统中只设置一个逻辑设备表,这种方式的优点是比较简单。缺点是不同用户不能使用相同的逻辑设备名,所以只适合单用户的系统。第二种方式是每个用户一张设备表。这样可以实现不同用户使用相同的逻辑设备名,简化了用户软件的开发。

7.4.2 设备的独立性

现代计算机系统常常配置了许多类型的外围设备,同类设备又有多台,尤其是配置多台磁盘机或磁带机的情况很普遍。作业在执行前,应对静态分配的外围设备提出申请要求,如果申请时指定某一台具体的物理设备,那么分配工作就很简单,但当指定的某台设备有故障时,就不能满足申请,该作业也就不能运行。例如系统拥有A、B两台卡片输入机,现有作业J2申请一台卡片输入机,如果它指定使用A,那么作业J1已经占用A或者设备A坏了,虽然系统还有同类设备B是好的且未被占用,但也不能接收作业J2,显然这样做很不合理。为了解决这一问题,通常用户不指定特定的设备,而指定逻辑设备,使得用户作业和物理设备独立开来,再通过其他途径建立逻辑设备和物理设备之间的对应关系,我们称这种特性为"设备独立性"。设备独立性是指操作系统把所有外部设备统一当作成文件来看待,只要安装它们的驱动程序,任何用户都可以像使用文件一样,操纵、使用这些设备,而不必知道它们的具体存在形式。

具有设备独立性的系统中,用户编写程序时使用的设备与实际使用的设备无关,亦即逻辑设备名是用户命名的,可以更改,物理设备名是系统规定的,是不可更改的。设备管理的功能之一就是把逻辑设备名转换成物理设备名。

设备独立性带来的好处是:用户和物理的外围设备无关,系统增减或变更外围设备时程序不必修改;易于处理输入/输出设备故障,例如,某台行式打印机发生故障时,可用另一台替换,甚至可用磁带机或磁盘机等不同类型的设备代替,从而提高了系统的可靠性,增加了外围设备分配的灵活性,能更有效地利用外围设备资源,实现多道程序设计技术。

操作系统提供了设备独立特性后,程序员可利用逻辑设备进行输入/输出,而逻辑设备与物理设备之间的转换通常由操作系统的命令或语言来实现。由于操作系统大小和功能不同,具体实现逻辑设备到物理设备的转换就有差别,一般使用以下方法：利用作业控制语言实现批处理系统的设备转换,利用操作命令实现设备转换,利用高级语言的语句实现设备转换。

7.4.3 独占设备的分配

在多道程序环境下,系统中的进程共享设备。为防止进程对系统资源的无序竞争,必须由系统统一分配设备。系统确定 I/O 请求的可能性和安全性后才会按照分配策略给用户(进程)分配设备。在有控制器和通道的系统中,还要考虑分配相应的控制器和通道。

为了进行设备分配,系统需要相关表格记录设备、控制器和通道的相关信息。表格有：设备控制表(DCT)、控制器控制表(COCT)、通道控制表(CHCT)和系统设备表(SDT)等,下面分别介绍。

(1) 设备控制表(Device Control Table,DCT)。系统为每一个设备都配置了一张设备控制表,用于记录本设备的情况：设备类型(Type)、设备标识符(Deviceid)、设备状态(等待/不等待、忙/闲)、指向控制器表的指针、重复执行次数或时间、设备队列的队首指针。除此之外还应含有下列字段。

设备队列队首指针：凡因请求本设备而未得到满足的进程,其 PCB 都应按照一定的策略排成一个队列,称该队列为设备请求队列或设备队列。

设备状态：当设备自身正处于使用状态时,应将设备的忙/闲标志置“1”。若与该设备相连接的控制器或通道正忙,也不能启动该设备,此时应将设备的等待标志置“1”。

与设备连接的控制器表指针：该指针指向与该设备所连接的控制器的控制表,在设备到主机之间具有多条通路的情况下,一个设备将与多个控制器相连接。此时,在 DCT 中还应设置多个控制器表指针。

重复执行次数：由于外部设备在传送数据时,较易发生数据传送错误,因而在许多系统中,如果发生传送错误,并不立即认为传送失败,而是令它重新传送,并由系统规定设备在工作中发生错误时应重复执行的次数。

(2) 控制器控制表(Controller Control Table,COCT)。系统为每一个控制器都设置了一张用于记录本控制器情况的控制器控制表。其中记录了：控制器标识符(Controllerid)、控制器状态(忙/闲)、与控制器连接的通道表指针、控制器队列的队首指针、控制器队列的队尾指针。

(3) 通道控制表(Channel Control Table,CHCT)。每个通道都配有一张通道控制表。其中记录了：通道标识符(Channelid)、通道状态(忙/闲)、与通道连接的控制器表指针通道队列的队首指针、通道队列的队尾指针。

(4) 系统设备表(System Device Table,SDT)。这是系统范围的数据结构,其中记录了系统中全部设备的情况。每个设备占一个表目,其中包括有设备类型、设备标识符、设备控制表及设备驱动程序的入口等项。

在分配设备时,首先应考虑与设备分配有关的设备属性。设备的固有属性可分成三种：①独占性,指这种设备在一段时间内只允许一个进程独占,即“临界资源”；②共享性,指这种设备允许多个进程同时共享；③可虚拟性,设备本身虽是独占设备,但经过某种技术处理,可以把它改造成虚拟设备。

对于独占设备,由于分配不当可能会发生死锁,所以需要先针对是否会发生死锁进行安全性计算,仅当计算结果说明分配是安全的情况下才进行设备分配。在可分配的情况下按如下步骤分配。

分配设备,首先根据I/O请求中的物理设备名,查找系统设备表(SDT),从中找出该设备的DCT(设备分配表),再根据DCT中的设备状态字段,可知该设备是否正忙。若忙,便将请求I/O进程的PCB挂在设备队列上;否则,便按照一定的算法来计算本次设备分配的安全性。如果不会导致系统进入不安全状态,便将设备分配给请求进程;否则,仍将其PCB插入设备等待队列。

分配控制器,在系统把设备分配给请求I/O的进程后,再到其DCT(指向设备表的指针)中找出与该设备连接的控制器的COCT(控制器控制表),从COCT的状态字段中可知该控制器是否忙碌。若忙,便将请求I/O进程的PCB挂在该控制器的等待队列上;否则,便将该控制器分配给进程。

分配通道,通过COCT中与控制器连接的通道表指针,找到与该控制器连接的通道的CHCT(通道控制表),再根据CHCT内的状态信息,可知该通道是否忙碌。若忙,便将请求I/O的进程挂在该通道的等待队列上;否则,将该通道分配给进程。只有在设备、控制器和通道三者都分配成功时,这次的设备分配才算成功。然后,便可启动该I/O设备进行数据传送。

仔细研究上述基本的设备分配程序后可以发现,进程是以物理设备名来提出I/O请求的;采用的是单通路的I/O系统结构,容易产生"瓶颈"现象。可以从增加设备的独立性和考虑都通路的情况,以使独占设备的分配程序具有更强的灵活性,并提高分配的成功率。

7.5 设备处理

7.5.1 设备驱动程序

设备驱动程序通常又称为设备处理程序,是I/O进程与设备控制器之间的通信程序,由于常以进程的形式存在,简称为设备驱动进程。其主要任务是接收上层软件发来的抽象I/O要求,转换为具体要求后,发送给设备控制器,启动设备去执行I/O操作;此外,驱动程序也将从设备控制器发来的信号传送给上层软件。

由于驱动程序与硬件密切相关,故应为每一类设备配置一种驱动程序,有时也可为非常类似的两类设备配置一个驱动程序。例如,打印机和显示器需要不同的驱动程序,但SCSI磁盘驱动程序通常可以处理不同大小和不同速度的多个SCSI磁盘,甚至还可以处理SCSI CD-ROM。

为了实现I/O进程与设备控制器之间的通信,设备驱动程序应具有以下功能:接收由设备独立性软件发来的命令和参数,并将命令中的抽象要求转换为具体要求;检查用户I/O请求的合法性,了解I/O设备的状态,传递有关参数,设置设备的工作方式;发出I/O命令,如果设备空闲,便立即启动I/O设备去完成指定的I/O操作,如果设备处于忙碌状态,则将请求者的请求块挂在设备队列上等待;及时响应由控制器或通道发来的中断请求,并根据其中断类型调用相应的中断处理程序进行处理;对于设置有通道的计算机系统,驱动程序还应能够根据用户的 I/O 请求，自动地构成通道程序。

在不同的操作系统中所采用的设备处理方式并不完全相同。根据在设备处理时是否设置进程，以及设置什么样的进程而把设备处理方式分成以下三类：①为每一类设备设置一个进程，专门用于执行这类设备的 I/O 操作；为所有的交互式终端设置一个交互式终端进程；为同一类型的打印机设置一个打印进程；②在整个系统中设置一个 I/O 进程，专门用于执行系统中所有各类设备的 I/O 操作。也可以设置一个输入进程和一个输出进程，分别处理系统中所有各类设备的输入和输出操作；③不设置专门的设备处理进程，而只为各类设备设置相应的设备处理程序(模块)，供用户进程或系统进程调用。

设备驱动程序属于低级的系统例程，它与一般的应用程序及系统程序之间有下述明显差异：驱动程序主要是指在请求 I/O 的进程与设备控制器之间的一个通信和转换程序。驱动程序与设备控制器和 I/O 设备的硬件特性紧密相关，因而对不同类型的设备应配置不同的驱动程序。驱动程序与 I/O 设备所采用的 I/O 控制方式紧密相关。驱动程序与硬件紧密相关，因而其中的一部分必须用汇编语言编写。驱动程序应允许可重入。一个正在运行的驱动程序常会在一次调用完成前被再次调用。驱动程序不允许系统调用。

不同类型的设备应有不同的设备驱动程序，但大体上它们都可以分成两部分：能够驱动 I/O 设备工作的驱动程序；设备中断处理程序(处理 I/O 完成后的工作)。

设备驱动程序的主要任务是启动指定设备。启动之前，还必须完成必要的准备工作，如检测设备状态是否为“忙”等。在完成所有的准备工作后，才向设备控制器发送一条启动命令。以下是设备驱动程序的处理过程。①将抽象要求转换为具体要求。由于用户及上层软件对设备控制器的具体情况毫无了解，因而只能向它发出抽象的要求(命令)，但这些命令无法传送给设备控制器。因此就需要将这些抽象要求转换为具体要求。这一转换工作只能由驱动程序来完成，因为在操作系统(OS)中只有驱动程序才同时了解抽象要求和设备控制器中的寄存器情况，也只有它才知道命令、参数和数据应分别送往哪个寄存器。②检查 I/O 请求的合法性。③读出和检查设备的状态。④传送必要的参数，对于许多设备，特别是块设备，除必须向其控制器发送启动命令外，还需传送必要的参数。例如在启动磁盘进行读/写之前，应先将本次要传送的字节数和数据应到达的主存始址，送入控制器的相应寄存器中。工作方式的设置。启动 I/O 设备驱动程序发出 I/O 命令后，基本的 I/O 操作是在设备控制器的控制下进行的。通常，I/O 操作所要完成的工作较多，需要一定的时间，如读/写一个盘块中的数据，此时驱动(程序)进程把自己阻塞起来，直到中断到来时才将它唤醒。

7.5.2 设备的中断处理

I/O 设备完成数据处理后，由外设通过接口电路向 CPU 发出中断请求信号，CPU 在满足一定的条件下，暂停执行当前正在执行的程序，转入执行相应能够进行输入/输出操作的程序，待输入/输出操作执行完毕之后 CPU 即返回继续执行原来被中断的程序。

对于外部中断，中断请求信号是由外部设备产生，并施加到 CPU 的 NMI 或 INTR 引脚上，CPU 通过不断地检测 NMI 和 INTR 引脚信号来识别是否有中断请求发生。对于内部中断，中断请求方式不需要外部施加信号激发，而是通过内部中断控制逻辑去调用。无论是外部中断还是内部中断，中断处理过程都要经历以下步骤：请求中断→响应中断→关闭中断→保护断点→中断源识别→保护现场→中断服务→恢复现场→中断返回。

1. 请求中断

当某一中断源需要 CPU 为其进行中断服务时，就输出中断请求信号，使中断控制系统的中断请求触发器置位,向CPU请求中断。系统要求中断请求信号一直保持到CPU对其进行中断响应为止。

2. 响应中断

CPU对系统内部中断源提出的中断请求必须响应,而且自动取得中断服务子程序的入口地址,执行中断服务子程序。对于外部中断,CPU在执行当前指令的最后一个时钟周期去查询INTR引脚,若查询到中断请求信号有效,同时在系统开中断(即IF=1)的情况下,CPU向发出中断请求的外设回送一个低电平有效的中断应答信号,作为对中断请求INTR的应答,系统自动进入中断响应周期。

3. 关闭中断

CPU响应中断后,输出中断响应信号,自动将状态标志寄存器FR或EFR的内容压入堆栈保护起来,然后将FR或EFR中的中断标志位IF与陷阱标志位TF清零,从而自动关闭外部硬件中断。因为CPU刚进入中断时要保护现场,主要涉及堆栈操作,此时不能再响应中断,否则将造成系统混乱。

4. 保护断点

保护断点就是将CS和IP/EIP的当前内容压入堆栈保存,以便中断处理完毕后能返回被中断的原程序继续执行,这一过程也是由CPU自动完成。

5. 中断源识别

当系统中有多个中断源时,一旦有中断请求,CPU必须确定是哪一个中断源提出的中断请求,并由中断控制器给出中断服务子程序的入口地址,装入CS与IP/EIP两个寄存器。CPU转入相应的中断服务子程序开始执行。

6. 保护现场

主程序和中断服务子程序都要使用CPU内部寄存器等资源,为使中断处理程序不破坏主程序中寄存器的内容,应先将断点处各寄存器的内容压入堆栈保护起来,再进入中断处理。现场保护是由用户使用PUSH指令来实现的。

7. 中断服务

中断服务是执行中断的主体部分,不同的中断请求,有各自不同的中断服务内容,需要根据中断源所要完成的功能,事先编写相应的中断服务子程序存入内存,等待中断请求响应后调用执行。

8. 恢复现场

当中断处理完毕后,用户通过POP指令将保存在堆栈中的各个寄存器的内容弹出,即恢复主程序断点处寄存器的原值,中断返回。

在中断服务子程序的最后要安排一条中断返回指令IRET,执行该指令,系统自动将堆栈内保存的IP/EIP和CS值弹出,从而恢复主程序断点处的地址值,同时还自动恢复标志寄存器FR或EFR的内容,使CPU转到被中断的程序中继续执行。

7.6 虚拟设备

虚拟设备

7.6.1 脱机外围设备操作

脱机处理是指在不受主机控制的外部设备上进行数据处理,或与实时控制系统、主机不直接相连的数据处理。常用于主机速度不高的数据处理中,可以提高设备的利用率。

脱机处理时，外部设备上的数据需要一个相当长的等待时间后才被进行处理。当外部设备上有数据输入时，主机并不予处理，只是将外部设备的数据存放到缓冲区中。一旦缓冲区满了，或是等待的时间到了，主机才进行加工处理。

对输出的操作也是这样，一旦计算机要把处理结果输出，它只是把输出结果送入缓冲区中，然后向外部设备慢慢地进行输出，而主机又去进行其他的加工处理，当缓冲区中的数据全部输出完毕，主机再把下一批的数据存入缓冲区中。

数据处理工作完全独立于主机进行，使主机能摆脱慢速的输入/输出工作的牵制。如果输入/输出任务繁重，则可配置若干台微型机，一些专门从事脱机输入，另一些专门从事脱机输出。

脱机处理能提高设备的利用率，但需要操作员干预，只适用于批处理方式。在一批作业全部输入到辅助存储器中后，主机开始逐一处理，这批作业全部处理完毕后才由微型机将它们分离出来。在一批作业处理期间，如新来一个作业，即使是一个紧急任务且不要花费很多处理时间，系统也不能对它进行处理，只能把它放在下一批中，等待这批作业处理完后再作处理，因而灵活性差。

7.6.2 联机外围设备操作

与脱机处理相对应的是联机处理，也就是 I/O 处理全部都在主机的控制之下执行。在输入数据时，如果要对数据进行合法性验证，就应考虑采用联机处理的方式，以便及时发现输入数据的错误，并及时予以更正。联机处理和脱机处理之间的唯一区别由来自服务的更新的频率决定，判定脱机处理的条件是：在重新连接之前不能执行请求，无论是对信息的请求还是对更新的请求。

例如，如果使用的是脱机电子邮件系统，则收件箱可能没有处于最新状态；不过，这或许不能算是个问题，因为电子邮件本身在服务器端等待被下载时不会发生更改。可是，当脱机使用一个日程编排系统时，可能会发现并发问题，因为不同的人可能为一个约会指定了同一天的同一时间。在这种情况下，系统必须能够检测，并且可能解决冲突。理论上来说，这种事情在联机时也可能发生，唯一的区别是，系统会更早地通知预约冲突，可以立即作出反应。

7.6.3 SPOOLing 技术应用

在用直接存取的大容量磁盘作为辅助存储器的系统中，不使用卫星机实现脱机输入/输出，而由主机和通道来承担这一功能。输入程序负责把输入设备上的作业源源不断地输入到磁盘的某个区域(作业输入区)中，并把描述作业的信息登记在等待队列中，以供主机调入处理。各作业要输出的信息存在磁盘的另一个区域(作业输出区)中，当输出设备空闲时，由输出程序将输出区中的信息输出。

由于输入程序和输出程序的运行时间很短，仅仅是组织信息的输入和输出以及在相应队列中登记信息所需的时间，可使人产生一种作业进入和信息输出是脱机进行的感觉，这称为假脱机输入/输出系统。

这种在联机情况下实现的同时外围操作称为 SPOOLing(Simultaneous Peripheral Operation On-Line)，或称为假脱机操作。

由上所述得知,SPOOLing技术是对脱机输入/输出系统的模拟。

SPOOLing系统主要有以下三部分。

(1) 输入井和输出井。这是在磁盘上开辟的两个大存储空间。输入井是模拟脱机输入时的磁盘设备,用于暂存I/O设备输入的数据;输出井是模拟脱机输出时的磁盘,用于暂存用户程序的输出数据。

(2) 输入缓冲区和输出缓冲区。为了缓和CPU和磁盘之间速度不匹配的矛盾,在内存中要开辟两个缓冲区:输入缓冲区和输出缓冲区。输入缓冲区用于暂存由输入设备送来的数据,以后再传送到输入井。输出缓冲区用于暂存从输出井送来的数据,以后再传送给输出设备。

(3) 输入进程SPi和输出进程SPo。这里利用两个进程来模拟脱机I/O时的外围控制机。其中,进程SPi模拟脱机输入时的外围控制机,将用户要求的数据从输入机通过输入缓冲区再送到输入井,当CPU需要输入数据时,直接从输入井读入内存;进程SPo模拟脱机输出时的外围控制机,把用户要求输出的数据先从内存送到输出井,待输出设备空闲时,再将输出井中的数据经过输出缓冲区送到输出设备上。

SPOOLing系统具有如下主要特点。

(1) 提高了I/O的速度。这里对数据所进行的I/O操作,已从对低速设备进行的I/O操作,演变为对输入井或输出井中数据的存取,如同脱机输入/输出一样,提高了I/O速度,缓和了CPU与低速I/O设备之间速度不匹配的矛盾。

(2) 将独占设备改造为共享设备。因为在SPOOLing系统中,实际上没有为任何进程分配设备,而只是在输入井或输出井中为进程分配一个存储区和建立一张I/O请求表。这样,便把独占设备改造为共享设备。

(3) 实现了虚拟设备功能。宏观上,虽然是多个进程在同时使用一台独占设备,而对于每一个进程而言,它们都会认为自己是独占了一个设备。当然,该设备只是逻辑上的设备。SPOOLing系统实现了将独占设备变换为若干台对应的逻辑设备的功能。

7.7 磁盘管理

7.7.1 磁盘结构与性能参数

磁盘存储器,以磁盘为存储介质的存储器。它是利用磁记录技术在涂有磁介质的旋转圆盘上进行数据存储的辅助存储器。具有存储容量大、数据传输率高、存储数据可长期保存等特点。

在计算机系统中,磁盘存储器常用于存放操作系统、程序和数据,是主存储器的扩充。发展趋势是提高存储容量,提高数据传输率,减少存取时间,并力求轻、薄、短、小。磁盘存储器通常由磁盘、磁盘驱动器(或称磁盘机)和磁盘控制器构成。

磁盘存储器利用磁记录技术在旋转的圆盘介质上进行数据存储的辅助存储器。这是一种应用广泛的直接存取存储器。其容量较主存储器大千百倍,在各种规模的计算机系统中,常用作存放操作系统、程序和数据,是对主存储器的扩充。磁盘存储器存入的数据可长期保存,与其他辅助存储器比较,磁盘存储器具有较大的存储容量和较快的数据传输速率。典型的磁盘驱动器包括盘片主轴旋转机构与驱动电机、头臂与头臂支架、头臂驱动电机、净化盘腔与空气净化机构、写入读出电路、伺服定位电路和控制逻辑电路等。

磁盘以恒定转速旋转。悬挂在头臂上具有浮动面的头块(浮动磁头),靠加载弹簧的力量压向盘面,盘片表面带动的气流将头块浮起。头块与盘片间保持稳定的微小间隙。经滤尘器过滤的空气不断送入盘腔,保持盘片和头块处于高度净化的环境内,以防头块与盘面划伤。根据控制器送来的磁道地址(即圆柱面地址)和寻道命令,定位电路驱动直线电机将头臂移至目标磁道上。伺服磁头读出伺服磁道信号并反馈到定位电路,使头臂跟随伺服磁道稳定在目标磁道上。读写与选头电路根据控制器送来的磁头地址接通应选的磁头,将控制器送来的数据以串行方式逐位记录在目标磁道上;或反之,从选定的磁道读出数据并送往控制器。头臂装在梳形架小车上,在寻道时所有头臂一同移动。所有数据面上相同直径的同心圆磁道总称圆柱面,即头臂定位一次所能存取的全部磁道。每个磁道都按固定的格式记录。在标志磁道起始位置的索引之后,记录该道的地址(圆柱面号和头号)、磁道的状况和其他参考信息。在每一记录段的尾部附记有该段的纠错码,对连续少数几位的永久缺陷所造成的错误靠纠错码纠正,对有多位永久缺陷的磁道须用备份磁道代替。写读操作是以记录段为单位进行的。记录段的长度有固定段长和可变段长两种。

磁盘的主要技术参数如下。

平均潜伏期。这一指标是指当磁头移动到指定磁道后,要等多长时间指定的读/写扇区会移动到磁头下方(盘片是旋转的),盘片转得越快,潜伏期越短。平均潜伏期是指磁盘转动半圈所用的时间。显然,同一转速的硬盘的平均潜伏期是固定的。7200r/min 时约为 4.167ms,5400r/min 时约为 5.556ms。

存储密度。存储密度分道密度、位密度和面密度。道密度是沿磁盘半径方向单位长度上的磁道数,单位为道/英寸(1 英寸=2.54cm)。位密度是磁道单位长度上能记录的二进制代码位数,单位为位/英寸。面密度是位密度和道密度的乘积,单位为位/平方英寸。

存储容量。一个磁盘存储器所能存储的字节总数,称为磁盘存储器的存储容量。存储容量有格式化容量和非格式化容量之分,格式化容量是指按照某种特定的记录格式所能存储信息的总量,也就是用户可以真正使用的容量。非格式化容量是磁记录表面可以利用的磁化单元总数。将磁盘存储器用于某计算机系统中,必须首先进行格式化操作,然后才能供用户记录信息。格式化容量一般是非格式化容量的 60%~70%。

磁盘存储器平均存取时间。存取时间是指从发出读写命令后,磁头从某一起始位置移动至新的记录位置,到开始从盘片表面读出或写入信息所需要的时间。这段时间由两个数值所决定:一个是将磁头定位至所要求的磁道上所需的时间,称为定位时间或寻道时间;另一个是寻道完成后至磁道上需要访问的信息到达磁头下的时间,称为等待时间。这两个时间都是随机变化的,因此往往使用平均值来表示。平均存取时间等于平均寻道时间与平均等待时间之和。平均寻道时间是最大寻道时间与最小寻道时间的平均值,平均寻道时间为 10~20ms。平均等待时间和磁盘转速有关,它用磁盘旋转一周所需时间的一半来表示,固定头磁盘转速高达 6000r/min,故平均等待时间为 5ms。

数据传输率。磁盘存储器在单位时间内向主机传送数据的字节数,叫数据传输率。传输率与存储设备和主机接口逻辑有关。从主机接口逻辑考虑,应有足够快的传送速度向设备接收/发送信息。从存储设备考虑,假设磁盘旋转速度为每秒 n 转,每条磁道容量为 N 字节,则数据传输率 $\mathrm{Dr}=nN$(单位为 B/s),也可以写成 $\mathrm{Dr}=D\cdot v$(单位为 B/s),其中 D 为位密度,v 为磁盘旋转的线速度,磁盘存储器的数据传输率可达几十兆字节/秒。

7.7.2 磁盘空间的管理

如7.7.1节所述,磁盘存储器按照扇区、磁道和柱面进行划分。其中扇区是磁盘存储器读写的基本单位,一般我们称扇区为存储块,对I/O设备分类时,一般将磁盘存储设备称为块设备。格式化过程中会将磁盘的扇区按照文件系统的格式进行组织,实现磁盘存储空间的管理。

7.7.3 磁盘调度策略

在多道程序设计的计算机系统中,各个进程可能会不断提出不同的对磁盘进行读/写操作的请求。由于有时候这些进程的发送请求的速度比磁盘响应的还要快,因此我们有必要为每个磁盘设备建立一个等待队列。

一次磁盘读写操作的时间由寻找(寻道)时间、延迟时间和传输时间决定。其中延迟时间是随机值,传输时间由读写的数据量决定,所以磁盘调度算法能够直接决定就是寻道时间。通过影响寻道时间,磁盘调度算法就影响了磁盘访问的总时间。

常用磁盘调度算法有:先来先服务算法、最短寻找时间优先算法、扫描算法、循环扫描算法。

磁盘调度-先来先服务

(1) 先来先服务算法。FCFS算法根据进程请求访问磁盘的先后顺序进行调度,这是一种最简单的调度算法。该算法的优点是具有公平性。如果只有少量进程需要访问,且大部分请求都是访问簇聚的文件扇区,则有望达到较好的性能;但如果有大量进程竞争使用磁盘,那么这种算法在性能上往往接近于随机调度。所以,实际磁盘调度中考虑一些更为复杂的调度算法。

算法思想:按访问请求到达的先后次序服务。

优点:简单,公平。

缺点:效率不高,相邻两次请求可能会造成最内到最外的柱面寻道,使磁头反复移动,增加了服务时间,对机械也不利。

例7-1 假设磁盘访问序列:98,183,37,122,14,124,65,67。读写头起始位置:53。求:磁头服务序列和磁头移动总距离(道数)。

由题意和先来先服务算法的思想,得到如图7-12所示的磁头移动轨迹。由此:

磁头服务序列为:98,183,37,122,14,124,65,67

磁头移动总距离$=(98-53)+(183-98)+|37-183|+(122-37)+|14-122|+(124-14)+|65-124|+(67-65)=640$(磁道)

磁盘调度-最短寻找时间优先

(2) 最短寻找时间优先算法。SSTF算法选择调度处理的磁道是与当前磁头所在磁道距离最近的磁道,以使每次的寻找时间最短。当然,总是选择最小寻找时间并不能保证平均寻找时间最小,但是能提供比FCFS算法更好的性能。这种算法会产生"饥饿"现象。

算法思想:优先选择距当前磁头最近的访问请求进行服务,主要考虑寻道优先。

优点:改善了磁盘平均服务时间。

缺点:造成某些访问请求长期等待得不到服务。

例7-2 对上例的磁盘访问序列,可得磁头移动的轨迹如图7-13所示。由此:

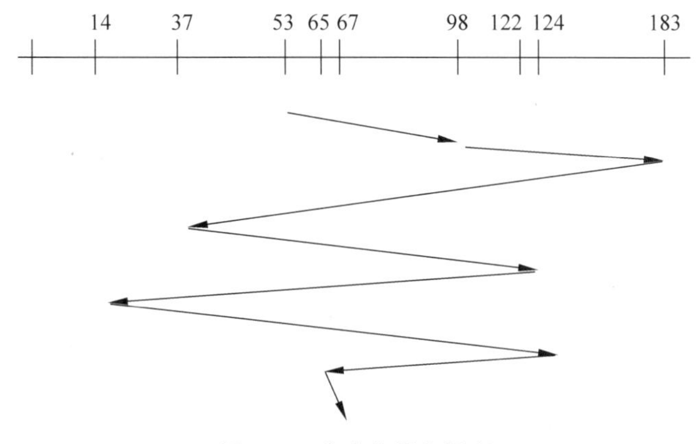

图 7-12　先来先服务调度

磁头服务序列为：65,67,37,14,98,122,124,183

磁头移动总距离=(65−53)+(67−65)+|37−67|+|14−37|+(98−14)+(122−98)+(124−122)+(184−124)=237(磁道)

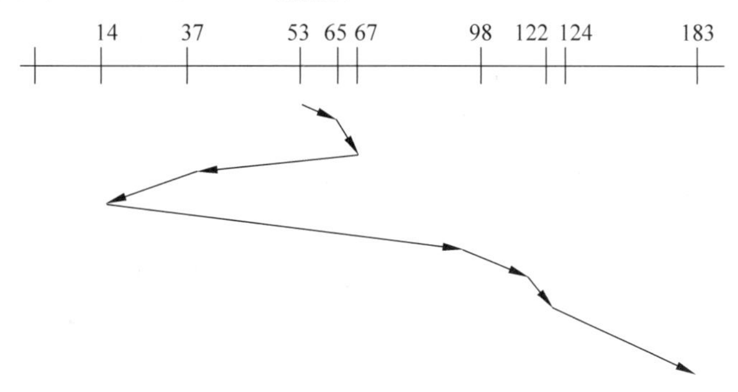

图 7-13　最短寻找时间优先算法

(3) 扫描算法(又称电梯算法)。SCAN 算法在磁头当前移动方向上选择与当前磁头所在磁道距离最近的请求作为下一次服务的对象。由于磁头移动规律与电梯运行相似,故又称为电梯调度算法。SCAN 算法对最近扫描过的区域不公平,因此,它在访问局部性方面不如 FCFS 算法和 SSTF 算法好。

磁盘调度-扫描算法

算法思想：当设备无访问请求时,磁头不动；当有访问请求时,磁头按一个方向移动,在移动过程中对遇到的访问请求进行服务,然后判断该方向上是否还有访问请求,如果有则继续扫描；否则改变移动方向,并为经过的访问请求服务,如此反复,如图 7-14 所示。

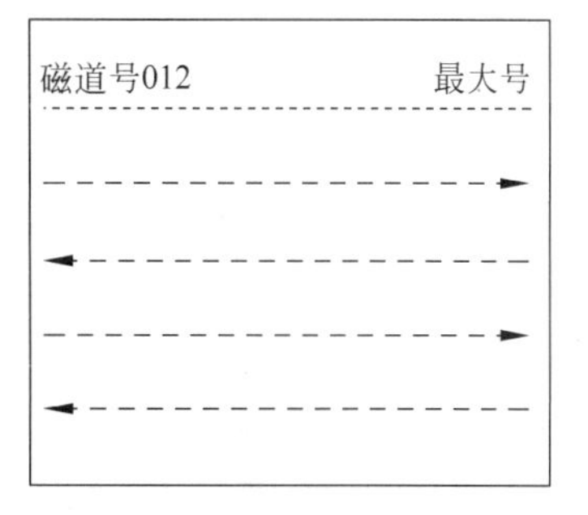

图 7-14　扫描算法(电梯算法)的磁头移动轨迹

优点：克服了最短寻道优先的缺点,既考虑了距离,又考虑了方向。

循环扫描算法,在扫描算法的基础上规定磁头单向移动来提供服务,回返时直接快速移动至起始端而不服务任何请求。由于 SCAN 算法偏向于处理那些接近最里或最外的磁道的访问请求,所以使用改进型的 C-SCAN 算法来避免这个问题。

采用 SCAN 算法和 C-SCAN 算法时磁头总是严格地遵循从盘面的一端到另一端，显然，在实际使用时还可以改进，即磁头移动只需要到达最远端的一个请求即可返回，不需要到达磁盘端点。这种形式的 SCAN 算法和 C-SCAN 算法称为 LOOK 和 C-LOOK 调度。这是因为它们在朝一个给定方向移动前会查看是否有请求。注意，若无特别说明，也可以默认 SCAN 算法和 C-SCAN 算法为 LOOK 和 C-LOOK 调度。

7.7.4 RAID 技术

RAID 是英文 Redundant Array of Independent Disks 的缩写，中文简称为独立冗余磁盘阵列。简单地说，RAID 是一种把多块独立的硬盘(物理硬盘)按不同的方式组合起来形成一个硬盘组(逻辑硬盘)，从而提供比单个硬盘更高的存储性能和提供数据备份的技术。

在计算机发展的初期，“大容量”硬盘的价格还相当高，解决数据存储安全性问题的主要方法是使用磁带机等设备进行备份，这种方法虽然可以保证数据的安全，但查阅和备份工作都相当烦琐。

1987 年，Patterson、Gibson 和 Katz 这三位工程师在加州大学伯克利分校发表了题为“A Case of Redundant Array of Inexpensive Disks”(《廉价磁盘冗余阵列方案》)的论文，其基本思想就是将多只容量较小的、相对廉价的硬盘驱动器进行有机组合，使其性能超过一只昂贵的大硬盘。

这一设计思想很快被接受，从此 RAID 技术得到了广泛应用，数据存储进入了更快速、更安全、更廉价的新时代。

磁盘阵列对于 PC 用户，还是比较陌生和神秘的。印象中的磁盘阵列似乎还停留在这样的情景中：在宽阔的大厅里，林立的磁盘柜，数名表情阴郁、早早谢顶的工程师徘徊在其中，不断从中抽出一块块沉重的硬盘，再插入一块块似乎更加沉重的硬盘……终于，随着大容量硬盘的价格不断降低，PC 的性能不断提升，IDE-RAID 作为磁盘性能改善的最廉价解决方案，开始走入一般用户的计算机系统。

RAID 技术主要包含 RAID 0～RAID 7 等数个规范，它们的侧重点各不相同，常见的规范有如下几种。

RAID 0：连续以位或字节为单位分割数据，并行读/写于多个磁盘上，因此具有很高的数据传输率，但它没有数据冗余，因此并不能算是真正的 RAID 结构。RAID 0 只是单纯地提高性能，并没有为数据的可靠性提供保证，而且其中的一个磁盘失效将影响到所有数据。因此，RAID 0 不能应用于数据安全性要求高的场合。

RAID 1：它是通过磁盘数据镜像实现数据冗余，在成对的独立磁盘上产生互为备份的数据。当原始数据繁忙时，可直接从镜像备份中读取数据，因此 RAID 1 可以提高读取性能。RAID 1 是磁盘阵列中单位成本最高的，但提供了很高的数据安全性和可用性。当一个磁盘失效时，系统可以自动切换到镜像磁盘上读写，而不需要重组失效的数据。

RAID 0+1：也被称为 RAID 10 标准，实际是将 RAID 0 和 RAID 1 标准结合的产物，在连续地以位或字节为单位分割数据并且并行读/写多个磁盘的同时，为每一块磁盘作磁盘镜像进行冗余。它的优点是同时拥有 RAID 0 的超凡速度和 RAID 1 的数据高可靠性，但是 CPU 占用率同样也更高，而且磁盘的利用率比较低。

RAID 2：将数据条块化地分布于不同的硬盘上，条块单位为位或字节，并使用称为“加重平均纠错码(海明码)”的编码技术来提供错误检查及恢复。这种编码技术需要多个磁盘存放检查及恢复信息,使得 RAID 2 技术实施更复杂,因此在商业环境中很少使用。

RAID 3:它同 RAID 2 非常类似,都是将数据条块化分布于不同的硬盘上,区别在于 RAID 3 使用简单的奇偶校验,并用单块磁盘存放奇偶校验信息。如果一块磁盘失效,奇偶盘及其他数据盘可以重新产生数据;如果奇偶盘失效则不影响数据使用。RAID 3 对于大量的连续数据可提供很好的传输率,但对于随机数据来说,奇偶盘会成为写操作的瓶颈。

RAID 4:RAID 4 同样也将数据条块化并分布于不同的磁盘上,但条块单位为块或记录。RAID 4 使用一块磁盘作为奇偶校验盘,每次写操作都需要访问奇偶盘,这时奇偶校验盘会成为写操作的瓶颈,因此 RAID 4 在商业环境中也很少使用。

RAID 5:RAID 5 不单独指定的奇偶盘,而是在所有磁盘上交叉地存取数据及奇偶校验信息。在 RAID 5 上,读/写指针可同时对阵列设备进行操作,提供了更高的数据流量。RAID 5 更适合于小数据块和随机读写的数据。

RAID 3 与 RAID 5 相比,最主要的区别在于 RAID 3 每进行一次数据传输就需涉及所有的阵列盘;而对于 RAID 5 来说,大部分数据传输只对一块磁盘操作,并可进行并行操作。在 RAID 5 中有“写损失”,即每一次写操作将产生四个实际的读/写操作,其中两次读旧的数据及奇偶信息,两次写新的数据及奇偶信息。

RAID 6:与 RAID 5 相比,RAID 6 增加了第二个独立的奇偶校验信息块。两个独立的奇偶系统使用不同的算法,数据的可靠性非常高,即使两块磁盘同时失效也不会影响数据的使用。但 RAID 6 需要分配给奇偶校验信息更大的磁盘空间,相对于 RAID 5 有更大的“写损失”,因此“写性能”非常差。较差的性能和复杂的实施方式使得 RAID 6 很少得到实际应用。

RAID 7:这是一种新的 RAID 标准,其自身带有智能化实时操作系统和用于存储管理的软件工具,可完全独立于主机运行,不占用主机 CPU 资源。RAID 7 可以看作一种存储计算机(Storage Computer),它与其他 RAID 标准有明显区别。除了以上的各种标准,我们可以如 RAID 0+1 那样结合多种 RAID 规范来构筑所需的 RAID 阵列,例如 RAID 5+3 (RAID 53)就是一种应用较为广泛的阵列形式。用户一般可以通过灵活配置磁盘阵列来获得更加符合其要求的磁盘存储系统。

7.8 磁盘高速缓存

磁盘缓存,又称磁盘快取,实际上就是将下载到的数据先保存于系统为软件分配的内存空间中(这个内存空间被称之为“内存池”),当保存到内存池中的数据达到一定程度时,便将数据保存到硬盘中。这样可以减少实际的磁盘操作,有效的保护磁盘免于重复的读写操作而导致的损坏。

磁盘缓存是为了减少 CPU 通过 I/O 读取磁盘机的次数,提升磁盘 I/O 的效率,用一块内存来储存存取较频繁的磁盘内容;因为内存的存取是电子动作,而磁盘的存取是 I/O 动作,感觉上磁盘 I/O 变得较为快速。相同的技巧可用在写入动作,我们先将欲写入的内容放入内存中,等到系统有其他空闲的时间,再将这块内存的数据写入磁盘中。

7.8.1 设计考虑因素

设计磁盘高速缓存,主要考虑如下因素。

第一个因素,当一个I/O请求从一个磁盘高速缓存中得到满足时,磁盘高速缓存中的数据必须传送到发送请求的进程。这可以通过在内存中把这一块数据从磁盘高速缓存中传送到分配给用户进程的存储空间中,或者简单地通过使用一个共享内存,传送指向磁盘高速缓存中相应的指针。

第二个因素就是高速缓存的置换策略。常用的置换策略有以下几种。

(1) 先进先出算法,即FIFO算法(First-In First-Out Algorithm)。这种算法选择最先调入缓存的块作为被替换的页面。它的优点是比较容易实现,能够利用缓存中块调度情况的历史信息,但是,没有反映程序的局部性。因为最先调入缓存的块,很可能也是经常要使用的页面。

(2) 近期最少使用算法,即LFU算法(Least Frequently Used Algorithm)。这种算法选择近期最少访问的块作为被替换的块。显然,这是一种非常合理的算法,因为到目前为止最少使用的块,很可能也是将来最少访问的块。该算法既充分利用了缓存中块调度情况的历史信息,又正确反映了程序的局部性。但是,这种算法实现起来非常困难。

(3) 最久没有使用算法,即LRU算法(Least Recently Used Algorithm)。这种算法把近期最久没有被访问过的块作为被替换的块。它把LFU算法中要记录数量上的"多"与"少"简化成判断"有"与"无",因此,实现起来比较容易。

7.8.2 性能考虑因素

磁盘高速缓存的性能问题可以简化为是否可以达到特定的命中率。这取决于访问磁盘的局部性行为、置换算法和其他设计因素。一般,命中率主要是磁盘高速缓存大小的函数。访问模式的顺序和相关的设计问题,如块大小,也对性能产生重要影响。

7.9 磁盘讨论

7.9.1 固态硬盘

固态硬盘(Solid State Drives),简称固盘,是用固态电子存储芯片阵列而制成的硬盘,由控制单元和存储单元(Flash芯片、DRAM芯片)组成。固态硬盘在接口的规范和定义、功能及使用方法上与普通硬盘的完全相同,在产品外形和尺寸上也完全与普通硬盘一致。被广泛应用于军事、车载、工控、视频监控、网络监控、网络终端、电力、医疗、航空、导航设备等领域。

固态硬盘的存储介质分为两种,一种是采用闪存(Flash芯片)作为存储介质,另外一种是采用DRAM作为存储介质。

基于闪存类:基于闪存的固态硬盘(IDE Flash Disk、Serial ATA Flash Disk):采用Flash芯片作为存储介质,这也是通常所说的SSD。它的外观可以被制作成多种模样,例如笔记本硬盘、微硬盘、存储卡、U盘等样式。这种SSD固态硬盘最大的优点就是可以移动,而且数据保护不受电源控制,能适应于各种环境,适合于个人用户使用。

基于DRAM类：基于DRAM的固态硬盘采用DRAM作为存储介质，应用范围较窄。它仿效传统硬盘的设计，可被绝大部分操作系统的文件系统工具进行卷设置和管理，并提供工业标准的PCI和FC接口用于连接主机或者服务器。应用方式可分为SSD硬盘和SSD硬盘阵列两种。它是一种高性能的存储器，而且使用寿命很长，美中不足的是需要独立电源来保护数据安全。DRAM固态硬盘属于比较非主流的设备。

固态硬盘具有如下优点。

(1) 读写速度快。采用闪存作为存储介质，读取速度相对机械硬盘更快。固态硬盘不用磁头，寻道时间几乎为0。持续写入的速度非常惊人，随机读写速度快远超机械硬盘。最常见的7200转机械硬盘的寻道时间一般为12～14ms，而固态硬盘可以轻易达到0.1ms甚至更低。

(2) 防震抗摔性。传统硬盘都是磁碟型的，数据储存在磁碟扇区里。而固态硬盘是使用闪存颗粒(即MP3、U盘等存储介质)制作而成，所以SSD固态硬盘内部不存在任何机械部件，这样即使在高速移动甚至伴随翻转倾斜的情况下也不会影响到正常使用，而且在发生碰撞和震荡时能够将数据丢失的可能性降到最小。相较传统硬盘，固态硬盘占有绝对优势。

(3) 低功耗。固态硬盘的功耗上要低于传统硬盘。

(4) 无噪声。固态硬盘没有机械马达和风扇，工作时噪声值为0dB。基于闪存的固态硬盘在工作状态下能耗和发热量较低(但高端或大容量产品能耗会较高)。内部不存在任何机械活动部件，不会发生机械故障，也不怕碰撞、冲击、振动。由于固态硬盘采用无机械部件的闪存芯片，所以具有了发热量小、散热快等特点。

(5) 工作温度范围大。典型的硬盘驱动器只能在5～55℃范围内工作，而大多数固态硬盘可在－10～70℃范围内工作。固态硬盘比同容量机械硬盘体积小、重量轻。固态硬盘的接口规范和定义、功能及使用方法上与普通硬盘的相同，在产品外形和尺寸上也与普通硬盘一致。其芯片的工作温度范围很宽(－40～85℃)。

(6) 轻便。固态硬盘在质量方面更轻，与常规1.8英寸硬盘相比，质量轻20～30g。

除了具有上述优点，固态硬盘也有如下缺点。

(1) 容量。固态硬盘最大容量有限。

(2) 寿命限制。固态硬盘闪存具有擦写次数限制的问题，这也是许多人诟病其寿命短的所在。

(3) 售价高。市场上1TB固态硬盘产品的价格大约为920元人民币，而1TB机械硬盘的价格大约为300元人民币(2021年价格)。相同存储单位的固态硬盘价格为机械硬盘的3倍左右。

7.9.2 智能磁盘系统

本章讨论的磁盘本身提供的仅仅是存储容量，而这个存储容量需要由操作系统来管理。除了非常细微或程度很轻的读写错误外，这种磁盘一般不能检测和恢复本身的错误。一旦磁盘崩溃，整个系统就宣告结束。还有一种磁盘是智能磁盘，这种磁盘具有一定的智能，除了提供存储容量外，还能够进行自我检测并从某些错误中恢复。当错误的频率和烈度达到一定的临界点时，这种磁盘能够向系统发出警报，以便系统管理员及时更换磁盘，避免由磁盘崩溃所造成的信息丢失，这种功能需要操作系统提供支持。

由于大部分桌面操作系统不支持在线磁盘更换,这种在线更换的能力通常由所谓的智能存储系统提供。智能存储系统是存储设备里面的顶级大师,通常由许多智能和非智能的磁盘构成,存储容量一般在TB级,现在更常在PB级,甚至EB级,所以智能存储系统有时也称作海量存储设备。这类存储设备有自己的中央处理器和高速缓存,有自己的操作系统,能够独立于服务器而存在和运行。

小　结

现代计算机系统都连接了许多不同类型的I/O设备,不同类型的I/O设备具有不同的速度和访问特性,使用缓冲区可以较好地平衡处理器和I/O设备之间的速度差异。

软件系统开发应该独立于具体的硬件设备,这样才能达到好的通用性和移植性,使用分层的体系结构可以将用户程序和具体硬件隔离开,不同层完成不同的任务。使用驱动程序结构有利于系统添加新的硬件,给系统的扩充提供便利。

磁盘系统能够存储大量信息。传统的机械磁盘系统具有特殊的硬件结构,使用合适的调度算法可以提高整体的数据传输速度。RAID系统使用价格较低的多个磁盘组成了大容量稳定的磁盘,可以很好地容错。固态硬盘提供了更好的便携性。

第8章 文件管理

计算机系统在运行过程中需要使用程序来处理大量的数据。程序和数据需要在内存中才能被计算机访问和处理。但是内存的容量有限，而且内存是易失存储器，因此可以将程序和数据存储在外部存储器中。外部存储器中的存储内容以文件的形式被组织在一起，为了方便用户使用并提高安全性和并发情况下的一致性，文件由操作系统进行统一管理。这就需要操作系统提供文件管理功能，文件管理功能主要包括文件的存取、共享和保护等。

8.0 问题导入

在现代计算机系统中，要用到大量的程序和数据，由于内存容量有限且无法长期保存，所以它们是以文件的形式存放在外存，需要时再将它们调入内存。用户和系统要频繁地对它们进行访问，如果让用户在程序中自己安排它们在外存的存放位置，不仅要求用户熟悉外存的特性、各种文件的属性以及它们在外存上的位置，而且在多用户环境下，还必须保证数据的安全性和一致性。这些工作是用户能胜任的吗？

8.1 文件管理概述

8.1.1 文件和文件系统

文件(File)是操作系统中的一个重要概念。文件可以有如下定义：①文件是软件机构、软件资源的管理方式；②具有符号名的一组相关元素的有序序列，是一段程序或数据的集合；③一组赋名的相关联字符流的集合，或者是相关记录，记录是有意义的信息集合。

在系统运行时，计算机以进程为基本单位进行资源的调度和分配；而在用户进行的输入、输出中，则以文件为基本单位。大多数应用程序的输入都是通过文件来实现的，其输出也都保存在文件中，以便信息的长期存储及将来的访问。当用户将文件用于应用程序的输入、输出时，还希望可以访问文件、修改文件和保存文件等，实现对文件的维护管理，这就需要系统提供一个文件管理系统，操作系统中的文件系统(File System)就是用于实现用户的这些管理要求。

从用户的角度看，文件系统是操作系统的重要部分之一。用户关心的是如何命名、分类和查找文件，如何保证文件数据的安全性以及对文件可以进行哪些操作等。而对其中的细节，如文件如何存储在辅存上、如何管理辅存等问题很少关心。

文件系统提供了与二级存储相关的资源的抽象，让用户能在不了解文件的各种属性、文件存储介质的特征以及文件在存储介质上的具体位置等情况下，方便快捷地使用文件。用户通过文件系统建立文件,提供应用程序的输入、输出,对资源进行管理。

8.1.2 文件的分类和结构

1. 文件的分类

系统中的文件具有多种类型,文件的分类方法主要有以下几种。

1) 按文件性质和用途分类

系统文件:由系统软件构成的文件。只允许用户通过系统调用或系统提供的专用命令来执行它们,不允许对其进行读写和修改。这些文件主要由操作系统核心和各种系统应用程序或实用工具程序和数据组成,例如,msdos.sys、io.sys及UNIX系统下的核心文件/unix。

库文件:这类文件允许用户对其进行读取和执行,但不允许对其进行修改,主要由各种标准子程序库组成,例如,C语言的 *.LIB、UNIX系统下的/lib、/usr/lib目录下的文件。

用户文件:这类文件是用户通过操作系统保存的用户文件,由文件的所有者或所有者授权的用户才能使用,用户将这些文件委托和操作系统保管。主要由用户的源程序、可执行目标程序、用户数据库组成,例如,*.c、*.dbf、*.o等。

2) 按操作保护分类

只读文件(Read Only):只允许文件主及被核准的用户去读文件,而不允许写文件。

可读写文件(Read/Write):允许文件主及被核准的用户去读和写文件。

可执行文件(Execute):允许文件主及被核准的用户去调用执行文件而不允许读和写文件。

各个操作系统的保护方法和级别有所不同。

DOS操作系统的文件保护有3种:系统(System, S)、隐藏(Hide, H)、可写(Write,W)。UNIX操作系统的文件保护有9种,分为3组,分别为文件主(Owner)、同组(Group)、其他(Other)。每组均有r、w、x的权限控制。

3) 按使用情况分类

临时文件(Temporary File):用于系统在工作过程中产生的中间文件,一般有暂存的目录,如\temp、/tmp、/temporary file。正常情况下,工作完毕后会自动删除,异常中断时可能会残留一些临时文件。

永久文件:指受系统管理的各种系统文件和用户文件,经过安装、编辑、编译生成的文件,存放在软盘、硬盘、光盘等外部设备上。

档案文件:系统或一些使用工具软件包在工作过程中记录在案的文档资料文件,以便查阅历史档案,如:*.hst、*.log、*.CHK等。

4) 按用户观点分类(UNIX或Linux操作系统)

普通文件(常规文件):是系统中最一般组织格式的文件,包含系统文件、用户文件和库函数文件、实用程序文件等。

目录文件:是由文件的目录信息构成的特殊文件,操作系统将目录也称为文件,便于统一管理。

特殊文件(设备驱动程序文件):在UNIX或Linux中所有的I/O设备都被看成特殊文件,通过链接方式,它与设备驱动程序紧密相连。

5）按存取的物理结构分类

顺序（连续）文件：文件中的记录，顺序地存储到连续的物理块中，顺序文件中所记录的次序，与它们存储在物理介质上存放的顺序是一致的。如：存放在磁带上的文件。

链接文件：文件中的记录可存放在并不相邻的各个物理块中，通过物理块中的链接指针组成一个链表来管理，形成一个完整的文件，又称为直接存取文件或指针串联文件。

索引文件：文件的记录可存储在不相邻的各个物理块中，记录和物理块之间通过索引表项按关键字存取文件，通过物理块中的索引表的管理，形成一个完整的文件。

6）按文件的逻辑存储结构分类

有结构文件：由若干个记录所构成的文件，又称为记录式文件。根据记录的长度特点又可分为定长记录文件和可变长记录文件。如：目前常用的数据库文件大多是定长记录文件。

无结构文件：这是直接由字符序列所构成的文件，又称为流式文件。一般来说，操作系统就是这种文件结构，可以把流式文件看成是记录文件的特例，即其中每个记录只含有一个字符。

7）按文件的数据形式分类

源文件：是指源程序和数据构成的文件，一般由 ASCII 码、BCD 码或汉字编码组成。

目标文件：由源程序经过相应的计算机编译程序编译，但尚未经过链接程序链接的目标代码所形成的文件，它属于二进制文件，内部地址为相对地址。

执行文件：目标文件经过与计算机系统提供的库函数及相关的子程序链接后形成的文件。它是二进制文件，可在操作系统的支持下运行。

2. 文件结构

对有结构文件，可以通过自底向上的方式来定义文件的结构。自底向上依次如下。

1）数据项

数据项是文件系统中最低级的数据组织形式，可分为以下两种类型。

基本数据项：用于描述一个对象的某种属性的一个值，如姓名、日期或证件号等，是数据中可命名的最小逻辑数据单位，即原子数据。

组合数据项：由多个基本数据项组成。

2）记录

记录是一组相关的数据项的集合，用于描述一个对象在某方面的属性，如一个考生报名记录包括考生姓名、出生日期、报考学校代号、身份证号等一系列域。

3）文件

文件是一组相似记录的集合，被用户和应用程序看作是一个实体，并可以通过名字访问。

8.1.3 文件系统的功能

操作系统中与管理文件有关的软件和数据称为文件系统。文件系统作为一个统一的信息管理机制，应具有下述功能。

(1) 统一管理文件存储空间（即外存），实施存储空间的分配与回收。即在用户创建新文件时为其分配空闲区，而在用户删除或修改某个文件时，回收和调整存储区。

(2) 确定文件信息的存放位置及存放形式。

(3) 实现文件从名字空间到外存地址空间的映射,实现文件的按名存取。即文件有一个用户可见的逻辑结构,用户按照文件逻辑结构所给定的方式进行信息的存取和加工,并且这种逻辑结构是独立于物理存储设备的,从而使用户不必了解文件存放的物理结构和查找方法等与存取介质有关的部分,只需给定一个代表某一文件的文件名,文件系统就会自动地完成对与给定文件名相对应文件的有关操作。

(4) 有效实现对文件的各种控制操作(如建立、撤销、打开、关闭文件等)和存取操作(如读、写、修改、复制、转储等)。

(5) 实现文件信息的共享,并且提供可靠的文件保密和保护措施。

文件的组织

8.2 文件组织和存取

文件组织指文件中的逻辑结构,它由用户访问记录的方式确定。在选择文件组织时,有五项重要原则:访问快速、易于修改、节约空间、维护简单、可靠性。这些原则的相对优先级取决于将要使用这些文件的应用程序。这些原则可能是矛盾的,所以需要根据需要进行取舍。常见的文件组织有以下几种。

1. 堆

堆是最简单的文件组织形式。数据按它们到达的顺序被采集,每个记录由一串数据组成。堆的目的仅仅是积累大量的数据并保存数据。记录可以有不同的域,或者域相似但是顺序不同。因此每个域应该是自描述的,包括域名和值。每个域的长度由划分符隐式地指定,或者明确地包含在一个子域中,或者该域类型的默认长度。由于堆文件没有结构,因而对记录的访问是通过穷举查找的方式,也就是说如果想要找到包括某一指定域且值为某一特定值的记录,则需要检查堆中的每一个记录,直到找到想要的记录或者找到完整的文件为止。如果想查找包括某一特定域,或者包含某一特定值的域的所有记录,则需查找整个文件。当数据在处理前采集并存储时,或者当数据难以组织时,会用到堆文件。当保存的数据大小和结构不同时,这种类型的文件空间使用情况良好,能较好地用于穷举查找。

2. 顺序文件

顺序文件是最常用的文件组织形式。顺序文件由一系列记录按照某种顺序排列形成。其中的记录通常是定长记录,因而能用较快的速度查找文件中的记录。记录中有一个特殊的域,通常是每条记录的第一个域,称为关键域。关键域唯一地标识这条记录,因此不同记录的关键域是不同的。此外,记录按关键域来存储:文本关键域按字母顺序,数字关键域按照数字顺序。

顺序文件是记录按其在文件中的逻辑顺序依次进入存储介质而建立的,即顺序文件中物理记录的顺序和逻辑记录的顺序是一致的。若次序相继的两个物理记录在存储介质上的存储位置是相邻的,则又称为连续文件。文件是记录的集合。文件中的记录可以是任意顺序的,因此,它可以按照各种不同的顺序进行排列。一般地可以归纳为以下两种情况:第一种情况是串结构,各记录之间的顺序与关键字无关。通常的办法是由时间来决定,即按存入时间的先后排列,最先存入的记录作为第一个记录,其次存入的为第二个记录……以此类推。第二种情况是顺序结构,指文件中的所有记录按关键字(词)排列。可以按关键词的长短从小到大排序，也可以从大到小排序；或按其英文字母排序。

顺序文件通常用于批处理应用中，并且如果这类应用涉及对所有记录的处理（如关于机长或工资单的应用），则顺序文件通常是最佳的。顺序文件组织是唯一可以很容易地存储在磁盘和磁带上的文件组织。

3. 索引文件

索引文件由索引表和主文件两部分构成。索引表是一张指示逻辑记录和物理记录之间对应关系的表。索引表中的每项称作索引项。索引本身非常小，只占两个字段：顺序文件的键和在磁盘上相应记录的地址。存取文件中的记录需按以下步骤。

（1）整个索引文件都载入到内存中（文件很小，只占用很小的内存空间）。

（2）搜索项目，用高效的算法（如折半查询法）查找目标键。

（3）检索记录的地址。

（4）按照地址，检索数据记录并返回给用户。

索引文件的索引项是按键（或逻辑记录号）顺序排列。若文件本身也是按关键字顺序排列，则称为索引顺序文件；否则，称为索引非顺序文件。

索引文件的好处之一就是可以有多个索引，每个索引有不同的键。例如，职员的文件可以按社会保险号或姓名来检索。这种索引文件被称为倒排文件。

4. 散列文件

散列文件类似于散列表，但与散列表不同的是，对于文件来说，磁盘上的文件记录通常是成组存放的，若干个记录组成一个存储单位，在散列文件中，这个存储单位叫做桶（Bucket）。假如一个桶能存放 m 个记录，则当桶中已有 m 个同义词的记录时，存放第 $m+1$ 个同义词会发生“溢出”。需要将第 $m+1$ 个同义词存放到另一个桶中，通常称此桶为“溢出桶”。相对地，称前 m 个同义词存放的桶为“基桶”。处理溢出虽可采用散列表中处理冲突的各种方法，但对散列文件而言，主要采用拉链法。

在散列文件中进行查找时，首先根据给定值求出散列桶地址，将基桶的记录读入内存，进行顺序查找，若找到关键字等于给定值的记录，则检索成功；否则，读入溢出桶的记录继续进行查找。在散列文件中删去一个记录，仅需对被删除记录标记即可。

散列文件的优点是：文件随机存放，记录不需进行排序；插入、删除方便；存取速度快；不需要索引区，节省存储空间。

缺点是：不能进行顺序存取，只能按关键字随机存取，且询问方式限于简单询问，并且在经过多次插入、删除后，也可能造成文件结构不合理，需要重新组织文件。

5. B 树

B 树又叫平衡多路查找树。B 树中的每个节点根据实际情况可以包含大量的关键字信息和分支（当然是不能超过磁盘块的大小，根据磁盘驱动的不同，一般块的大小在 1～4KB 左右）；这样树的深度降低了，这就意味着查找一个元素只要很少节点从外存磁盘中读入内存，很快访问到要查找的数据。相较于二叉树的优势就在于此了（降低了树高）。

B+树是应文件系统所需而产生的一种 B 树的变形树。

一棵 m 阶的 B+树和 m 阶的 B 树的差异在于：

（1）有 n 棵子树的节点中含有 n 个关键字（而 B 树是 n 棵子树有 $n-1$ 个关键字）；

（2）所有的叶子节点中包含了全部关键字的信息，及指向含有这些关键字记录的指针，

且叶子节点本身依关键字的大小自小而大的顺序链接(而B树的叶子节点并没有包括全部需要查找的信息);

(3) 所有的非终端节点可以看成是索引部分,节点中仅含有其子树根节点中最大(或最小)关键字(而B树的非终端节点也包含需要查找的有效信息)。

B+树的优点如下。

1) B+树的磁盘读写代价更低

B+树的内部节点并没有指向关键字具体信息的指针,因此其内部节点相对B树更小。如果把所有同一内部节点的关键字存放在同一盘块中,那么盘块所能容纳的关键字数量也越多,一次性读入内存中的需要查找的关键字也就越多,相对来说,I/O读写次数也就降低了。

2) B+树的查询效率更加稳定

由于非终端节点并不是最终指向文件内容的节点,而只是叶子节点中关键字的索引,所以任何关键字的查找必须走一条从根节点到叶子节点的路。所有关键字查询的路径长度相同,导致每一个数据的查询效率相当。

6. 记录的成组与分解

磁盘块的大小是磁盘的固有属性,在磁盘格式化的时候就已经确定,以后就不会改变了。而逻辑记录的大小是由用户的文件性质决定的。二者之间没有明确的对应关系。如果逻辑记录比物理块小得多时,可以把多个逻辑记录存放在一个块中,这就是记录的成组,当用户使用时再从读取的一块信息中分离出成组在一起的记录,从中找到所需记录,这就是记录的分解。使用记录的成组与分解技术可以提高存储空间的利用率。缺点是由于存储和读取的过程中需要进行处理,所以对于运行效率会有一定程度的降低。

8.3 目录管理

一个计算机系统中有成千上万个文件,为了便于对文件进行存取和管理,计算机系统建立文件的索引,即文件名和文件物理位置之间的映射关系,这种文件的索引称为文件目录。

8.3.1 内容结构

文件目录为每个文件设立一个表目。文件目录表目至少要包含文件名、文件内部标识、文件的类型、文件存储地址、文件的长度、访问权限、建立时间和访问时间等内容。

文件目录(或称为文件夹)是由文件目录项组成的。文件目录分为一级目录、二级目录和多级目录。多级目录结构也称为树形结构,在多级目录结构中,每一个磁盘有一个根目录,在根目录中可以包含若干子目录和文件,在子目录中不但可以包含文件,而且还可以包含下一级子目录,这样类推下去就构成了多级目录结构。采用多级目录结构的优点是用户可以将不同类型和不同功能的文件分类储存,既方便文件管理和查找,还允许不同文件目录中的文件具有相同的文件名,解决了一级目录结构中的重名问题。

8.3.2 命名

在多用户系统中,每个用户都会创建自己的文件。为了实现文件的按名访问,要求系统中的文件具有唯一的名字。但是对于使用系统的不同用户来讲,为文件提供唯一的名字是非常难实现的。在共享系统中，这尤其难以实现。

使用多级目录可以比较好地解决这个问题，在不同目录里可以有相同名字的文件存在。多级目录具有树状结构，由于系统中可能有同名文件存在，所以在访问文件时除了指定文件名字之外还需要指定文件的目录、目录的目录……。将从根目录开始的目录序列加上最后访问的文件名放到一起叫做文件的路径名。在使用路径名的过程中需要对路径和子路径进行区分。这就需要使用特殊符号进行分隔。不同系统中使用的符号也不完全相同，比如Windows 系统使用“\”，Linux 和 UNIX 系统使用“/”。

使用路径名解决了同名文件的使用问题。但是路径名的使用，也加重了用户的负担，因为每次使用文件都需要用户输入完整的路径名。为了简化用户使用文件，操作系统使用了当前目录的概念。当用户访问文件时，通常按照相对于工作目录的方式被访问，当交互用户登录进来时，或者当创建一个进程时，默认的工作目录都是用户目录。执行过程中用户可以定义不同的当前目录。

8.4 文件共享与安全

多用户环境下，有些文件可以被多个用户访问。不同的用户对文件应该有不同的访问权限，访问权限应该由操作系统进行统一的管理。在多用户的环境下还会产生文件的安全性问题。

8.4.1 访问权限

文件共享要求操作系统提供相应的工具，使得对某个特定的文件的访问方式可以被控制。典型情况下，比如 UNIX 系统中，访问权限可以被授予用户或用户组。常见的访问权限有以下几种。

无权限：用户甚至不知道文件的存在，更无法访问文件。为了实现这个访问权限，应该禁止用户访问文件所在目录。

知道：用户可以确定文件是否存在以及文件的所有者，但是不能使用文件。为了获得更高权限，用户可以向文件的所有者提出申请。

执行：用户可以加载并执行一个程序，但是不能复制它。私有程序通常具有这种访问限制。

读：用户能够以任何的目的读文件，包括复制和执行。有些系统可以区分浏览和复制，对于前一种情况，文件的内容可以呈现给用户，但用户没有办法进行复制。

追加：用户可以给文件添加数据，通常只能在末尾追加，但不能修改或删除文件的任何内容。当在许多资源中收集数据时，这种权限非常有用。

更新：用户可以修改、删除和增加文件中的数据。这通常包括最初写文件、完全重写文件或部分重写文件、删除所有或部分数据。

改变保护：用户可以改变授予其他用户的访问权限。一般情况下，只有文件的所有者才具有这项权利。

删除：用户可以从系统中删除该文件。

上述权限由上至下构成了一个层次，下面的每一项都隐含了它上面的所有权限，因此当向用户授予权限时，只要授予其最大的权限即可。

多用户系统中,也可以按照访问权限对用户进行分类,主要分为如下三类。

特定用户:由用户 ID 指定的单个用户。

用户组:不是单个用户定义的一组用户。系统必须可以通过某种方式了解用户组的所有成员。

全部:访问该系统的所有用户。有这个权限的文件是公共文件。

一般会有一个用户被指定为文件的所有者,通常文件的所有者就是文件的创建者。文件的所有者拥有关于文件的全部权限,并且可以给其他用户授予不同的权限。

8.4.2 同时访问

如果多个用户具有追加或者更新一个文件的权限,操作系统或者文件管理器必须考虑对文件加锁,以防止多个用户同时修改造成文件的不一致。这跟读者-写者问题中多个写者直接互斥的情况是一样的。只是在文件系统中可以设置不同粒度的锁,以避免对并发性造成太大的影响。需要注意的是,给文件加锁可能会造成死锁问题。

8.4.3 文件安全

用户只有在登录系统后才会有权限访问主机和主机上的程序。对于存有敏感数据的数据库系统来说,这种权限管理是不够的。因为前面所讲的访问权限是针对整个文件的,也就是用户登录以后,系统会通过访问控制程序查找用户相关的配置文件,确定用户的访问权限,一旦用户可以访问一个文件,就意味着用户可以访问文件的全部内容。但是数据库系统中有可能用户只能访问其中的一部分信息,比如所有登录用户可以查看公司的人员列表,但是只有少数有权限的人才能查看工资信息。这就要求系统能够细化信息访问控制的粒度。不是针对整个文件设置访问权限,而是针对文件中的不同部分设置权限,比如可以针对数据库中的特定记录或者一部分记录设置权限。使用细粒度权限的安全控制以后,用户对数据的访问就不止取决于访问用户的 ID,也取决于用户要访问的是哪一部分数据。

在文件或数据库系统中最常使用的访问控制模型叫作访问矩阵。在访问矩阵中有以下三种基本元素。

主体:有能力访问对象的实体。一般来说,实体的概念等同于进程的概念,任何一个用户或应用程序通过代表它们自己的进程来获得访问权限。

对象:可以被访问和控制的任何实体,比如文件、文件局部数据、程序、内存块,以及软件中的对象。

访问权限:主体访问对象的方式,比如读、写、执行以及使用软件对象的功能。

访问矩阵的每一行代表一个主体,每一列代表一个对象,矩阵中的数据存储的是访问权限。一个可能的访问矩阵如表 8-1 所示。

表 8-1 访问矩阵

文件 1	文件 2	文件 3	文件 4	账户 5	账户 6	
用户 A	Own R W		Own		信用查询	
用户 B	R	Own	W	R	债务查询	信用查询

续表

文件 1	文件 2	文件 3	文件 4	账户 5	账户 6	
用户 C	R W	R		Own R W		债务查询

从表中可以看出，表中并不是所有位置都是填满的，实际上因为系统可能的主体和对象都很多。所以矩阵通常都是稀疏矩阵。为了节省空间可以考虑对矩阵进行划分。矩阵可以按列划分，划分后就生成了访问控制列表。对于每个对象，一个访问控制列表列出了用户以及他们的访问权限。访问控制列表包含了一个默认或公共的单元。这允许没有明确指出有哪些权限的用户具有默认的权限。

依照行划分就会生成权能入场券。一个入场券指定了用户被授权的对象和操作。每个用户有许多入场券，同时可以授权给别人。因为系统的入场券可能会消失，这就意味着会有比访问权限更大的安全问题，尤其是用户的入场券可能是伪造的。为了解决这些问题，让操作系统替用户控制着入场券可能是一种很好的方法。这些入场券应该放在用户不能访问的区域。

8.5 辅存空间管理

在辅存空间中，一个文件通常都是由许多块组成的。操作系统或文件管理系统负责给文件分配块。由此带来两个问题，首先是辅存中的空间如何分配给文件；其次必须知道哪些空间可以用来分配。下面分别讨论这两个问题。

8.5.1 文件分配

文件分配

辅存指的是除了 CPU 缓存和内存以外的存储器。硬盘、光盘、U 盘、磁带都可以被称为辅存。不同辅存都是以块为单位来分配空间的。所以下面统一以块为单位来讨论。

外存分配方式主要有这几种：连续分配、链式分配和索引分配。

1. 连续分配

连续分配方式是把一个在逻辑上连续的文件信息顺序地存放在相邻接的物理块中，如图 8-1 所示。

优点：速度快，节省空间。

缺点：长度变化困难，不利于文件动态扩充，存在外部碎片。

说明：该方式可把逻辑文件中的记录，顺序地存储到邻接的各物理块中，这样所形成的文件结构称为顺序文件结构，此时的物理文件称为顺序文件。这种分配方式保证了逻辑文件中的记录顺序与存储器中文件占用盘块的顺序的一致性。

随着文件的建立与删除不断进行，将产生很多外碎片，利用紧凑方法也可消除碎片。

适用于：变化不大的、顺序访问的文件。

2. 链接分配

链接分配是一种离散分配方式，可将文件装到多个离散的盘块中，可通过在每个盘块上的链接指针，将同属于一个文件的多个离散盘块链接成一个链表。这样形成的物理文件就

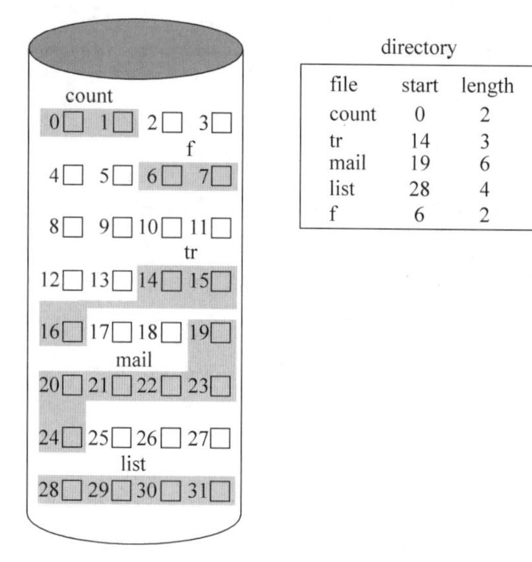

图 8-1　连续分配方式

是链接文件。链接方式分为：隐式链接、显式链接。磁盘空间的链接式分配如图 8-2 所示。

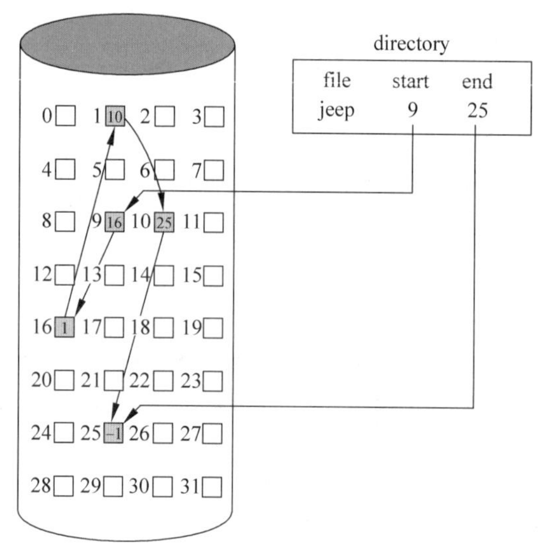

图 8-2　链接分配方式

1）隐式链接

在隐式链接中一个串联文件结构是按顺序由串联的块组成的，即文件的信息存储于若干块中。每个物理块的最末一个字(或第一个字)作为链接字，它指出后继块的物理地址。链首指针存放在该文件目录中。文件的结尾块的指针为“∧”。这种文件结构不要求连续存放。对于记录式文件一块中可包含一个逻辑记录或多个逻辑记录，也可以若干物理块包含一个逻辑记录。

优点：

- 无外部碎片，没有磁盘空间浪费。
- 无须事先知道文件大小。文件动态增长时，可动态分配空闲块，对文件的增、删、改十分方便。

缺点：

- 不能支持高效随机/直接访问，仅对顺序存取有特效，顺序存取效率高，随机存取效率太低，如果访问文件最后的内容，实际上是要访问整个文件。
- 需为指针分配空间。解决方法将几个盘块组成一个簇，降低指针在分配空间中的比例。
- 可靠性较低（指针丢失/损害），因此引入显示链接解决此问题。

2）显式链接

显式链接是指把用于链接文件各物理块的指针，显示地存放在内存的一张连接表中。该表在整个磁盘就一张。在 DOS 和 Windows 中这个表就是文件分配表（FAT）。文件分配表具有以下特征：用于链接文件各物理块的链接指针，显式地存放在内存的一张链接表中；该表在整个磁盘仅设置一张；表序号为整个磁盘的物理块号（$0\sim n-1$），n 是盘块总数；表项存入链接指针，即下一个块号。文件的首块号存入相应文件的 FCB 中；查找在内存的 FAT 中，故提高了检索速度，同时又减少磁盘的访问次数。事实上，在打开某个文件时，只需把该文件占用的盘块的编号调入内存即可，完全没有必要调入整个 FAT。为此应将每个文件所对应的盘块号集中在一起。

3. 索引分配

索引分配为每个文件分配一个索引块（表），再把分配给该文件的所有盘块号都记录在该索引块中，因而该索引块就是一个含有许多盘块号的数组。在建立一个文件时，便需在为之建立的文件目录项中填上指向该索引块（表）的指针。索引分配为每个文件建立一个索引表，表中每个表目包括：逻辑块号、与该逻辑块号对应的物理块号。索引表可以放在文件目录中、文件的开头等。索引结构分配方式如图 8-3 所示。由于索引表的大小受块大小限制，索引分配方法能够创建的文件大小也就收到了限制，为了解决这个问题。可将索引方式进行扩展，这就产生了多级索引和混合索引的概念。

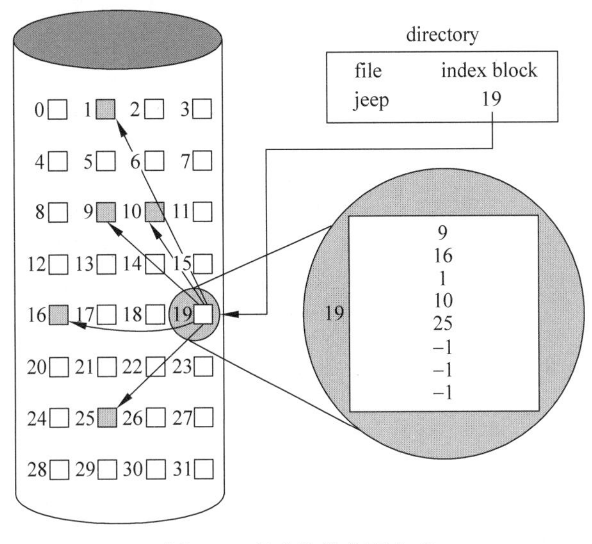

图 8-3 索引结构分配方式

1）单级索引分配

单级索引分配是只有一级索引的分配方式，如图 8-4 所示。

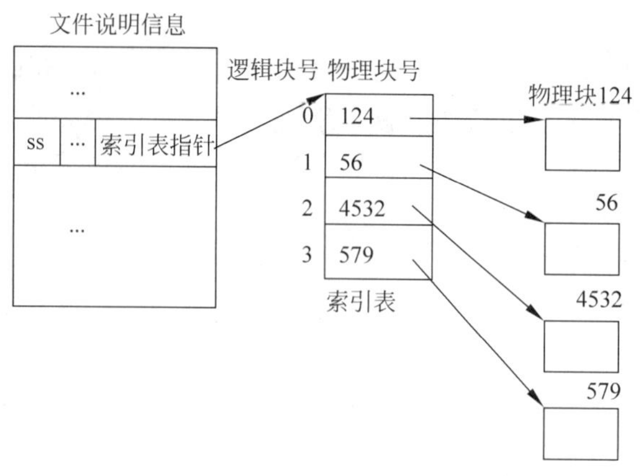

图 8-4　一级索引分配

2）多级索引分配

当操作系统为一个大文件分配磁盘空间时，如果所分配出去的盘块的盘块号已经装满一个索引块时，操作系统便为该文件分配另一个索引块，用于将以后继续为之分配的盘块号记录于其中。以此类推，再通过链指针将各索引按序链接起来。显然当文件太大时索引块太多，此方法低效。此时应为索引块再建立一级索引，这样便形成了两级索引分配方式。如果文件非常大时，还可用三级、四级索引方式，如图 8-5 所示。

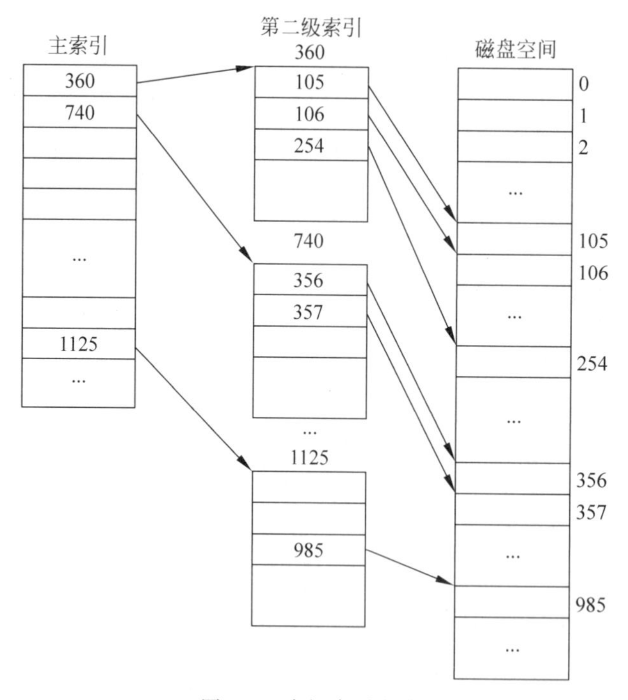

图 8-5　多级索引方式

3）混合索引分配

混合索引分配是指将多种索引分配方式结合而形成的一种分配方式，如图 8-6 所示。混合索引既适应于顺序访问，也适应于随即访问，但是也具有索引表的空间开销和文件索引的时间开销。

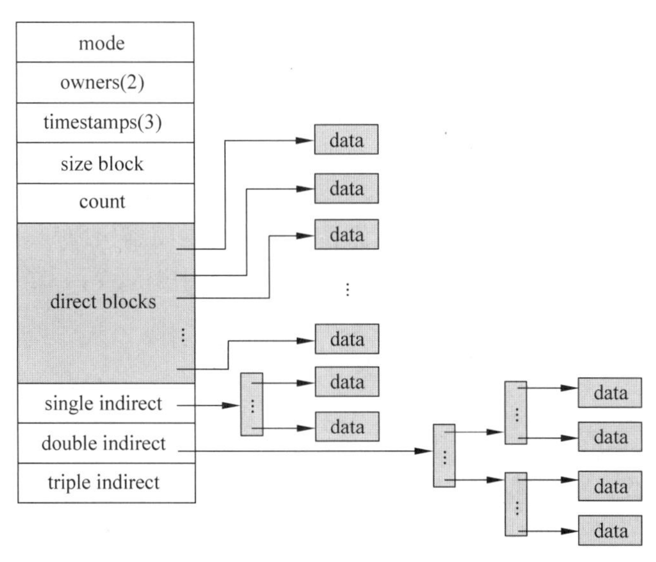

图 8-6　混合索引方式

8.5.2　空闲空间管理

空闲空间管理

文件分配的存储空间是辅存中的空闲空间，辅存中的空闲空间应该由操作系统统一进行管理，常用的方法主要有空闲表法、空闲链表法、位示图法和成组链接法。

1. 空闲表法（空闲文件目录）

操作系统为磁盘（外存）上所有空闲区建立一张空闲表，每个表项对应一个空闲区，空闲表中包含序号、空闲区的第一块号、空闲块的块数等信息。

空闲表法适用于连续文件结构，其分配的方式是，在系统为某个文件分配空闲块时，首先扫描空闲表项，如找到合适的空闲区项，则分配给申请者，并把该项从空闲表中去掉。如果一个空闲区项不能满足申请者的要求，则把空闲表中的另一项满足要求的分区分配给申请者（连续文件结构除外）。如果一个空闲表项所含块数超过申请者要求，则为申请者分配了所要的物理块后，再修改该表项。

2. 空闲链表法（自由链表法）

将所有空闲盘区拉成一条空闲链，根据空闲链所有的基本元素不同，可以把链表分成两种形式：空闲盘块链和空闲盘区链。

空闲盘块链是将磁盘上的所有空闲分区，以盘块为单位拉成一条链，当用户创建文件请求分配存储空间时，系统从链首开始，依次摘下适当数目的空闲盘块分配给用户；当用户删除文件时，系统将回收的盘块依次加入到空闲盘块链的末尾。

空闲盘区链是将磁盘上的所有空闲盘区（每个空闲盘区可包含若干个盘块）拉成一条链。在管理的线性表中，每一个表项对应一个空闲区，增加一项存放指向空闲块的指针，将磁盘上的所有空闲区（可包含若干个空闲块）拉成一条链。每个空闲区上除含有用于指示下一个空闲区的指针外，还有本盘区大小（盘块数）的信息。

3. 位示图法

本方法利用二进制的一位来表示磁盘中一个盘块的使用情况，磁盘上所有的盘块都有与之对应的一个二进制位。当其值为0时，表示对应的盘块空闲，当其值为1时，表示对应的盘块已经被分配。

4. 成组链接法

空闲表法和空闲链表由于空闲表太长而不适合大型文件系统的使用。成组链接法是两种方法相结合的一种管理方法，兼备了两种方法的优点而克服了两种方法的缺点。其大致的思想是：把空闲的 n 个空闲扇区的地址保存在第一个空闲扇区内，其后一个空闲扇区内则保存另一顺序空闲扇区的地址，以此类推，直至所有空闲扇区都予以链接。

8.6 文件的使用

用户或者用户程序使用文件时都需要通过路径名找到文件的属性和文件的位置，然后对文件执行读写操作。由于辅存的速度比处理器的速度低很多，所以多次辅存访问会显著地降低执行速度。当多次访问文件时，效率降低得更明显。为了提高效率，操作系统一般都提供了打开文件的功能。打开文件会将文件在辅存的位置以及文件的属性等信息存储在操作系统的内存表中，并将内存表中的编号返回给用户。以后当用户再需要访问该文件时可以直接使用文件在内存表中的编号来访问，从而提高了效率。内存表在操作系统也占用了内存资源，所以操作系统提供了跟打开文件相对应的关闭文件操作来释放内存资源。

小　　结

现代操作系统都需要使用大量的程序和数据。程序和数据要求大容量、非易失的存储器。

由于文件系统涉及多种不同的存储器和不同的文件类型，所以文件系统使用了分层的结构。可以从逻辑结构和物理结构两方面来理解文件。

系统中存储的大量文件需要使用目录来进行管理。多用户操作系统中文件的共享和安全性都是操作系统中的重要内容。基于访问权限和加锁的方法可以较好地解决共享和安全问题。

辅存中存储了大量文件，文件的空间分配和空闲空间的分配都是操作系统中的课题。使用内存中的打开文件表可以提高文件的访问速度。

第9章 多处理器系统介绍

从计算机诞生之日起，人们对更强计算能力的无休止追求就一直驱使着计算机工业的发展。如今普通计算机的运算速度已达到了每秒几十亿次，比早期计算机的速度快了百万倍，但是还有对更强大机器的需求。生物学家正在试图揭开人类基因的奥秘，天文学家正在了解宇宙，航空工程师们致力于建造更安全和速度更快的飞机，而所有这一切都需要更快的CPU。然而，即使CPU的速度不断提升，仍然不能满足需求。

过去的解决方案是使时钟走得更快。但是，现在开始遇到对时钟速度的限制了。按照爱因斯坦的相对论，电子信号的速度不可能超过光速，这个速度在真空中大约是30cm/ns，而在铜线或光纤中约是20cm/ns。这在计算机中意味着10GHz的时钟，信号的传送距离总共不会超过2cm。对于100GHz的计算机，整个传送路径长度最多为2mm。而在一台1THz(1000GHz)的计算机中，传送距离就不足100μm了，这在一个时钟周期内正好让信号从一端到另一端并返回。

让计算机变得如此之小是可能的，但是这会遇到另一个基本问题：散热。计算机运行得越快，产生的热量就越多，而计算机越小就越难散热。在高端奔腾系统中，CPU的散热器已经比CPU自身还要大了。总而言之，从1MHz到1GHz需要的是更好的芯片制造工艺，而从1GHz到1THz则需要完全不同的方法。

获得更高速度的一种处理方式是大规模使用并行计算机。这些机器有许多CPU，每一个都以“通常”的速度(在一个给定年份中的速度)运行，但是总体上会有比单个CPU强大得多的计算能力。具有1000个CPU的系统已经商业化了。在未来十年中，可能会建造出具有100万个CPU的系统。当然为了获得更高的速度，还有其他潜在的处理方式，如生物计算机，但在本章中，我们将专注于有多个普通CPU的系统。

9.0 问题导入

多处理器使系统的性能大幅提升，那么系统中的多个处理器应如何组织呢？当一个复杂的、多线程的任务需要执行时，系统应将任务分配到哪些处理器上执行呢？在不同处理器上的各个线程应如何同步呢？

9.1 多处理器基本概念

要讨论多核环境下的操作系统所做的调整，首先需要知道多核环境和单核环境的不同之处。首先来看一下多核的一些基本概念。在x86体系结构下，多处理功能芯片经过了对称多处理器结构(SMP Architecture)、超线程结构(Hyper Threading Architecture)、多核结构(Multi-core Architecture)和多核超线程结构(Multi-core Hyper Threading Architecture)的4个演变阶段。下面分别予以介绍。

9.1.1 多处理器结构

除了提升CPU主频和增加一、二级缓存容量外,提升计算机性能最直截了当的办法就是在一台计算机里面安装多个CPU。由于CPU数量增加,计算机同时处理的工作量就增加,自然提升了系统吞吐量和改善了用户响应时间,从而感觉到计算机的性能得到了提升。

多处理器结构说简单一点就是在一条总线上挂载多个处理器。在传统的体系结构下,一台计算机里面只有一个CPU。而在多处理器系统里,一台计算机里面可以有多个CPU。图9-1给出的就是英特尔公司有两个CPU的计算机体系结构。

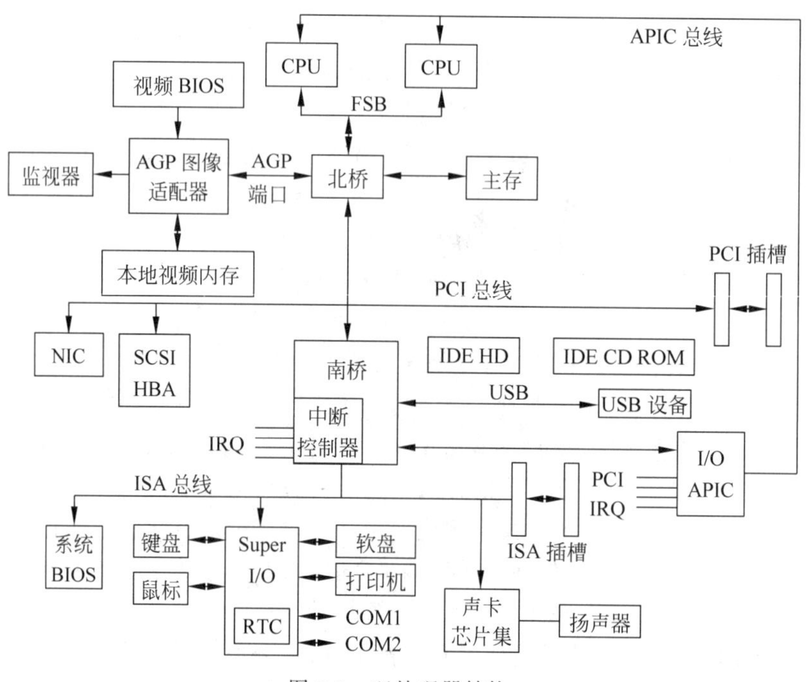

图9-1 双处理器结构

在多CPU的情况下,以CPU之间的关系不同又可以分为对称和非对称多处理器结构。在对称结构下,多个CPU角色功能平等,没有主从之分,这种多CPU结构称为对称多处理器结构(Symmetric Multi-Processor Architecture,SMP)。在非对称多处理器结构中,则不同CPU的角色地位不同,有主从CPU之分。这种多CPU结构称为非对称多处理器结构(Asymmetric Multi-Processor Architecture,AMP)。由于SMP结构远比AMP结构普遍,本章讨论的多处理器结构将只对SMP进行。

当然,我们并不需要限制在两个CPU上,也可以在一台计算机里面安装多于两个的CPU。图9-2给出的就是一台有着4个CPU的计算机体系结构简化图。

9.1.2 超线程结构

虽然在一台计算机里安装多个CPU提升了计算机的性能,但是付出的代价是高昂的成本和巨大的功耗。而在实际中,基于很多原因,CPU的执行单元并没有得到充分使用。

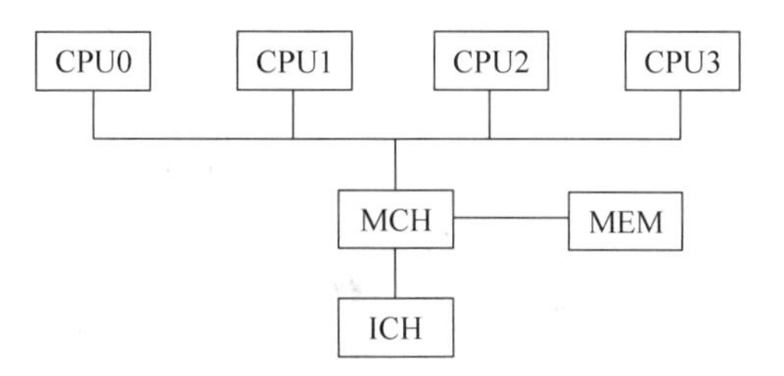

图 9-2 有 4 个物理 CPU 的对称多处理器结构

如果 CPU 不能正常读取数据(总线/内存的瓶颈),其执行单元利用率会明显下降。另外就是目前大多数执行线程缺乏 ILP(Instruction-Level Parallelism,指令级并发,即多条指令同时执行)支持。这些都造成了目前 CPU 的性能没有得到全部的发挥。因此,英特尔公司提出了超线程技术来让一个 CPU 同时执行多重线程,从而提高 CPU 效率和用户满意度。

超线程技术是在一个 CPU 上同时执行多个程序而共享这个 CPU 内的资源,理论上要像两个 CPU 一样在同一时间执行两个线程,超线程技术可在同一时间里让应用程序使用芯片的不同部分。而为了支持这种技术,需要在处理器上多加入一个逻辑处理单元指针(Logical CPU Pointer)。因此新一代的 Pentium 4 HT 的模板面积比以往的 Pentium 4 增大了 5%。而其余部分如 ALU、浮点运算单元、二级缓存则保持不变。

图 9-3 描述的是超线程结构。图中的 CPU 并不是物理上的单个 CPU,而是两两为一个独立的 CPU,即图中只有 4 个物理 CPU,而每个 CPU 又因超线程技术分解为两个逻辑 CPU。每个逻辑 CPU 可以执行一个线程序列。这样一个物理 CPU 可以同时执行两个线程。

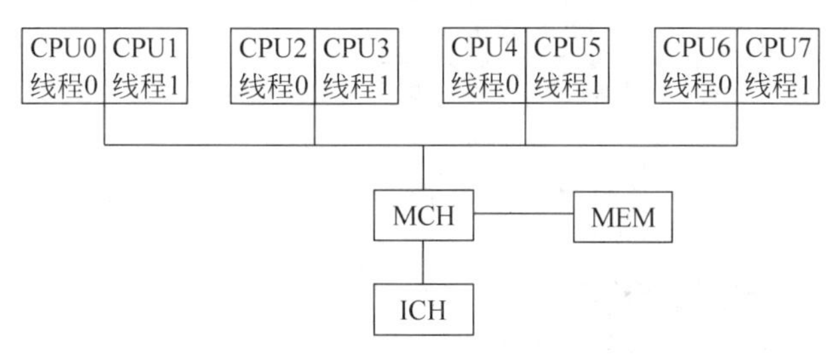

图 9-3 4 个物理 CPU、8 个逻辑 CPU 的超线程结构

需要注意的是,含有超线程技术的 CPU 需要芯片组和软件的支持,才能比较理想地发挥该项技术的优势。操作系统如 Windows XP、Windows 2003 以及 Linux 2.4.x 以后的版本均支持超线程技术。

虽然采用超线程技术能同时执行两个线程,但它并不像两个真正的 CPU 那样,每个 CPU 都具有独立的资源。当两个线程都同时需要某一资源时,其中一个要暂时停止,并让出资源,直到这些资源闲置后才能继续。因此超线程的性能并不等于两个 CPU 的性能。

9.1.3 多核结构

多 CPU 成本高、功耗大,而超线程技术又不等于两个 CPU 的性能,而且时常会碰到两个线程需要同一资源时必须停止一个线程的现象。

那么什么办法可以同时克服多 CPU 和超线程的缺点呢?即性能像多 CPU、功耗像超线程的结构呢?有,就是多核结构。

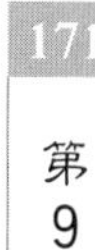

多核结构就是在一个 CPU 里面布置两个执行核,即两套执行单元,如 ALU、FPU 和 L2 缓存等。而其他部分则两个核共享。这样,由于使用的是一个 CPU,其功耗和单 CPU 一样。由于布置了多个核,其指令级并行将是真正的并行,而不是超线程结构的半并行。

例如,英特尔公司的奔腾 D 和奔腾 EE(见图 9-4)即是分别面向主流市场以及高端市场的双核芯片。其每个核采用独立式缓存设计,在处理器内部两个核之间是互相隔绝的,通过处理器外部(主板北桥芯片)的仲裁器负责两个核心之间的任务分配以及缓存数据的同步等协调工作。两个核共享前端总线,并依靠前端总线在两个核之间传输缓存同步数据。

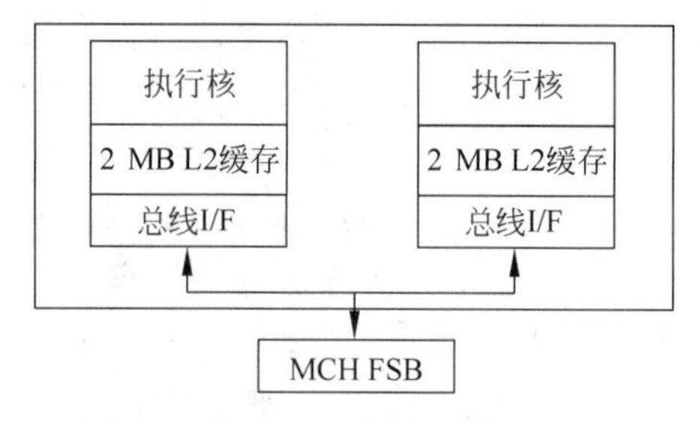

图 9-4　奔腾 D 和奔腾 EE 双核芯片

当然,也可以在一个计算机里面放置多个配置有多个执行核的 CPU,而形成更多的核。例如,如果用 4 个双核 CPU 则可以构建如图 9-5 所示的多核、多处理器体系结构。

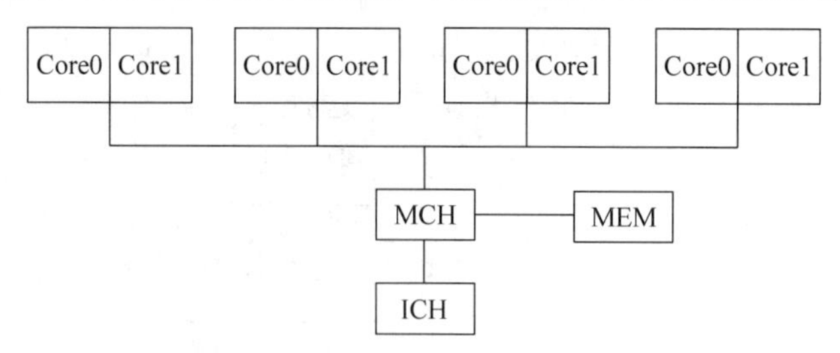

图 9-5　4 个 CPU、8 个核组成的计算机体系结构

9.1.4　多核超线程结构

在多核情况下,也可以使用超线程技术,从而形成多核超线程技术。即每个物理执行核里面又分解为两个或多个逻辑执行单元,如图 9-6 所示。

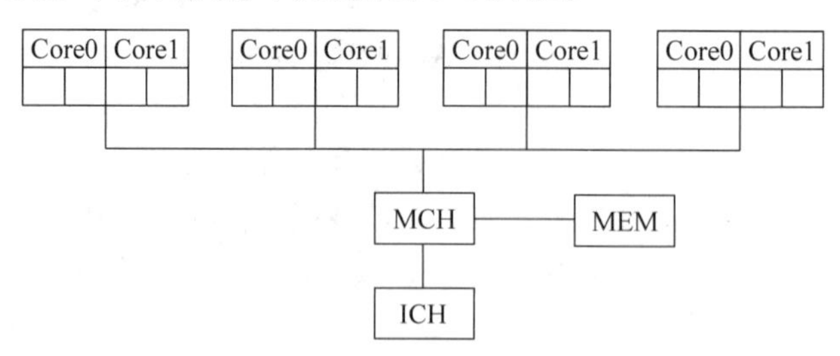

图 9-6　4 个 CPU、8 个核、16 个逻辑执行单元组成的多核超线程结构

例如,英特尔公司的奔腾 EE 多核芯片就支持超线程技术,一块奔腾 EE 芯片在打开超线程技术之后会被操作系统识别为 4 个逻辑处理器。

9.2 多处理器内存结构

由于一台计算机里面有多个执行核,而每个执行核均需要对内存进行访问。那么这种访问在多个核之间是如何协调的呢?或者说内存在多个核之间是如何分配的呢?。

9.2.1 UMA 结构

最简单的内存共享方式就是将内存作为与执行核独立的单元构建在核之外,所有的核通过同一总线对内存进行访问。由于每个核使用相同的方式访问内存,其到内存的延迟也相同,这种访问模式称为均匀内存访问(Uniform Memory Access, UMA)。在这种模式下,最重要的是所有核的地位在内存面前平等。其优点是设计简单,实现容易。缺点是大锅饭,难以针对个体的程序进行访问优化,以及扩展困难。随着执行核数量的增加,对共享内存的竞争将变得白热化,从而造成系统效率急剧下降。

当前的对称多处理器共享存储系统基本上采用此种模式。这种模式只能在处理器个数或执行核数量较少时方可使用。

9.2.2 NUMA 结构

如果想构建CPU数量很多的多处理器系统,或者欲构建执行核多于4个以上的多核系统,则UMA结构因内存共享瓶颈而不能胜任。在这种情况下,一种自然的选择是使用多个分开的独立共享内存。每个执行核或CPU到达不同共享内存的距离不同,访问延迟也不一样。这种访问延迟不一致的内存共享模式称为非均匀内存访问(Non-Uniform Memory Access,NUMA)。在这种模式下,最重要的特点是执行核在不同的内存单元面前地位并不平等:到近的内存具有优势地位,到远的内存则处于劣势。

在NUMA下,原则上应该将程序调度到离本地内存(程序存放的内存单元)近的执行核上,以提升程序的内存访问效率,从而提高程序的执行效率。

NUMA结构的优点是灵活性高、扩展容易。在执行核的数量增加的时候,其访问内存的效率可以保持不下降。不过,这种不下降的前提是优良的调度策略,即在调度时能够将程序就近执行。否则,有可能因内存访问距离远而造成效率下降。因此,NUMA对调度的要求很高。但因为扩展容易,所以NUMA得到了非常广泛的应用。

图9-7是NUMA的原理图,具有8核的处理器可分为两个NUMA节点。英特尔公司以NUMA方式已研发出80核的芯片,其尺寸并不比一个指甲盖大多少,该80核心处理器具有万亿次浮点运算能力,它也是世界首个具有万亿次浮点运算能力的可编程计算器。

9.2.3 COMA 结构

前面说过,NUMA具有灵活、易扩展的优点,但对调度的要求高。如果不能或难以将程序调度到就近的执行核上,那又怎么办呢?答案是缓存。即在每个执行核里面配置缓存,其执行需要的数据均缓存在该缓存里面。所有访问由缓存得到满足。这样,不论数据原来是处于哪个内存单元,其对效率的影响均将不复存在。

这种完全由缓存满足数据访问的模式称为全缓存内存访问(Cache Only Memory

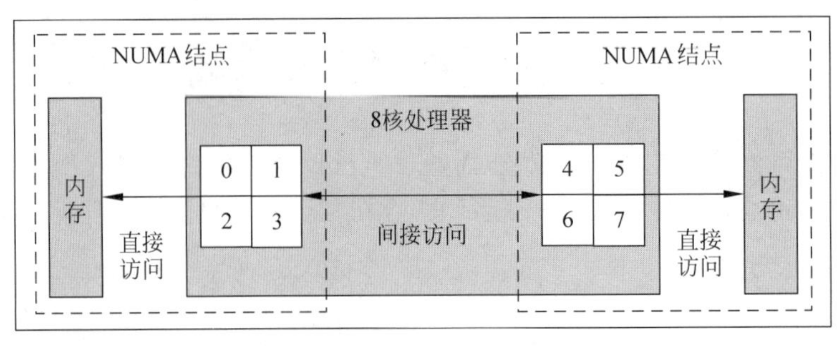

图 9-7　NUMA 原理图

Access,COMA)。在这种模式下,每个执行核配备的缓存共同组成全局地址空间。

9.2.4　NORMA 结构

如果内存单元为每个执行核所私有,且每个执行核只能访问自己的私有内存,对其他内存单元的访问通过消息传递进行,则就是非远程内存访问模式(Non-Remote Memory Access,NORMA)。这种模式的优点是设计比 NUMA 还要简单,但执行核之间的通信成本高昂。这已经有一点像网络了。因为效率问题,这种模式在多核体系结构下使用甚少。

9.3　多处理器操作系统类型

让我们从对多处理器硬件的讨论转到多处理器软件,特别是多处理器操作系统上来。这里有各种可能的方法。接下来将讨论其中的三种。这些方法除了适用于多核系统之外,同样适用于包含多个分离 CPU 的系统。

1. 每个 CPU 有自己的操作系统

组织一个多处理器操作系统可能的最简单的方法是,静态地把存储器划分成和 CPU 一样多的各个部分,为每个 CPU 提供私有存储器以及操作系统的各自私有副本。实际上 n 个 CPU 以 n 个独立计算机的形式运行。这样做一个明显的优点是,允许所有的 CPU 共享操作系统的代码,而且只需要提供数据的私有副本,如图 9-8 所示。

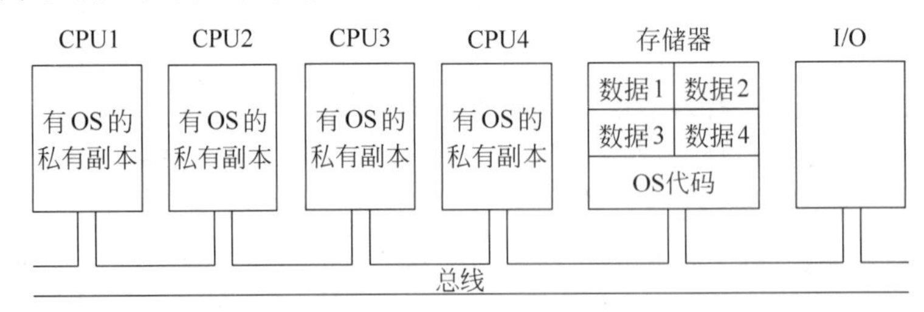

图 9-8　在 4 个 CPU 中划分多处理器存储器,但共享一个 OS 代码的副本

这一机制比有 n 个分离的计算机要好,因为它允许所有的机器共享一套磁盘及其他的 I/O 设备,它还允许灵活地共享存储器。例如,即便使用静态内存分配,一个 CPU 也可以获得极大的一块内存,从而高效地执行代码。另外,由于生产者能够直接把数据写入存储器,从而使得消费者从生产者写入的位置取出数据,因此进程之间可以高效地通信。况且,从操作系统的角度看,CPU 都有自己的 OS 非常自然。

值得提及该设计看来不明显的4个方面。

第一，在一个进程进行系统调用时，该系统调用是在本机的CPU上被捕获并处理的，并使用操作系统表中的数据结构。

第二，因为每个操作系统都有自己的表，那么它也有自己的进程集合，通过自身调度这些进程。这里没有进程共享。如果一个用户登录到CPU1，那么他的所有进程都在CPU1上运行。因此，在CPU1有负载运行而CPU2空载的情形是会发生的。

第三，没有页面共享。会出现如下的情形：在CPU2不断地进行页面调度时CPU1却有多余的页面。由于内存分配是固定的，所以CPU2无法向CPU1借用页面。

第四，也是最坏的情形，如果操作系统维护近期使用过的磁盘块的缓冲区高速缓存，每个操作系统都独自进行这种维护工作，因此，可能出现某一修改过的磁盘块同时存在于多个缓冲区高速缓存的情况，这将会导致不一致性的结果。避免这一问题的唯一途径是，取消缓冲区高速缓存。这样做并不难，但是会显著降低性能。

由于这些原因，上述模型已很少使用，尽管在早期的多处理器中它一度被采用，那时的目标是把已有的操作系统尽可能快地移植到新的多机理机上。

2. 主从多处理器

图9-9中给出的是第二种模型。在这种模型中，操作系统的一个副本及其数据表都在CPU1上，而不是在其他所有CPU上。为了在该CPU1上进行处理，所有的系统调用都重定向到CPU1上。如果有剩余的CPU时间，还可以在CPU1上运行用户进程。这种模型称为主从模型(Master-Slave)，因为CPU1是主CPU，而其他的都是从属CPU。

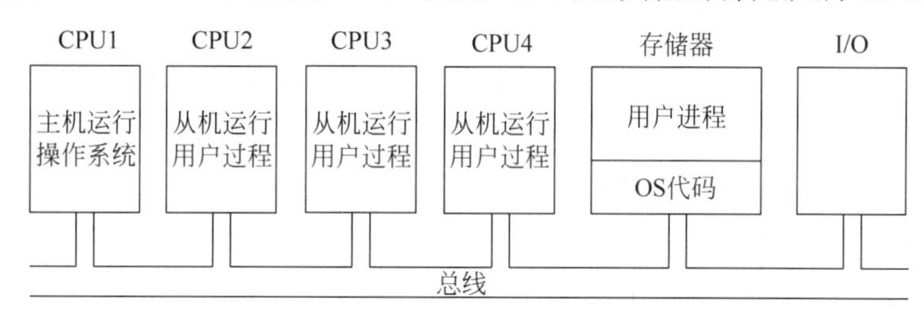

图9-9 主从多处理器模型

主从模型解决了在第一种模型中的多数问题。有单一的数据结构(如一个链表或者一组优先级链表)用来记录就绪进程。当某个CPU空闲下来时，它向CPU1上的操作系统请求一个进程运行，并被分配一个进程。这样，就不会出现一个CPU空闲而另一个过载的情形。类似地，可在所有的进程中动态地分配页面，而且只有一个缓冲区高速缓存，所以绝不会出现不一致的情形。

这个模型的问题是，如果有很多的CPU，主CPU会变成一个瓶颈。毕竟，它要处理来自所有CPU的系统调用。如果全部时间的10%用来处理系统调用，那么10个CPU就会使主CPU饱和，而20个CPU就会使主CPU彻底过载。可见，这个模型虽然简单，而且对小型多处理器是可行的，但不能用于大型多处理器。

3. 对称多处理器

第三种模型，即对称多处理器(Symmetric MultiProcessor，SMP)，消除了上述的不对称性。在存储器中有操作系统的一个副本，但任何CPU都可以运行它。在有系统调用时，进行系统调用的CPU陷入内核并处理系统调用。图9-10是对SMP模式的说明。

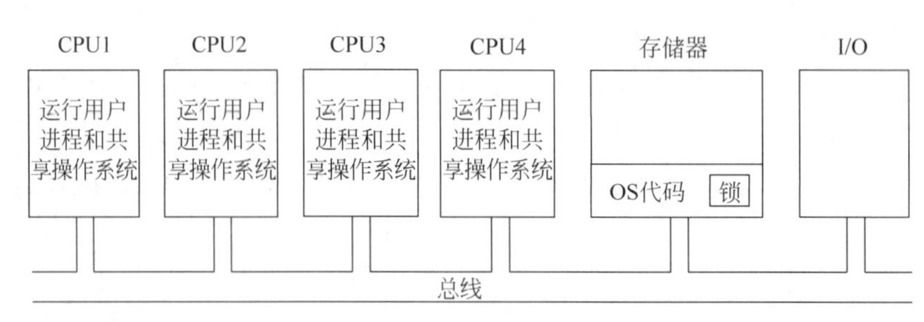

图 9-10 SMP 多处理器模型

这个模型动态地平衡进程和存储器,因为它只有一套操作系统数据表。它还消除了主 CPU 的瓶颈,因为不存在主 CPU;但是这个模型也带来了自身的问题。特别是,当两个或更多的 CPU 同时运行操作系统代码时,就会出现灾难。想象有两个 CPU 同时选择相同的进程运行或请求同一个空闲存储器页面。处理这些问题的最简单方法是在操作系统中使用互斥信号量(锁),使整个系统成为一个大临界区。当一个 CPU 要运行操作系统时,它必须首先获得互斥信号量。如果互斥信号量被锁住,就得等待。按照这种方式,任何 CPU 都可以运行操作系统,但在任一时刻只有一个 CPU 可以运行操作系统。

这个模型是可以工作的,但是它几乎同主从模式一样的糟糕。同样假设,如果所有时间的 10%花费在操作系统内部。那么在有 20 个 CPU 时,会出现等待进入的 CPU 长队。幸运的是,比较容易进行改进。操作系统中的很多部分是彼此独立的。例如,在一个 CPU 运行调度程序时,另一个 CPU 则处理文件系统的调用,而第三个在处理一个缺页异常,这种运行方式是没有问题的。

这一事实使得把操作系统分割成互不影响的临界区。每个临界区由其互斥信号量保护,所以一次只有一个 CPU 可执行它。采用这种方式,可以实现更多的并行操作。而某些表格,如进程表,可能恰巧被多个临界区使用。例如,在调度时需要进程表,在系统 fork 调用和信号处理时也都需要进程表。多临界区使用的每个表格,都需要有各自的互斥信号量。通过这种方式,可以做到每个临界区在任一时刻只被一个 CPU 执行,而且在任一时刻每个临界表也只被一个 CPU 访问。

大多数的现代多处理器都采用这种安排。为这类机器编写操作系统的困难,不在于其实际的代码与普通的操作系统有多大的不同,而在于如何将其划分为可以由不同的 CPU 并行执行的临界区而互不干扰,即使以细小的、间接的方式。另外,对于被两个或多个临界区使用的表必须通过互斥信号量分别加以保护,而且使用这些表的代码必须正确地运用互斥信号量。

更进一步,必须格外小心地避免死锁。如果两个临界区都需要表 A 和表 B,其中一个首先申请 A,另一个首先申请 B,那么迟早会发生死锁,而且没有人知道为什么会发生死锁。理论上,所有的表可以被赋予整数值,而且所有的临界区都应该以升序的方式获得表。这一策略避免了死锁,但是需要程序员非常仔细地考虑每个临界区需要哪个表,以便按照正确的次序安排请求。

由于代码是随着时间演化的,所以也许有个临界区需要一张过去不需要的新表。如果程序员是新接手工作的,他不了解系统的整个逻辑,那么可能只是在他需要的时候获得表,并且在不需要时释放掉。尽管这看起来是合理的,但是可能会导致死锁,即用户会觉察到系统被卡住了。要做正确并不容易，而且要在程序员不断更换的数年时间之内始终保持正确性太困难了。

9.4 多处理器之间的通信

既然一个系统里有多个 CPU，这些 CPU 之间总需要进行某种通信，以进行任务协调。而这种协调既可能是 CPU 本身需要，也可能是运行在它们上面的进程和线程之间需要。那么 CPU 之间的通信方式是什么呢？

在讲进程时讨论过进程间的通信：信号、信号量、消息队列、管道、共享内存等。这些机制能否用来实现多 CPU 之间的通信呢？在多 CPU 之间通信，自然也可以发送信号。不过这个信号不是内存的一个对象，因为这样的话，无法及时引起另外一个 CPU 的注意。而要引起其注意，需要发送的是中断。

用来协调这些 CPU 之间中断的机制就是高级可编程中断控制器（APIC）。这是实现 SMP 功能必不可少的，且是英特尔多处理器规范的核心。在此种规范下，每个 CPU 内部必须内置 APIC 单元（成为那个 CPU 的本地 APIC）。CPU 通过彼此发送中断（IPI，即处理器间中断）来完成它们之间的通信。通过给中断附加动作，不同的 CPU 可以在某种程度上彼此进行控制。

除了每个 CPU 自己本地的 APIC 外，所有 CPU 通常还共享一个 I/O APIC 来处理由 I/O 设备引起的中断，这个 I/O APIC 是安装在主板上的。图 9-11 描述的是英特尔公司的 Xeon 多处理器结构下的本地 APIC 和 I/O APIC 的结构示意图。

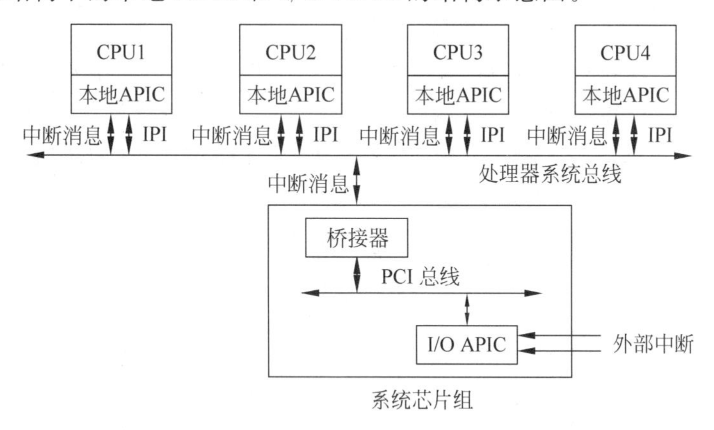

图 9-11　Xeon 处理器里的本地 APIC 和 I/O APIC

在目前的建置中，系统的每一个部分都是经由 APIC 总线连接的。“本机 APIC”为系统的一部分，负责传递中断至指定的处理器。例如，当一台机器上有 4 个处理器，则它必须相应地要有 4 个本机 APIC。自 1994 年的 Pentium P54c 开始，英特尔已经将本机 APIC 内置在其处理器中。实际内置了英特尔处理器的计算机就已经包含了 APIC 系统的部分。

系统中另外一个重要的部分为 I/O APIC。系统中最多可拥有 8 个 I/O APIC，它们会收集来自 I/O 装置的中断信号且在当那些装置需要中断时传送信息至本机 APIC。每个 I/O APIC 有一个专有的中断输入（或 IRQ）号码。英特尔过去与目前的 I/O APIC 通常有 24 个输入，其他的可能有多达 64 个。而且有些机器拥有数个 I/O APIC，每一个都有自己的输入号码,加起来一台机器上会有上百个 IRQ 可供中断使用。

除了处理处理器间及输入/输出的中断外,APIC 也负责处理本地中断源发出的中断,如本地连接的 I/O 设备、时序中断、性能监视计数器中断、高温中断、内部错误中断等。

9.5 多处理器同步

在多处理器中 CPU 经常需要同步。前面看到了内核临界区和表被互斥信号量保护的情形。现在让我们仔细看看在多处理器中这种同步是如何工作的。

开始讨论之前,还需要引入同步原语。如果一个进程在单处理器(仅含一个 CPU)中需要访问一些内核临界表的系统调用,那么内核代码在接触该表之前可以先禁止中断。然后它继续工作,在相关工作完成之前,不会有任何其他的进程溜进来访问该表。大多处理器中,禁止中断的操作只影响到完成禁止中断操作的这个 CPU,其他的 CPU 继续运行并且可以访问临界表。因此,必须采用一种合适的互斥信号量协议,而且所有的 CPU 都遵守该协议以保证互斥工作的进行。

任何实用的互斥信号量协议的核心都是一条特殊指令,该指令允许检测一个存储器字并以一种不可见的操作设置。我们看看在图 3-1 中使用的 exchange 指令(XCHG)是如何实现临界区的。正如先前讨论的,这条指令做的是,读出一个存储单元的内容并把它存储在一个寄存器中,同时,对该存储单元写入一个 1(或某个非零值)。当然,这需要两个总线周期来完成存储器的读写。在单处理器中,只要该指令不被中途中断,XCHG 指令就始终正常工作。

现在考虑在一个多处理器中发生的情况,在图 9-12 中我们看到了最坏情况的时序,其中存储器字 2000,被用作一个初始化为 0 的锁。第 1 步,CPU1 读出该字得到一个 0。第 2 步,在 CPU1 有机会把该字写为 1 之前,CPU2 进入,并且它读出该字为 0。第 3 步,CPU1 把 1 写入该字。第 4 步,CPU2 把 1 写入该字。两个 CPU 都由 XCHG 指令得到 0,所以两者都对临界区进行访问,并且互斥失败。

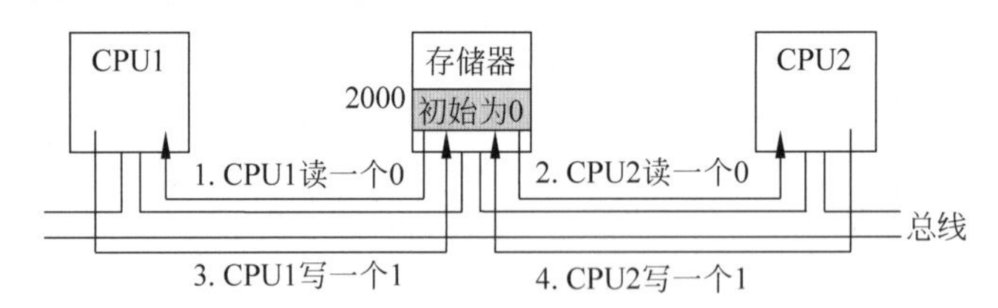

图 9-12　如果不能锁住总线,比较和交换指令会失效

为了阻止这种情况的发生,XCHG 指令必须首先锁住总线,阻止其他的 CPU 访问它,然后进行存储器的读写访问,再解锁总线。对总线加锁的典型做法是,先使用通常的总线协议请求总线,并申明(设置一个逻辑 1)已拥有某些特定的总线线路,直到两个周期全部完成。只要始终保持拥有这一特定的总线线路,那么其他 CPU 就不会得到总线的访问权。这个指令只有在拥有必要的线路和使用它们的(硬件)协议上才能实现。现代总线有这些功能,但是早期的一些总线不具备,它们不能正确地实现 XCHG 指令。这就是 Peterson 算法(完全用软件实现同步)会产生的原因。

如果正确地实现和使用 XCHG 指令,它能够保证互斥机制正常工作。但是这种互斥方法使用了自旋锁,因为请求的CPU只在原地尽可能快地对锁进行循环测试。这样做不仅完全浪费了提出请求的各个CPU的时间,而且还给总线或存储器增加了大量的负载,严重地降低了所有其他CPU从事正常工作的速度。

乍一看,高速缓存的实现也许能够消除总线竞争的问题,但事实并非如此。理论上,只要提出请求的CPU已经读取了锁字,它就可在其高速缓存中得到一个副本。只要没有其他CPU试图使用该锁,提出请求的CPU就能够用完其高速缓存。当拥有锁的CPU写入一个1到高速缓存并释放它时,高速缓存协议会自动地将它在远程高速缓存中的所有副本失效,要求再次读取正确的值。

问题是,高速缓存操作是在32或64字节的块中进行的,通常,拥有锁的CPU也需要这个锁周围的字。由于XCHG指令是一个写指令(因为它修改了锁),所以它需要互斥地访问含有锁的高速缓存块。这样,每一个XCHG都使锁持有者的高速缓存中的块失效,并且为请求的CPU取一个私有的、唯一的副本。只要锁拥有者访问到该锁的邻接字,该高速缓存块就被送进其机器。这样一来,整个包含锁的高速缓存块就会不断地在锁的拥有者和锁的请求者之间来回穿梭,导致了比单个读取一个锁字更大的总线流量。

如果能消除在请求一侧的所有由XCHG引起的写操作,就可以明显地减少这种开销。使提出请求的CPU首先进行一个纯读操作来观察锁是否空闲,就可以实现这个目标。只有在锁看来是空闲时,XCHG才真正去获取它。这种小小变化的结果是,大多数的行为变成读而不是写。如果拥有锁的CPU只是在同一个高速缓存块中读取各种变量,那么它们每个都可以以共享只读方式拥有一个高速缓存块的副本,这就消除了所有的高速缓存块传送。当锁最终被释放时,锁的所有者进行写操作,这需要排它访问,也就使远程高速缓存中的所有其他副本失效。在提出请求的CPU的下一个读请求中,高速缓存块会被重新装载。注意,如果两个或更多的CPU竞争同一个锁,那么有可能出现这样的情况,两者同时看到锁是空闲的,于是同时用XCHG指令去获得它。只有其中一个会成功,所以这里没有竞争条件,因为真正的获取是由XCHG指令进行的,而且这条指令是原子性的,即使看到了锁空闲,然后立即用XCHG指令试图获得它,也不能保证真正得到它。其他CPU可能会取胜,不过对于该算法的正确性来说,谁得到了锁并不重要。纯读出操作的成功只是意味着这可能是一个获得锁的好时机,但并不能确保能成功地得到锁。

另一个减少总线流量的方式是使用著名的以太网二进制指数补偿算法。不是采用连续轮询,而是把一个延迟循环插入轮询之间。初始的延迟是一条指令。如果锁仍然忙,延迟被加倍成为两条指令,然后,4条指令,如此这样进行,直到某个最大值。当锁释放时,较低的最大值会产生快速的响应。但是会浪费较多的总线周期在高速缓存的颠簸上。而较高的最大值可减少高速缓存的颠簸,但是其代价是不会注意到锁如此迅速地成为空闲。二进制指数补偿算法无论在有或无XCHG指令前的纯读的情况下都适用。

一个更好的思想是,让每个打算获得互斥信号量的CPU都拥有各自用于测试的私有锁变量,如图9-13所示。有关的变量应该存放在未使用的高速缓存块中以避免冲突。对这种算法的描述如下:给一个未能获得锁的CPU分配一个锁变量并把它附在等待该锁的CPU链表的末端。在当前锁的持有者退出临界区时,它释放链表中的首个CPU正在测试的私有锁(在自己的高速缓存中)。然后该CPU进入临界区。操作完成之后,该CPU释放锁。其后继者接着使用,以此类推,尽管这个协议有些复杂(为了避免两个CPU同时把它们自己加在链表的末端),但它能够有效工作,而且消除了饥饿问题。

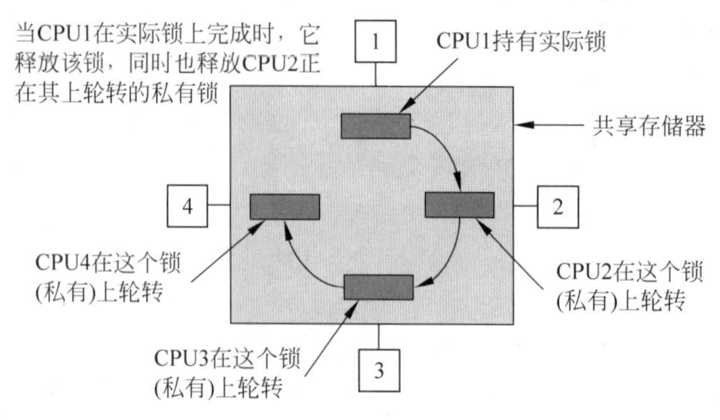

图 9-13　使用多个锁以防止高速缓存颠簸

到目前为止,不论是连续轮询方式、间歇轮询方式,还是把自己附在进行等候 CPU 链表中的方式,都假定需要加锁的互斥信号量的 CPU 只是保持等待。有时对于提出请求的 CPU 而言,只有等待,不存在其他替代的办法。例如,假设一些 CPU 是空闲的,需要访问共享的就绪链表以便选择一个进程运行。如果就绪链表被锁住了,那么 CPU 就不能够只是决定暂停其正在进行的工作,而去运行另一个进程,因为这样做需要访问就绪链表。CPU 必须保持等待直到能够访问该就绪链表。

然而,在另外一些情形中,却存在着别的选择。例如,如果在一个 CPU 中的某些线程需要访问文件系统缓冲区高速缓存,而该文件系统缓冲区高速缓存正好锁住了,那么 CPU 可以决定切换至另外一个线程而不是等待。有关是进行自旋还是进行线程切换的问题则是许多研究课题的内容,下面会讨论其中的一部分。请注意,这类问题在单处理器中是不存在的,因为没有另一个 CPU 释放锁,那么自旋就没有任何意义,如果一个线程试图取得锁并且失败,那么它总是被阻塞,这样的锁所有者有机会运行和释放该锁。

假设自旋和进行线程切换都是可行的选择,则可进行如下的权衡。自旋直接浪费了 CPU 周期。重复地测试锁并不是高效的工作。不过,切换也浪费了 CPU 周期,因为必须保存当前线程的状态,必须获得保护就绪链表的锁,还必须选择一个线程,必须装入其状态,并且使其开始运行。更进一步来说,该 CPU 高速缓存还将包含所有不合适的高速缓存块,因此在线程开始运行的时候会发生很多代价昂贵的高速缓存未命中。TLB 的失效也是可能的。最后,会发生返回至原来线程的切换,随之而来的是更多的高速缓存未命中。花费在这两个线程间来回切换和所有高速缓存未命中的周期时间都浪费了。

如果预先知道互斥信号量通常被持有的时间,比如是 50μs,而从当前线程切换需要 1ms,稍后切换返回还需 1ms,那么在互斥信号量上自旋则更为有效。另一方面,如果互斥信号量的平均保持时间是 10ms,那就值得忍受线程切换的麻烦。问题在于,临界区在这个期间会发生相当大变化,所以哪一种方法更好些呢?

有一种设计是总是进行自旋。第二种设计方案则总是进行切换。而第三种设计方案是每当遇到一个锁住的互斥信号量时,就单独做出决定。在必须做出决定的时刻,并不知道自旋和切换哪一种方案更好,但是对于任何给定的系统,有可能对其所有的有关活动进行跟踪,并且随后进行离线分析。然后就可以确定哪个决定最好及在最好的情形下所浪费的时间。这种事后算法成为对可行算法进行测量的基准评测标准。

已有研究人员对上述这一问题进行了研究。多数的研究工作使用了这样一个模型：一个未能获得互斥信号量的线程自旋一段时间，如果时间超过某个阈值，则进行切换。在某些情形下，该阈值是一个定值，典型值是切换至另一个线程再切换回来的开销。在另一些情形下，该阈值是动态变化的，它取决于所观察到的等待互斥信号量的历史信息。

在系统跟踪若干最新的自旋时间并且假定当前的情形可能会同先前的情形类似时，就可以得到最好的结果。例如，假定还是 1ms 切换时间，线程自旋时间最长为 2ms，但是要观察实际上自旋了多长时间，如果线程未能获取锁，并且发现在之前的三轮中，平均等待时间为 200μs，那么在切换之前就应该先自旋 2ms。但是，如果发现在先前的每次尝试中，线程都自旋了整整 2ms，则应该立即切换而不再自旋。

9.6 多处理器调度

在探讨多处理器调度之前，需要确定调度的对象是什么。过去，当所有进程都是单个线程的时候，调度的单位是进程，因为没有其他什么可以调度的。所有的现代操作系统都支持多线程进程，这让调度变得更加复杂。

线程是内核线程还是用户线程至关重要。如果线程是由用户空间库维护的，而对内核不可见，那么调度一如既往地基于单个进程。如果内核并不知道线程的存在，它就不能调度线程。

对内核线程来说，情况有所不同。在这种情况下所有线程均是内核可见的，内核可以选择一个进程的任一线程。在这样的系统中，发展趋势是内核选择线程作为调度单位，线程从属的那个进程对于调度算法只有很少的（乃至没有）影响。下面我们将探讨线程调度，当然，对于一个单线程进程系统或者用户空间线程，调度单位依然是进程。

进程和线程的选择并不是调度中的唯一问题。在单处理器中，调度是一维的。唯一必须（不断重复地）回答的问题是："接下来运行的线程应该是哪一个？"而在多处理器中，调度是二维的。调度程序必须决定哪一个进程运行以及在哪一个 CPU 上运行。这个在多处理器中增加的维数大大增加了调度的复杂性。

另一个造成复杂性的因素是，在有些系统中所有的线程是不相关的，而在另外一些系统中它们是成组的，同属于同一个应用并且协同工作。前一种情形的例子是分时系统，其中独立的用户运行相互独立的进程。这些不同进程的线程之间没有关系，因此其中的每一个都可以独立调度而不用考虑其他的线程。

后一种情形的例子通常发生在程序开发环境中，大型系统中通常有一些供实际代码使用的包含宏、类型定义以及变量声明等内容的头文件。当一个头文件改变时，所有包含它的代码文件必须被重新编译。通常 make 程序用于管理开发工作。调用 make 程序时，在考虑了头文件或代码文件的修改之后，它仅编译那些必须重新编译的代码文件。仍然有效的目标文件不再重新生成。

make 的原始版本是顺序工作的，不过为多处理器设计的新版本可以一次启动所有的编译。如果需要 10 个编译，那么迅速对 9 个进行调度而让最后一个在很长时间之后才进行的做法没有多大意义，因为直到最后一个线程完毕之后用户才感觉到工作完成了。在这种情况下，将进行编译的线程看作一组，并在对其调度时考虑到这一点是有意义的。

1. 分时

首先讨论调度独立线程的情况,稍后将考虑如何调度相关的线程。处理独立线程的最简单算法是,为就绪线程维护一个系统级的数据结构,它可能只是一个链表,但更多的情况下可能是对应不同优先级一个链表集合,如图9-14(a)所示。这里16个CPU正在忙碌,有不同优先级的12个线程在等待运行。第一个将要完成其当前工作(或其线程将被阻塞)的CPU是CPU 3,然后CPU 3锁住调度队列并选择优先级最高的线程A,如图9-14(b)所示。接着,CPU 11空闲并选择线程B,参见图9-14(c)。只要线程完全无关,以这种方式调度是明智的选择并且其很容易高效地实现。

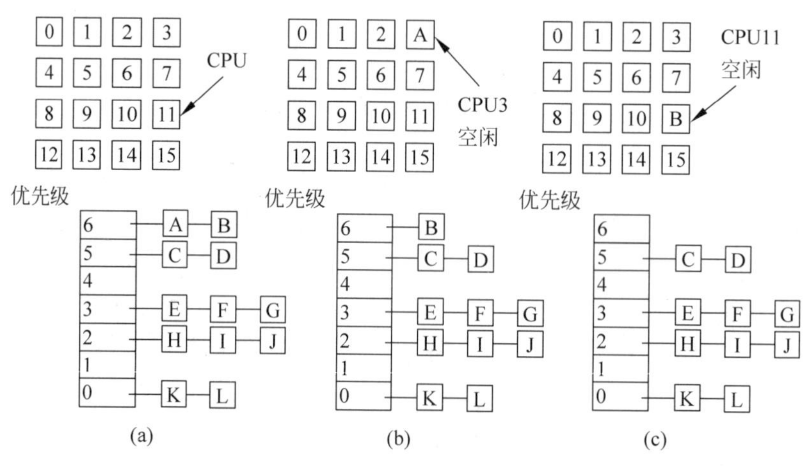

图9-14 使用单一数据结构调度多处理器

由所有CPU使用的单个调度数据结构分时共享这些CPU,正如它们在一个单处理器系统中那样。它还支持自动负载平衡,因为决不会出现一个CPU空闲而其他CPU过载的情况。不过这一方法有两个缺点,一个是随着CPU数量增加所引起的对调度数据结构的潜在竞争,二是当线程由于I/O阻塞时所引起上下文切换的开销。

在线程的时间片用完时,也可能发生上下文切换。在多处理器中它有一些在单处理器中不存在的属性。假设某个线程在其时间片用完时持有一把自旋锁。在该线程被再次调度并且释放该锁之前,其他等待该自旋锁的CPU只是把时间浪费在自旋上。在单处理器中,极少采用自旋锁,因此,如果持有互斥信号量的一个线程被挂起,而另一个线程启动并试图获取该互斥信号量,则该线程会立即被阻塞,这样只浪费了少量时间。

为了避免这种异常情况,一些系统采用智能调度的方法,其中,获得了自旋锁的线程设置一个进程范围内的标志以表示它目前拥有了一个自旋锁。当它释放该自旋锁时,就清除这个标志。这样调度程序就不会停止持有自旋锁的线程,相反,调度程序会给予稍微多一些的时间让该线程完成临界区的工作并释放自旋锁。

调度中的另一个主要问题是,当所有CPU平等时,某些CPU更高效。特别是,当线程A已经在CPU_k上运行了很长一段时间时,CPU_k的高速缓存装满了A的块。若A很快重新开始运行,那么如果它在CPU_k上运行性能可能会更好一些,因为CPU_k的高速缓存也许还存有A的一些块。预装高速缓存块将提高高速缓存的命中率,从而提高了线程的速度。另外,TLB也可能含有正确的页面,从而减少了TLB失效。

有些多处理器考虑了这一因素，并使用了亲和调度。其基本思想是，尽量使一个线程在它前一次运行过的同一个 CPU 上运行。创建这种亲和力的一种途径是采用一种两级调度算法。在一个线程创建时，它被分给一个 CPU，例如，可以基于哪一个 CPU 在此刻有最小的负载。这种把线程分给 CPU 的工作在算法的顶层进行，其结果是每个 CPU 获得了自己的线程集。

线程的实际调度工作在算法的底层进行。它由每个 CPU 使用优先级或其他的手段分别进行。通过试图让一个线程在其生命周期内在同一个 CPU 上运行的方法，高速缓存的亲和力得到了最大化。不过，如果某一个 CPU 没有线程运行，它便选取另一个 CPU 的一个线程来运行而不是空转。

两级调度算法有三个优点。第一，它把负载大致平均地分配在可用的 CPU 上；第二，它尽可能发挥了高速缓存亲和力的优势；第三，通过为每个 CPU 提供一个私有的就绪线程链表，使得对就绪线程链表的竞争减到了最小，因为试图使用另一个 CPU 的就绪线程链表的机会相对较小。

2. 空间共享

当线程之间以某种方式彼此相关时，可以使用其他多处理器调度方法。经常有一个进程有多个共同工作的线程的情况发生。例如当一个进程的多个线程间频繁地进行通信，让其在同一时间执行就显得尤为重要。在多个 CPU 上同时调度多个线程称为空间共享。

最简单的空间共享算法是这样工作的。假设一组相关的线程是一次性创建的。在其创建的时刻，调度程序检查是否有同线程数量一样多的空闲 CPU 存在。如果有，每个线程获得各自专用的 CPU（非多道程序处理）并且都开始运行。如果没有足够的 CPU，就没有线程开始运行，直到有足够的 CPU 时为止。每个线程保持其 CPU 直到它终止，并且该 CPU 被送回可用 CPU 池中。如果一个线程在 I/O 上阻塞，它继续保持其 CPU，而该 CPU 就空闲直到该线程被唤醒。在下一批线程出现时，应用同样的算法。

在任何一个时刻，全部 CPU 被静态地划分成若干个分区，每个分区都运行一个进程中的线程。例如，在图 9-15 中，分区的大小是 4、6、8 和 12 个 CPU，有两个 CPU 没有分配。随着时间的流逝，新的线程创建，旧的线程终止，CPU 分区大小和数量都会发生变化。

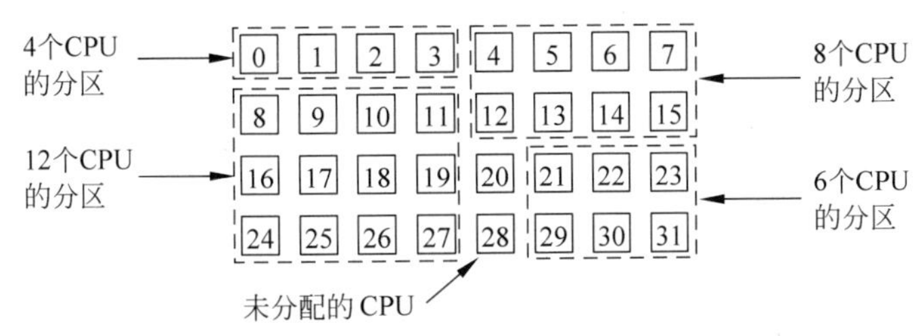

图 9-15　32 个 CPU 的集合被分成 4 个分区，两个 CPU 可用

必须进行周期性地调度决策。在单处理器系统中，最短作业优先是批处理调度中知名的算法。在多处理器系统中类似的算法是，选择需要最少的 CPU 周期数的线程，也就是其 CPU 周期数 x 运行时间最小的线程为候选线程。然而，在实际中，这一信息很难得到，因此该算法难以实现。事实上，研究表明，要胜过先来先服务算法是非常困难的。

在这个简单的分区模型中，一个线程请求一定数量的 CPU，然后或者全部得到它们或者一直等到有足够数量的 CPU 可用为止。另一种处理方式是主动地管理线程的并行度。管理并行度的一种途径是使用一个中心服务器,用它跟踪哪些线程正在运行,哪些线程希望运行以及所需 CPU 的最小和最大数量。每个应用程序周期性地询问中心服务器有多少个 CPU 可用。然后它调整线程的数量以符合可用的数量。例如,一台 Web 服务器可以 5、10、20 或任何其他数量的线程并行运行。如果它当前有 10 个线程,突然,系统对 CPU 的需求增加了,于是它被通知可用的 CPU 数量减到了 5 个,那么在接下来的 5 个线程完成其当前工作之后,它们就被通知退出而不是给予新的工作。这种机制允许分区大小动态地变化,以便与当前负载相匹配,这种方法优于图 9-15 中的固定系统。

3. 群调度

空间共享的一个明显优点是消除了多道程序设计,从而消除了上下文切换的开销。但是,一个同样明显的缺点是当 CPU 被阻塞或根本无事可做时时间被浪费了,只有等到其再次就绪。于是,人们寻找既可以调度时间又可以调度空间的算法,特别是对于要创建多个线程而这些线程通常需要彼此通信的线程。

为了考察一个进程的多个线程被独立调度时会出现的问题,设想一个系统中有线程 A_0 和 A_1 属于进程 A,而线程 B_0 和 B_1 属于进程 B。线程 A_0 和 B_0 在 CPU0 上分时,而线程 A_1 和 B_1 在 CPU1 上分时。线程 A_0 和 A_1 需要经常通信。其通信模式是,A_0 送给 A_1 一个消息,然后 A_1 回送给 A_0 一个应答,紧跟的是另一个这样的序列。假设正好是 A_0 和 B_1 首先开始,如图 9-16 所示。

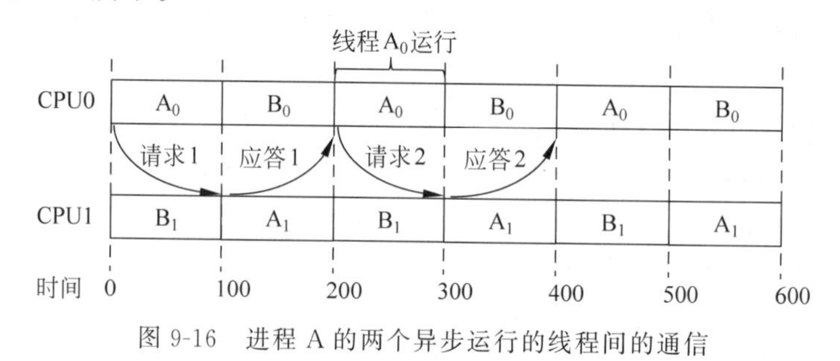

图 9-16 进程 A 的两个异步运行的线程间的通信

在时间片 0,A_0 发给 A_1 一个请求,但是直到 A_1 在开始于 100ms 的时间片 1 中开始运行时它才得到该消息。它立即发送一个应答,但是直到 A_0 在 200ms 再次运行时它才得到该应答。最终结果是每 200ms 一个请求-应答序列。这个结果并不好。

这一问题的解决方案是群调度,它是协同调度的发展产物。群调度由以下三部分组成。

(1) 把一组相关线程作为一个单位,即一个群,一起调度。

(2) 一个群中的所有成员在不同的分时 CPU 上同时运行。

(3) 群中的所有成员共同开始和结束其时间片。

使群调度正确工作的关键是,同步调度所有的 CPU。这意味着把时间划分为离散的时间片,如图 9-16 所示。在每一个新的时间片开始时,所有的 CPU 都重新调度,在每个 CPU 上都开始一个新的线程。在后续的时间片开始时,另一个调度事件发生。在这之间,没有调度行为。如果某个线程被阻塞,它的 CPU 保持空闲,直到对应的时间片结束为止。

有关群调度是如何工作的例子在图 9-17 中给出。图 9-17 中有一台带 6 个 CPU 的多处理器,由 5 个进程 A～E 使用,总共有 24 个就绪线程。在时间槽 0,线程 A_0～A_6 被调度运行。在时间槽 1,线程 B_0、B_1、B_2、C_0、C_1、和 C_2 被调度运行。在时间槽 2,进程 D 的 5 个线程以及 E_0 运行。剩下的 6 个线程属于 E,在时间槽 3 中运行。然后周期重复进行,时间槽 4 与时间槽 0 一样,以此类推。

时间槽 \ CPU	0	1	2	3	4	5
0	A_0	A_1	A_2	A_3	A_4	A_5
1	B_0	B_1	B_2	C_0	C_1	C_2
2	D_0	D_1	D_2	D_3	D_4	E_0
3	E_1	E_2	E_3	E_4	E_5	E_6
4	A_0	A_1	A_2	A_3	A_4	A_5
5	B_0	B_1	B_2	C_0	C_1	C_2
6	D_0	D_1	D_2	D_3	D_4	E_0
7	E_1	E_2	E_3	E_4	E_5	E_6

图 9-17　群调度

群调度的思想是,让一个进程的所有线程一起运行,这样,如果其中一个线程向另一个线程发送请求,接受方几乎会立即得到消息,并且几乎能够立即应答。在图 9-17 中,由于进程的所有线程在同一个时间片内一起运行,它们可以在一个时间片内发送和接收大量的消息,从而消除了图 9-16 中的问题。

9.7　多处理器、超线程和多核的比较

多处理器、超线程和多核的共同点是均为了提升计算机性能而设计,均可以同时执行多个指令序列。但是区别也很明显,主要体现在同时执行的两个线程之间共享物理资源的多少。多处理器的共享物理资源最少,每个线程有自己单独的处理器;超线程共享最多,ALU、FPU、MSR 缓存等均为共享物理资源;而多核则介于两者之间,共享处理器,但不共享 ALU、FPU 等。具体来说,区别如下:

对于超线程来说,其共享的资源包括 ALU、某些 MSR 和缓存;而其独享的资源有本地 APIC、通用寄存器、L1 缓存、CPUID 等。

对于多核来说,共享资源包括最后一级的缓存[如英特尔的智能缓存(Intel Smart Cache)]、一少部分寄存器(如 MSR),能供管理单元也有可能共享。而独享的有 CPUID、APIC、BIOS 等。

因为共享资源数量不同,多处理器、超线程、多核的成本自然也不相同。多处理器成本最高、独立性最高、功耗最大;超线程的成本、独立性和功耗最小;而多核则处于中间。

这里值得一提的是,超线程技术是英特尔公司所独有的,其他公司不一定使用这种技术。例如,AMD 公司就直接从多处理器跨越到了多核。

小　　结

采用多个 CPU 可以把计算机系统建造得更快更可靠。在 x86 体系结构下,多处理功能芯片经过了对称多处理器结构、超线程结构、多核结构和多核超线程结构的 4 个演变阶段。

各种操作系统的配置都是可能的,包括给每个 CPU 配一个各自的操作系统、配置一个主操作系统而其他是从属的操作系统,或者是一个对称多处理器,在每个 CPU 上都可以运行操作系统的一个副本。在后一种情形下,需要用锁提供同步。当没有可用的锁时,一个 CPU 会空转或者进行上下文切换。各种调度算法都是可能的,包括分时、空间分割以及群调度。

参考文献

[1] 曾宪权，冯战申，章慧云. 操作系统原理与实践[M]. 北京：电子工业出版社，2016.

[2] 孟庆昌，张志华，等. 操作系统原理[M]. 北京：机械工业出版社，2014.

[3] 陶永才，史苇杭，张青. 操作系统原理与实践教程[M]. 3 版. 北京：清华大学出版社，2019.

[4] 沈晓红. 计算机操作系统[M]. 北京：电子工业出版社，2020.

[5] 庞丽萍，阳富民. 计算机操作系统[M]. 2 版. 北京：人民邮电出版社，2014.

[6] 王之仓，俞惠芳. 计算机操作系统[M]. 北京：机械工业出版社，2015.

[7] 邹恒明. 操作系统之哲学原理[M]. 2 版. 北京：机械工业出版社，2012.

[8] STALLINGS W. 操作系统-精髓与设计原理[M]. 陈向群，陈渝，等译. 9 版. 北京：电子工业出版社，2020.

[9] 汤小丹，梁红兵，哲凤屏，等. 计算机操作系统[M]. 4 版. 西安：西安电子科技大学出版社，2014.

[10] 张尧学，宋虹，张高. 计算机操作系统教程[M]. 4 版. 北京：清华大学出版社，2013.

[11] TANENBAUM A S. 现代操作系统[M]. 陈向群，译. 4 版. 北京：机械工业出版社，2017.

[12] SILBERSCHATZ A. GALVIN P B，GAGNE G. 操作系统概念[M]. 郑扣根，等译. 9 版. 北京：机械工业出版社，2018.

[13] STUART B L. 操作系统原理、设计与应用[M]. 葛秀慧，等译. 北京：清华大学出版社，2010.

[14] 申丰山，王黎明. 操作系统原理 Linux 实践教程[M]. 北京：电子工业出版社，2016.

[15] COMER D. 操作系统设计：Xinu 方法[M]. 陈向群，郭立峰，等译. 2 版. 北京：机械工业出版社，2019.

[16] 朱明华，张练兴，李宏伟，等. 操作系统原理与实践[M]. 北京：清华大学出版社，2019.

[17] 刘美华. 操作系统原理教程[M]. 4 版. 北京：电子工业出版社，2020.

[18] 陆松年. 操作系统教程[M]. 4 版 . 北京：电子工业出版社，2014.

[19] 谢旭升，朱明华，张练兴，等. 操作系统教程[M]. 北京：机械工业出版社，2012.

图书资源支持

感谢您一直以来对清华版图书的支持和爱护。为了配合本书的使用，本书提供配套的资源，有需求的读者请扫描下方的"书圈"微信公众号二维码，在图书专区下载，也可以拨打电话或发送电子邮件咨询。

如果您在使用本书的过程中遇到了什么问题，或者有相关图书出版计划，也请您发邮件告诉我们，以便我们更好地为您服务。

我们的联系方式：

清华大学出版社计算机与信息分社网站：https://www.shuimushuhui.com/

地　　址：北京市海淀区双清路学研大厦 A 座 714

邮　　编：100084

电　　话：010-83470236　010-83470237

客服邮箱：2301891038@qq.com

QQ：2301891038（请写明您的单位和姓名）

资源下载：关注公众号"书圈"下载配套资源。

资源下载、样书申请

书圈

图书案例

清华计算机学堂

观看课程直播